普通高等教育“十二五”规划教材
示范院校重点建设专业系列教材

水利工程管理

主　编　田明武　李　娜
副主编　张　磊　由金玉　李咏梅　夏春兰
主　审　刘建明

中国水利水电出版社
www.waterpub.com.cn

内 容 提 要

本书是根据《教育部关于全面提高高等职业教育教学质量的若干意见》（教高［2006］16号）等文件精神，按照水利部示范院校建设对课程改革的相关要求而编写的。本书共分8章，包括：绪论、水工建筑物的检查观测、水库的运用与管理、土石坝的养护和修理、混凝土坝及浆砌石坝的养护与修理、水闸的养护和修理、渠系建筑物的养护与修理、水电站建筑物的管理。

本书是高职高专水利水电建筑工程、水利工程监理、水利工程施工等专业的通用教材，同时也可作为水利工程管理一线人员的培训教材和参考书。

图书在版编目（CIP）数据

水利工程管理 / 田明武, 李娜主编. -- 北京 : 中国水利水电出版社, 2013.8 (2019.1重印)
普通高等教育“十二五”规划教材. 示范院校重点建设专业系列教材
ISBN 978-7-5170-1054-8

Ⅰ. ①水… Ⅱ. ①田… ②李… Ⅲ. ①水利工程管理－高等学校－教材 Ⅳ. ①TV6

中国版本图书馆CIP数据核字(2013)第187191号

书　　名	普通高等教育“十二五”规划教材　示范院校重点建设专业系列教材 **水利工程管理**
作　　者	主　编　田明武　李娜 副主编　张磊　由金玉　李咏梅　夏春兰 主　审　刘建明
出版发行	中国水利水电出版社 （北京市海淀区玉渊潭南路1号D座　100038） 网址：www.waterpub.com.cn E-mail：sales@waterpub.com.cn 电话：（010）68367658（营销中心）
经　　售	北京科水图书销售中心（零售） 电话：（010）88383994、63202643、68545874 全国各地新华书店和相关出版物销售网点
排　　版	中国水利水电出版社微机排版中心
印　　刷	北京瑞斯通印务发展有限公司
规　　格	184mm×260mm　16开本　11印张　261千字
版　　次	2013年8月第1版　2019年1月第4次印刷
印　　数	4531—7530册
定　　价	**30.00**元

前　言

本书是根据国家“十二五”教育发展规划纲要及《中共中央国务院　关于加快水利改革发展的决定》(2011 中央 1 号文件)、《国家中长期教育改革和发展规划纲要》(2010—2020 年)、《教育部关于全面提高高等职业教育教学质量的若干意见》(教高［2006］16 号)等文件精神，和现代水利职业教育要求，在总结水利类高等职业教育多年教学改革的基础上，本着理论够用，实践突出，体现现代水利新技术、新材料、新理念的原则编写的。

本书重点讲述了水工建筑物的安全监测和维护与管理，主要介绍了水库管理与控制运用、水工建筑物的观测与安全监测，以及各类水工建筑物的检查养护与病害处理的方法。在内容上，保留了本行业在长期的水利工程管理中积累的大量宝贵经验和介绍常用的水工建筑物检查养护与修理的方法，同时也吸纳了新材料、新技术的应用成果。

本书在编写过程中，将土石坝的养护与修理、溢洪道的养护与修理进行了整合，将金属设备的养护与修理进行了适当删减，剩余内容合并到水闸的养护与修理、水电站建筑物的管理等章节中进行介绍。经过删减与整合以后的本教材，力求更好地满足我国现代高职教育教学改革与发展、现代水利发展与水利教育的需要。

本书主要编写人员如下：田明武（第 2 章水库的运用与管理），李娜（绪论、第 7 章水电站建筑物的管理），张磊（第 3 章土石坝的养护和修理），由金玉（第 5 章水闸的养护和修理），李咏梅（第 4 章混凝土坝及浆砌石坝的养护与修理、第 6 章渠系建筑物的养护与修理），夏春兰（第 1 章水工建筑物的检查观测）。本书由田明武、李娜主编，张磊、由金玉、李咏梅、夏春兰担任副主编，刘建明担任主审。

本书在编写过程中，学习和借鉴了很多参考书，在此对相关作者表示由衷的感谢。对书中存在的不足之处，恳请读者批评指正。

编者
2013 年 5 月

目录

绪　　论

学习要求：了解水利工程管理的意义，掌握水利工程管理的任务及内容。

0.1　水利工程管理的含义

0.1.1　水利及水利工程

水利在人类发展史上占有重要的地位，在我国的发展史中更是起着特殊的作用。我国为农业大国，水利是农业的命脉，是国民经济发展的基础设施和基础产业，也是社会安定的重要保障。兴修水利、与水害作斗争历来是安邦治国的主要措施。

人类需要适时适量的水，水量偏多或偏少往往造成洪涝或干旱等灾害。水资源受气候影响，在时间、空间上分布不均匀，因而出现了来水与用水之间的不适应。水利是指采取各种人工措施对自然界的水进行控制、调节、治理、开发和保护，以免除水旱灾害，并使水资源适应人类生产，满足人类生活需要的活动。

水利工程是指为了达到除害兴利的目的，兴建的对自然界地表水和地下水进行控制和调配的工程。它包括以下几种类型：①防洪工程；②农田水利工程；③水力发电工程；④给排水工程；⑤航运工程；⑥环境水利工程。

0.1.2　水利工程管理

水利工程管理是指对已建水利工程进行科学合理的运用、控制、调度和保证其安全、正常运行，以充分发挥工程综合效益的工作。

0.2　水利工程管理的任务及内容

0.2.1　水利工程管理的基本任务

水利工程管理的基本任务包括以下几点。

（1）保证水利工程安全运行，防止自然和人为的破坏。

（2）按照工程管理的各种法规和技术标准进行日常及特定的维护，保护工程完好和正常运行。

（3）运用工程手段实现防洪减灾、水资源合理调度和使用，满足国民经济和社会的需求，充分发挥工程应有效益。

（4）进行技术革新和设备改造，努力改善管理条件，提高管理水平。

（5）保持水域工程环境的蓄水、过水、排水、调水能力和适用条件。

0.2.2　水利工程管理的工作内容

水利工程管理的工作主要有检查观测、养护修理和控制运用三个方面。

1. 检查观测

检查观测指通过适当手段对完建的工程状态进行的监视量测工作。检查观测包括工程检查和工程观测两个方面。

2. 养护修理

养护修理指为了保持工程既有的功能正常发挥作用，在工程运行过程中对工程设施所进行的保养和对存在的缺陷进行的修复处理工作。工程养护修理要按照“经常养护、随时维修、养重于修”的原则，以保持工程和设备完好。

养护修理分为三种形式：①日常维修养护，根据经常性检查中发现的问题，随时进行保养维修和局部修补，保持工程完整清洁，操作灵活；②岁修及大修，每年汛后或在适当时间对工程进行年度检查，编制修理计划并对存在问题进行处理，这种维修称为岁修，工程发生较大损毁需要进行专门的大范围的修复，称为大修；③抢修或抢险，是当发生突发事故，工程遭到破坏时，需要立即组织人力、物力并采取特殊方法和措施对其进行基本的修复工作。

3. 控制运用

控制运用就是在原规划设计基础上，根据当前水工建筑物的工程情况、上下游防洪要求、用水要求以及上级的规定，在保证工程安全的前提下，为充分发挥工程效益，对其在除害、兴利和综合利用水资源等方面进行合理安排与优化。

0.3　水利工程管理的意义

对于水利工程而言，建设是基础，管理是关键，使用是目的。可以说“三分建、七分管”，工程管理的好坏，直接影响效益的高低，如果管理不善，不但工程效益不能正常发挥，甚至还可能会造成严重事故，带来不可估量的损失。因此，加强水利工程管理，对于确保工程的安全性和提高经济效益是十分必要的。

(1) 由于人们对自然规律认识存在局限性，因此在水工建筑物使用过程中应进行监测管理，借助科学方法，反映水工建筑在使用过程中的表现状态，在验证设计合理性和可靠性的同时，为今后的设计积累资料，提供更为充分的依据。

(2) 水利工程在运行过程中，水工建筑物长期在水中工作，将受到水的渗透压力、冲刷磨损、气蚀、冻融等物理作用以及侵蚀、腐蚀等化学作用。这些作用一旦改变了建筑物的原有状态，就应及时维修，否则将可能造成更为严重的损害。因此对水工建筑物及设施进行维修养护是十分必要的。

(3) 合理使用水利工程，进行工程控制运用，根据其状态特点，按规律合理使用和有效控制，有助于保证工程安全，提高工程效益。

(4) 以往工程失事的教训证明，加强工程管理，对避免事故发生、减轻事故危害是十分必要的。

在工程管理逐渐发展中，我们应从重建轻管向建管并重转变，既重视技术管理又重视依法管理，既注重工程维修养护又重视整个工程生态体系建设，力求在保证工程安全的前提下最大化发挥工程效益，完成从传统水利工程管理向现代工程管理的转变。

第 1 章　水工建筑物的检查观测

学习要求：掌握水工建筑物的变形观测、渗流观测、应力和温度观测与水流观测的方法；熟悉监测系统的构成与功能；了解水工建筑物安全监测的工作内容及分类。

1.1　概　　述

1.1.1　检查观测工作的作用

水利工程在施工及运行过程中，受外荷作用及各种因素影响，其状态和工作情况随时都在发生变化，有的是正常变化，对建筑物安全影响不大。但有的属于异常现象，甚至引起失事，这种变化往往是隐蔽、缓慢、不易察觉的。为及时掌握水工建筑物的变化状况、性质及规律，了解其工作状态是否正常，有无不利于工程安全的变化，应经常对建筑物进行系统的、全面的检查和观测工作，并及时根据分析成果，改善和提高工程运用条件，确保工程安全运行，充分发挥工程效益，同时为设计、施工和科学研究积累资料，不断提高科学技术管理水平。

1.1.2　检查观测工作的内容及分类

1.1.2.1　工作内容

工程安全监测的总体工作贯穿于工程建设与运行管理的全过程，包括观测方法的研究和仪器设备的研制生产，监测设计，监测设备的埋设安装，数据的采集、传输和存储，资料的整理和分析，工程实测性态的分析评价等。监测工作在设计、施工、运行 3 个主要阶段的工作内容各有不同。其中，运行阶段的监测工作一般有两种方式，因视监测的对象和需测的物理因素不同，包括现场检查和仪器监（观）测。

现场检查是指对水工建筑物及周围环境的外表现象进行巡视检查的工作，可分为巡视检查和现场监测两项工作。巡视检查一般是靠人的感官知觉（眼看、耳听、手摸）并采用简单的量具进行定期或不定期的一种检查工作。现场检查的项目一般多为凭人的感官知觉或辅以必要的工具可直接地发现和测量的物理因素。如水文要素的侵蚀、淤积；应力方面的碳化、锈蚀、风化、剥落、松软；水流方面的冲刷流态、气蚀、磨损、振动等。具体检查内容应视工程类型而定。

仪器监（观）测是借助固定安装在建筑物相关位置上的各种仪器，对水工建筑物的运行状态及其变化进行的观察测量工作，包括仪器观测和资料分析两项工作。

仪器观测的项目主要有：变形观测、渗流观测、应力应变监测、泄流观测、冰冻观测、抗震监测、隐患探测、温度监测等。是对作用于建筑物的某些物理量进行长期、连续、系统定量的测量，水工建筑物的观测应按有关技术标准进行。观测项目可按水工建筑物的类型和现代化管理需要，选择并形成自动监测系统。

现场检查和仪器监测属于同一个目的的两种不同技术表现，二者密切联系互为补充，不可分割。世界各国在努力提高观测技术的同时，仍然十分重视检查工作。规范 DL/T 5178—2003《水利水电工程安全监测》规定监测工作应遵循仪器监测和巡视检查相结合的原则，大量的实践也证明很多工程问题是通过检查观测发现的，所以二者不可偏废。

1.1.2.2　检查观测的分类

现场检查一般分为日常检查、年度检查和特别检查 3 种。

(1) 日常检查。根据工程情况和特点制定切实可行的检查制度，具体规定检查时间、部位、内容和要求，并确定日常巡视检查的路程和检查程序，由有经验的监测和维护人员负责进行巡视检查。日常检查的方式主要是巡视检查，用直觉方法并结合采用锤钎、钢尺、放大镜、望远镜、石蕊纸、回弹仪、照相机、录像机、闭路电视、潜水器等进行。日常检查频次在运行期一般 2～4 次/月。

(2) 年度检查。在每年汛期、枯水期、冰冻期及蚁害显著期等，按规定的检查项目，由管理单位负责组织进行的比较全面或专门的检查，在巡视检查的基础上确定是否需要进行现场检测，即进一步作现场检查。年度检查在运行期一般为 2～3 次/年。

(3) 特别检查。当遇到严重影响安全运用的特殊情况时，如特大洪水、强烈地震、重大事故等，由主管部门负责组织的检查，一般应组织人员和设备对可能出现的险情进行巡视检查和现场检测，测次应按需要确定。

仪器监测一般分为施工期监测、蓄水期监测、运行期监测。各期的任务、目的和作用有所不同。施工期监测是指从施工建立观测设备时起，至水库开始首次蓄水前为止的监测。蓄水期监测，指从首次开始蓄水到库水位达到或接近正常高水位共 3 年时间内的监测。运行期监测，指蓄水阶段后的正常使用期的监测。

1.2　水工建筑物的变形观测

变形观测是用仪器和设备对水工建筑物在内外荷载及各种影响因素作用下产生的结构位置和总体形状的变化所进行的量测。包括水平位移观测、垂直位移观测、固结观测及裂缝观测等。

为了全面掌握建筑物的变形状态，应根据建筑物的规模、特点、重要性、施工及地质情况，选择有代表性的断面布设测点，并且常常将观测水平位移的测点和观测竖直位移的测点设置在同一标点上。

对于土坝，应选择最大坝高处、合龙段、坝内设有泄水底孔处和坝基地形地质变化较大的坝段布置观测断面，观测横断面的间距一般为 50～100m，但整个坝体不得少于 3 个断面。每个观测横断面上最少布置 4 个测点，其中上游坝坡正常水位以上至少布置 1 个测点，下游坝肩上布置 1 个测点，下游坝坡上布置 2～3 个测点。

对于混凝土坝或浆砌石坝，在坝顶下游坝肩及坝趾处平行坝轴线各布置一个纵向观测断面，每个纵向断面上，应在各坝段的中间或在每个坝段的两端布置 1 个测点。对于拱坝，可在坝顶布置一个纵向观测断面，纵向观测断面上每隔 40～50m 设置一个测点，但是在拱冠、1/4 拱段和坝与两岸接头处必须设置 1 个测点。

水闸可在垂直水流方向的闸墩上布置一个纵向观测断面，并在每个闸墩上设置 1 个测

点，或在闸墩伸缩缝两侧各设 1 个测点。

1.2.1　水平位移观测

水平位移观测方法有视准线法、前方交会法、三角网法和导线法几种。混凝土建筑物（如混凝土坝、浆砌石坝等）还可以用正垂线法、倒垂线法和引张线法进行水平位移测量。在一些工程中还运用施测方便快捷的 GPS 技术、真空激光准直自动监测系统等技术设备进行位移的测量。为了便于对测量结果进行分析，水平位移和竖直位移的观测应配合进行，并且在观测位移的同时观测上、下游水位。对于混凝土建筑物，还应同时观测气温和混凝土温度。

1.2.1.1　视准线法

视准线法又称方向线法，以经过光学仪器的视准线建立一个平行或通过坝轴线的固定铅直平面作为基准面，定期观测确定的点位与基准面之间的偏离值，即为该点的水平位移，有活动觇标法和小角度法，是观测水工建筑物水平位移的一种常用方法。

1. 活动觇标法

观测原理如图 1.1 所示。在观测断面两端的山坡上设置工作基点 A 和 B，然后将经纬仪设在 A 点（或 B 点），后视 B 点（或 A 点），构成视准线。可用以作为观测坝体变形的基准线。首次测出水平位移标点 a、b、c、d、e 中心偏离视准线的距离 l_{a0}、l_{b0}、l_{c0}、l_{d0}、l_{e0} 作为观测前的初测结果。当坝体发生位移后，各位移标点随之位移，再次测出各位移标点中心偏离视准线的距离 l_{a1}、l_{b1}、l_{c1}、l_{d1}、l_{e1}，与初试成果的差值即为各位移标点在垂直视准线方向上的水平位移，亦即坝体横向水平位移，观测时移动活动觇标，使觇标中心线与经纬仪望远镜的竖丝重合，并由持标者根据位移标点在活动觇标分划尺上所对应的刻度，记录读数，读数一般取两次的平均值。然后再按上法用倒镜观测一次，最后取正、倒镜观测读数的平均值作为第一测回的观测结果。随后按同样方法观测第二测回，两测回的差值不应大于 4mm，否则应重新测量。视准线法观测水平位移的记录如表 1.1 所示。

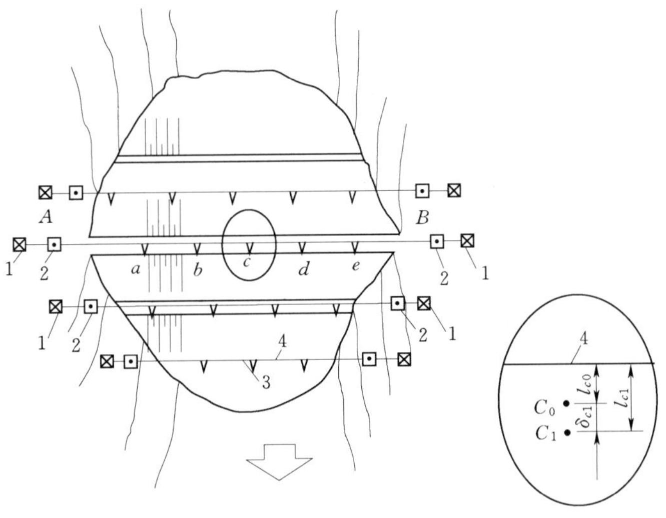

图 1.1　活动觇标观测原理图

1—校核基点；2—工作基点；3—位移标点；4—视准线

表 1.1　　　　　　　　**水平位移观测记录计算表（视准线法）**

日期____________　天气____________　气温____________　水位____________

测站____________　后视____________　司标____________　司镜____________

记录____________　计算____________　校核____________

测点	测回	正镜			倒镜			一测回平均值	本次偏离值	埋设偏距	上次偏离值	间隔位移量	累计位移量
2—3	1	+35.4	+32.8	+34.1	+34.6	+33.8	+34.2	+34.2	+33.7	+28.3	+32.5	+1.2	+5
	2	+33.2	+34.6	+33.9	+32.6	+31.8	+32.2	+33.1					

注　1. 埋设偏距为位移标点的初测成果，即位移标点在位移前与视准线的初始偏差。
　　2. 位移方向以向下游方向读数为“+”，向上游方向读数为“-”。

上述测量水平位移的方法是固定端点设站观测法，仅适用于建筑物长度小于 500m 的情况，当建筑物长度超过 500m 时，可适当增加测回数或增设中间非固定工作基点进行分段观测，对折线形建筑物可在转折处设中间非固定工作基点进行观测。

2. *小角度法*

用小角度法观测水平位移，所用观测仪器、工作基点、位移标点等设备与视准线相同，觇标则只需要固定觇标，其原理如图 1.2 所示。先将经纬仪安置在工作基点 A 与后视点 B，构成视准线 AB，前视位移标点 a_0，读出 Aa_0 方向线与视准线 AB 之间的夹角 α_{a_0}，由于 α_{a_0} 一般均较小，故 a_0 点偏离视准线 AB 的距离 aa_0 可近似地按下式计算

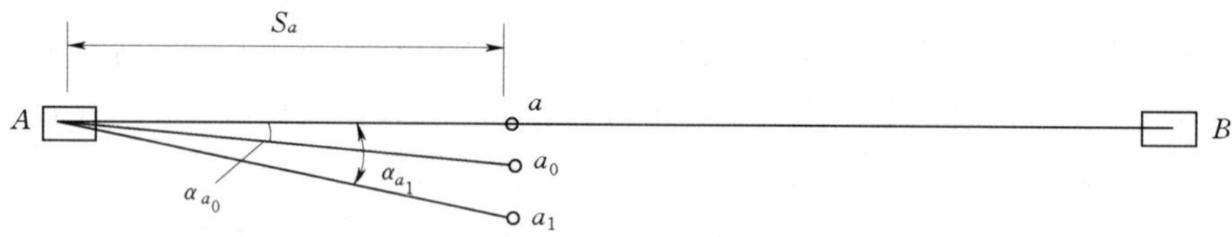

图 1.2　小角度法水平位移观测示意图

$$aa_1=\frac{2\pi S_a}{360°}\alpha_{a_1}\times 1000=KS_a\alpha_{a_1} \tag{1.1}$$

$$a_0a_1=KS_a(\alpha_{a_1}-\alpha_{a_0})$$

式中　aa_1——点偏离视准线的距离，mm；

K——常数，$K=0.004848$；

S_a——位移标点 a 与工作基点 A 的距离，m；

α_{a_1}——方向线与视准线 AB 夹角，(°)；

α_{a_0}——位移标点 a 的实际安装位置 a_0 点和工作基点 A 的连线与视准线 AB 夹角，(°)，即初始偏离角。

1.2.1.2　激光准直法

激光准直法是利用激光束代替光学测量仪器的进行照准的准直方法。

1. *激光器法*

利用激光经纬仪发射的红色激光束直接准直，按视准线法原理测量位移值，也可将活动觇标和固定觇标改为光电接靶接收激光光斑，从接收靶上的测微鼓读取偏离值。

2. 衍射投影法

由安装在工作基点上的一个发散透镜将氦氖激光管发射的激光束扩大为目镜有效孔径的1.5倍左右射进望远镜，使激光束通过十字分划后（安于位移标点上）产生相干光的衍射现象并投影到观测屏上（安装在另一端的工作基点）成像，测其偏移值，再根据三角形相似原理计算位移标点的偏移值。

3. 波带板法

波带板法又称三点准直法，主要由激光器点光源、波带板和接收靶3部分组成，将波带板安置在位移标点上起聚焦作用，在接受靶上形成一个亮点或十字线，测定其中心位置即可确定位移标点的位置，如图1.3所示。

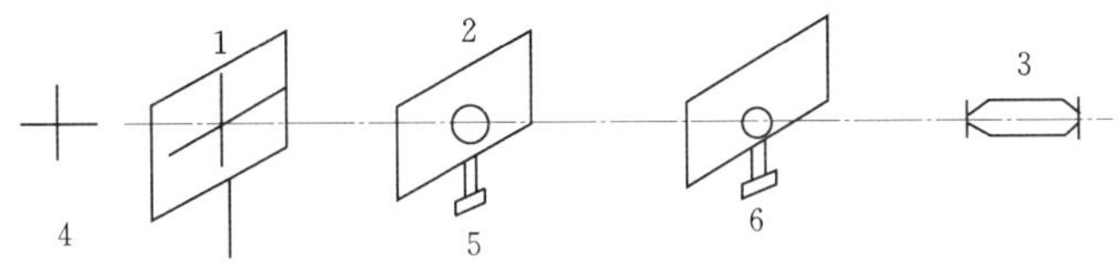

图1.3 波带板激光准直系统示意图

1—激光探测器；2—波带板；3—激光点光源；4—十字亮线；5—测点1；6—测点2

4. 真空激光准直法

真空激光准直法包括激光准直法系统和真空管道系统（见图1.4）。真空管道系统是由真空管道、测点箱、软连接段、两端平晶密封段、真空泵及其配件组成。测读与前述方法类似。此法观测精度高，而且可同时观测水平和垂直两项位移，所以适用于坝长大于1000m的直线坝。

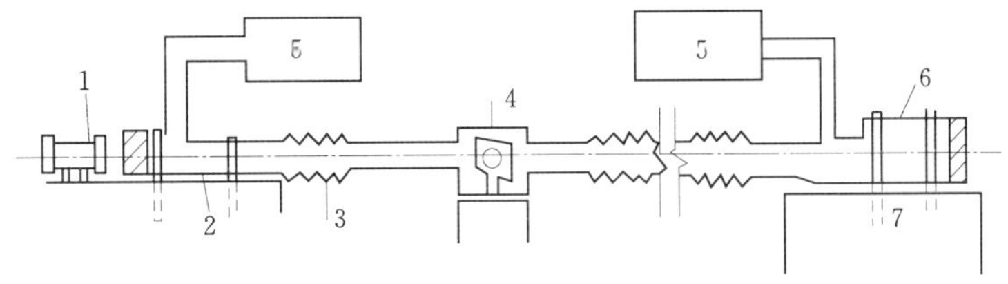

图1.4 真空激光准直系统示意

1—激光光源；2—平晶密封段；3—软连接段；4—测点箱；5—真空泵；6—接受靶；7—基点

1.2.1.3 前方交会法

用视准线法来观测水平位移，虽然有很多优点，但对于长坝，视线很长，受望远镜放大倍数的限制，观测精度大大降低。对折线形和曲线形坝，则需要加设非固定工作基点，精度更低。此时采用前方交会法进行观测，可获得较好的效果。

前方交会法是在建筑物下游侧的两岸山坡上，不受建筑物变形影响的地点，设置2个（或3个）工作基点，如图1.5中的A点和B点，A、B两点间的水平距离及其方位角均已测出。如M点是位移标点，M_0点为初测时位移标点M的位置，则首先应将全站仪（或经纬仪）分别安置在A、B两点，测出交会角α_0（AM_0方向线与基线AB的夹角）和β_0（BM_0方向线与基线AB的夹角）计算出M_0点的坐标（x_{M_0}，y_{M_0}）。当建筑物变形后，

位移标点 M_0 位移到 M_1 点，用同样方法测出位移标点 M_1 的交会角 α_1 和 β_1，并算出 M_1 的点坐标（x_{M_1}，y_{M_1}），则 M_1 和 M_0 点坐标之差即为位移标点 M_0 在坐标轴方向的位移分量，则 M 点的位移分量和总位移量可分别由下式求得

$$\left.\begin{aligned}\delta_{x_M} &= x_{M_1} - x_{M_0} \\ \delta_{y_M} &= y_{M_1} - y_{M_0}\end{aligned}\right\} \tag{1.2}$$

$$\delta_M = \sqrt{\delta_{x_M}^2 + \delta_{y_M}^2} \tag{1.3}$$

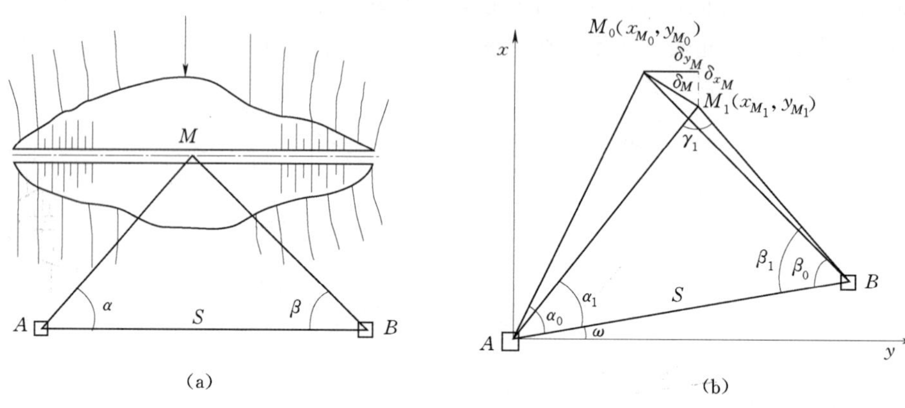

图 1.5　用前方交会法观测建筑物的水平位移

1.2.1.4　引张线法

引张线法观测水平位移，一般用于混凝土坝、砌石坝等水工建筑物，这种观测方法所需设备简单，不需精密的测量仪器，可以在建筑物的廊道内进行观测，因此不受气候的影响。

引张线法是在建筑物两端基点建拉紧一根钢丝作为基准线（见图 1.6），然后测量建筑物上各测点对此基准线的偏离值来计算水平位移。引张线即相当于视准线法中的视准线。

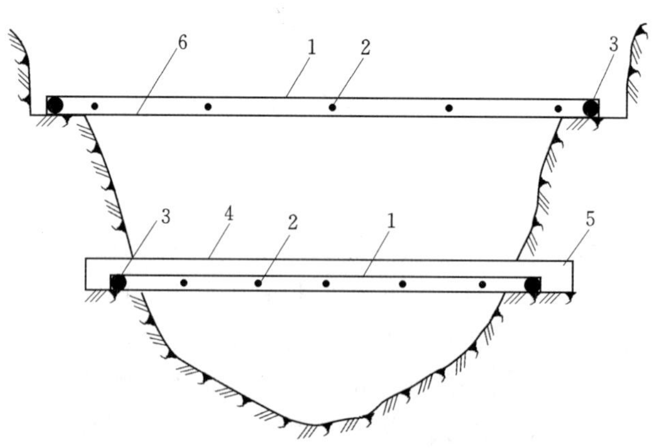

图 1.6　引张线示意图

1—引张线；2—测点；3—端点；4—廊道；5—隧洞；6—坝顶

引张线法观测设备由测线、端点装置和测点3部分组成。

测线一般采用直径0.2～1.2mm的不锈钢丝做成，两端固定在端点装置上。为了保证观测精度，保护测线不受外部因素的影响，测线通常都放置在直径10cm的钢管或塑料管内。

端点装置由墩座、夹线装置、滑轮、线锤连接装置和重锤所组成，如图1.7所示。墩座一般用钢筋混凝土或金属做成，具有一定的刚度，并与地基牢固结合，以便能承受测线传来的张力。夹线装置（见图1.8）的作用是使测线始终固定在一个位置上，其构成是在一块钢制基板上嵌入一个铜质V形夹槽。将测线放入V形槽中，盖上压板，旋紧压板螺丝，测线即被固定在这个位置上。在安装夹线装置时，应使测线通过重锤经侧轮拉紧后高出V形槽2mm，并使V形槽中心线与测线方向一致，与墩座上的滑轮中心剖面在一个平面上。在非观测期间，重锤垫起，测线放松。

测点是一个固定在建筑物上的金属箱，每隔20～30m设置一个，箱内设有水箱和标尺。水箱内盛水，水面设有浮船，用以支托钢丝，如图1.9所示。

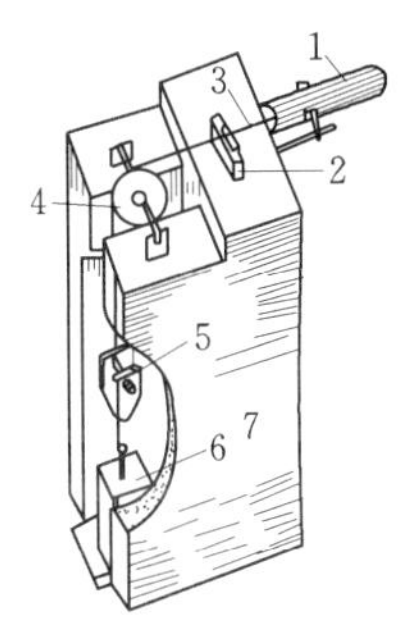

图1.7 端点装置

1—保护管；2—夹线装置；3—钢丝测线；4—滑轮；5—线锤连接装置；6—重锤；7—钢筋混凝土墩

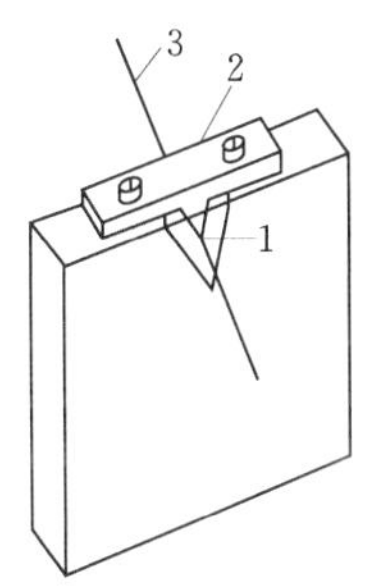

图1.8 夹线装置

1—V形槽；2—压板；3—钢丝

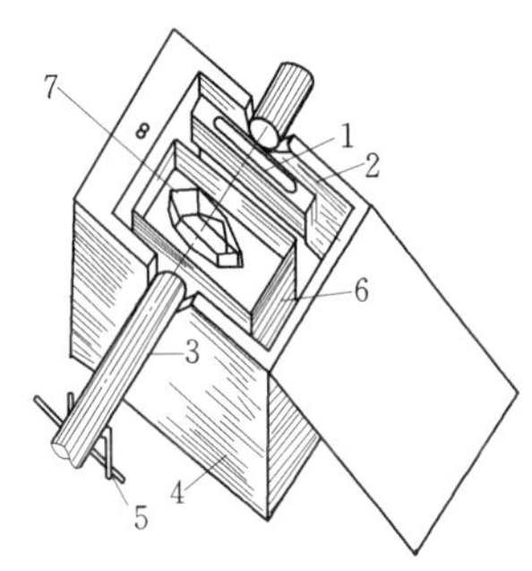

图1.9 测点结构

1—标尺；2—槽钢；3—测线保护管；4—保护箱；5—保护管支架；6—水箱；7—浮船

标尺是一条长15cm的不锈钢尺，刻度至毫米，安装在一段槽钢表面。安装时应使尺面水平，尺身与测线垂直。各测点的标尺应尽可能安置在同一高程上，误差应控制在±5mm。

观测时将重锤放下，使测线张紧，然后将夹线装置旋紧，并在水箱中加水。观测方法有读数显微镜法和两用仪观测法。

（1）读数显微镜法。先用肉眼在标尺上读取毫米以上整数，然后用读数显微镜观测毫米以下小数，即将显微镜的测微分划线对准该整数分划，读取测线左边缘至该分划线的距离a和b，则钢丝（测线）中心线的读数为$L=$整数读数$+(a+b)/2$。一个测点的观测通常进行3个测回，3个测回的误差应不大于0.2mm。

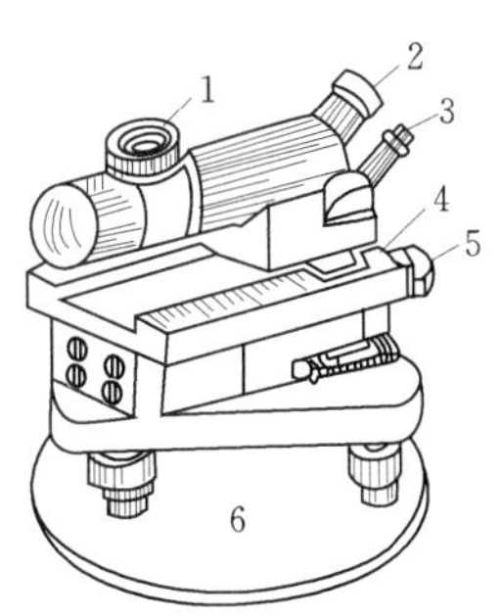

图1.10 两用仪

1—物镜；2—目镜；3—读数放大镜；4—标尺；5—转动手轮；6—底盘

（2）两用仪观测法。首先将两用仪（见图1.10）安置在测点上，旋转底脚螺旋，使水准气泡居中，然后转动望远镜复合系统，使之成上视位置，同时旋转微动螺旋和对光螺旋，使望远镜光栏内的两根钢丝成像清晰并重合，此时即可从读数镜内的游标尺上读出读数。

1.2.1.5　垂线法

混凝土坝坝体水平位移随高程不同会不一样。一般是坝顶水平位移最大，靠近坝基处最小，测出坝体水平位移沿高程的分布并绘制分布图，即为坝体挠度。垂线法的观测目的是观测坝体挠度。但实际上是观测坝体相对坝基的水平位移。垂线法观测混凝土坝的水平位移，是用垂线作基准线，测量沿垂线不同高程坝各测点的水平位移。该法设备简单、精度和效率较高、观测方便，为此得到普遍采用。垂线有正垂线和倒垂线两种。

正垂线法是在坝体竖井或宽缝的上部悬挂一条直径 0.8～1.0mm 的不锈钢丝，钢丝下部系有重 10～15kg 的重锤，重锤悬浮在高 40～45cm，直径 40cm 的油箱内，箱内注入不冻的锭子油或变压器油。在重锤处于稳定状态时，钢丝则处于铅直位置；当坝体变形时，垂线也随着位移，因此若沿垂线在不同高度设置观测装置，即可测得顶点相对于不同高程测点的水平位移。坝基测点的读数与各高程测点读数之差，即为各高程测点与坝基测点的相对位移值，这种观测装置称为一点支撑多点观测装置［见图 1.11（a）］。如若沿垂线在坝体不同高程上埋设夹线装置，当垂线被某一高程的夹线装置夹紧，即可通过坝基观测点测得该点对于坝基测点的相对位移，这种装置称为多点支撑一点观测装置［见图 1.11（b）］。

观测时将坐标仪放置在观测墩上，使仪器整平后照准垂线，然后读记纵横尺的观测值，取两次照准读数的平均值作为一测回，每测点应进行两测回，其误差不大于 0.1mm。

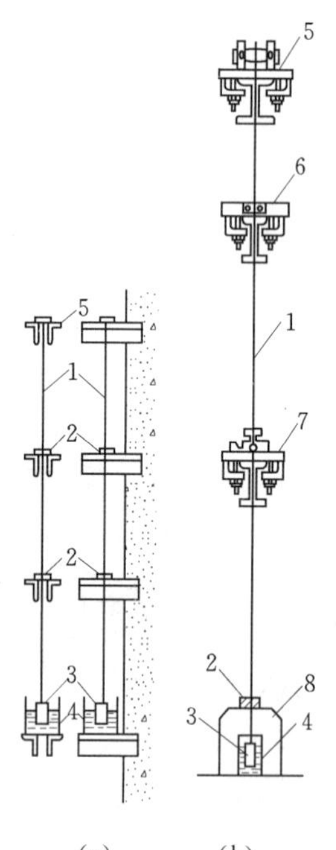

图 1.11　正垂线法观测水平位移

1—垂线；2—观测仪器；3—垂球；4—油箱；5—支点；6—固定装置；7—活动夹；8—观测墩

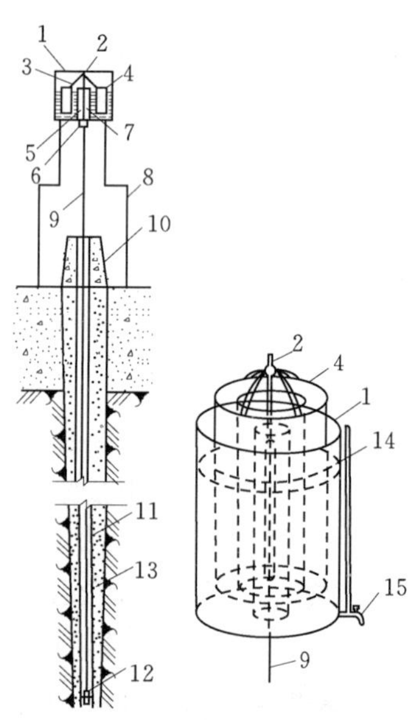

图 1.12　倒垂线法观测装置

1—油箱；2—浮子连杆连接点；3—连接支架；4—浮子；5—浮子连杆；6—夹头；7—油桶中间空洞部分；8—支承架；9—不锈钢丝；10—观测墩；11—保护管；12—锚夹；13—钻孔；14—液面；15—出油管

倒垂线法观测装置如图 1.12 所示，是将垂线的下端锚固在新鲜基岩内，垂线的上端通过连杆连接一个外径 50cm、内径 25cm、高 33cm 的浮子，浮子悬浮在外径 60cm、内径 15cm、高 45cm 的金属油桶内，在测点外设置混凝土观测墩或金属支架观测平台，墩（或平台）的中间有直径 15cm 的圆孔，垂线从孔中穿过，墩顶（或平台面）装设观测仪器，当坝体变形时观测墩（或平台）随之位移，而垂线则不动，故通过观测仪器即可测出观测点的水平位移。

1.2.2 竖直位移

建筑物竖直位移的观测方法通常采用水准仪观测法和连通管观测法。

1.2.2.1 水准仪观测法

水准仪观测法是在建筑物两岸不受建筑物变形影响的地方设置水准基点或起测基点，在建筑物表面的适当部位设置沉降标点，然后以水准基点或起测基点的高程为标准，定期用水准仪测量沉降标点高程的变化值，即得该标点处的沉降位移量。每次观测应进行两个测回（往返一次为一个测回），每测回对测点应测读 3 次。对于混凝土坝、大型砌石坝和重要土石坝，应采用精密水准测量，其往返闭合差 Δh 不超过 $\pm 1.4\sqrt{n}$mm。

1.2.2.2 连通管观测法

连通管观测法是利用液面水平的原理，将起测基点和各沉降位移标点用连通管连接，灌水后即可获得一条水平的水面线，量出水面线与起测基点的高差，算出水面线的高程。然后依次量出各沉降位移标点与水面线的高差，即可算出各沉降标点的高程。将前后两次所测得的沉降标点的高程相减，即得两次观测间隔时间内的位移量。如将该次测得的沉降标点高程与初次的沉降标点高程相减，即得该标点的累计位移量。

连通管可做成固定式的（见图 1.13）和活动式的（见图 1.14）。活动式的连通管是由外径 1.4cm、长 120cm 的玻璃管，内径 1.2cm、长 20m 的胶管和刻有厘米分划的刻划尺所组成，观测时由两人各执一根刻划尺，分别直立在两个相邻的测点上，读出管内水位的高度，两测点读数之差即为两点的高差。

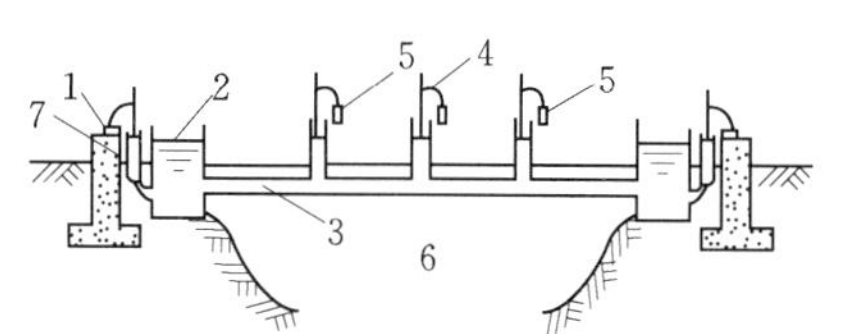

图 1.13 固定式连通管布置示意图

1—起测基点；2—水箱；3—埋设的连通管；4—水位测针；5—竖直位移标点；6—建筑物；7—混凝土基础

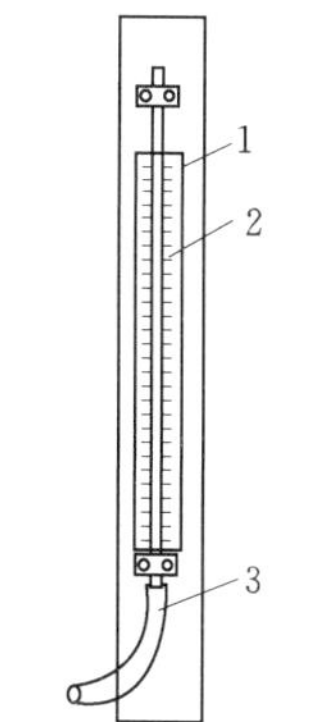

图 1.14 活动式连接管

1—刻划尺；2—玻璃管；3—胶管

1.2.3 土石坝的固结观测

为了掌握土石坝在施工期和运行期的固结情况及规律，需要进行土坝的固结观测。由于土石坝单位厚度土层的固结量是随坝高而变化的，所以除了要观测坝体的总固结量之外，还要观测坝体不同高程处的层陷量，以推算出坝体分层固体量。为此，需要在坝体同一断面位置的不同高程上设置测点，观测其高程变化。是在坝体中不同高程处埋设横梁式固结管或深式标点，观测出各测点的高程变化，用以推算出各分层的固体量。

1.2.3.1　固结观测点的布置

固结观测点的布置应根据工程的规模和重要性、土石坝结构型式和施工方法以及地形地质等情况而定，一般应布置在老河床、最大坝高、合龙段以及进行固结计算的断面。每座坝至少选择 2 个观测断面，每个断面埋设 2～3 组观测设备。测点间距应根据坝身土料特性和施工方法而定，一般为 3～5m，最小间距不小于 1m，最低测点应置于坝基面上。

1.2.3.2　固结观测设备及埋设

土石坝固结观测，目前常用的设备有横梁式固结管、深式标点、静水式沉陷计。本小节仅介绍横梁式固结管和深式标点。

1. 横梁式固结管

横梁式固结管由管座、带横梁的细管、中间套管 3 部分组成，如图 1.15 所示。管座是一根直径 50mm、长 1.1m 的铁管，底部用铁板封闭，铅直地埋入深 1.4m、直径 135mm 水位钻孔内，如果是岩石基地，管座四周回填水泥砂浆，如果是土基，则回填与

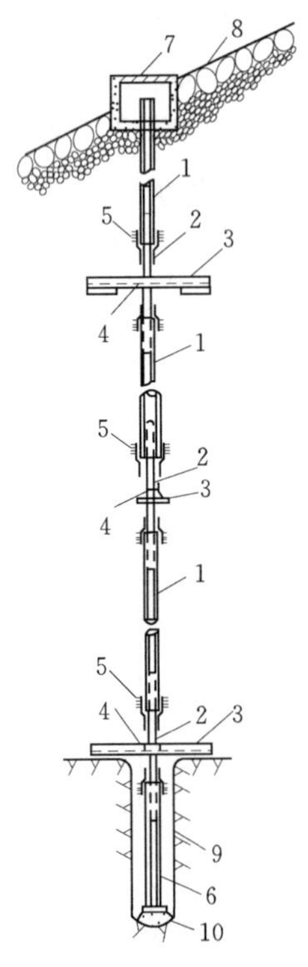

图 1.15　横梁式固结管

1—套管；2—带横梁的细管；3—横梁；4—U 形螺栓；5—浸沥青的麻布；6—管座；7—保护盒；8—块石护坡；9—岩石；10—砂浆

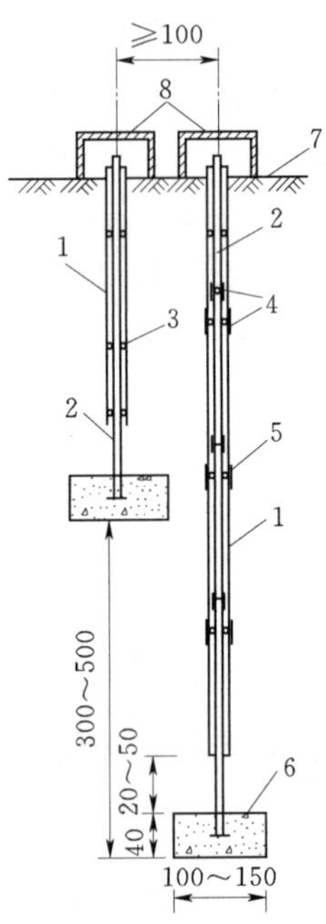

图 1.16　深式标点（单位：cm）

1—套管；2—标杆；3—导环；4—管箍；5—铁垫圈；6—混凝土底板；7—地面；8—保护盖

周围相同的土料，并加以夯实。带横梁的细管是一根直径38mm的管，每节长1.2m，用U形螺栓将一根长1.2m两端焊有翼板的角钢与细管正交连接并焊死。细管两端插入套管内，接口处用沥青的麻布包裹。套管式直径50mm的铁管，其长度比测点间距短0.6m。观测时先用水准仪测出管口高程，再用测沉器或测沉棒自下而上依次测定各细管下口至管顶的距离，按表1.2的格式算出量测点间土层的固结量。无论测沉器或测沉棒观测，每个测点均应测读两次，读数差不大于2mm，取其平均值，否则重测。

2. 深式标点

深式标点是由底板、与底板相连的标杆和套管3部分组成，如图1.16所示。底板是一块边长1～1.5m、厚40cm的混凝土板，或厚10mm的铁板。标杆是一根直径50mm的铁管，下端固定在底板上，套管是直径100mm的铁管，当填土超过底板预计的埋设高程50cm时，挖一方坑埋设底板及第1节标杆，以及第1节套管，套管底距底板表面为20～30cm，埋设完第1节标杆后，随即测出底板高程及第1节标杆顶部高程，并算得管顶到底板的距离，随着填土高度的增加，再依次埋设上部各节标杆及套管，标杆在套管内用弹性钢片或导环支持。每次安装标杆前应测出原标杆顶部的高程，安装完新标杆后，再测出新标杆的高程，算出已安装的标杆的长度，依次累计，到竣工时即可算得整个的长度。每次用水准测量测出标杆顶高程后，减去标杆长度，即为底板高程，两次测得的底板高程差，即为间隔时间内底板的沉陷量。

1.2.3.3 观测成果计算

土石坝的固结量包括分层固结量和总固结量。分层固结量为计算层坝体厚度的减少值，各分层固结量之和为总固结量。不论是分层固结量还是总固结量，都应计算累计固结量和间隔固结量。观测时的坝体厚度与首次测得的坝体厚度之差为累计固结量，相邻两次累计固结量或相邻两次坝体厚度之差为间隔固结量。固结量的计算一般在表格中进行，表1.2为计算示例。

表1.2 **固结观测成果计算表**

固结管编号＿＿＿＿ 上次观测日期＿＿＿＿年＿＿月＿＿日

间隔时间＿＿＿＿天 本次观测日期＿＿＿＿年＿＿月＿＿日

<table>
<tr><th rowspan="2">测点编号</th><th>管顶高程（m）</th><th>测点至管顶距离（m）</th><th>本次测的测点高程（m）</th><th>测点始测高程（m）</th><th>测点垂直位移量（mm）</th><th>测点始测间距（m）</th><th>本次观测的测点距（m）</th><th>本次累计固结量（mm）</th><th>上次累计固结量（mm）</th><th>间隔时间内固结量（mm）</th><th rowspan="2">备注</th></tr>
<tr><th>(1)</th><th>(2)</th><th>(3)＝(1)－(2)</th><th>(4)</th><th>(5)＝(4)－(3)</th><th>(6)</th><th>(7)</th><th>(8)＝(6)－(7)</th><th>(9)</th><th>(10)＝(8)－(9)</th></tr>
<tr><td rowspan="2">一</td><td rowspan="2">45.834</td><td rowspan="2">13.203</td><td rowspan="2">32.631</td><td rowspan="2">32.635</td><td rowspan="2">4</td><td rowspan="3">3.021</td><td rowspan="3">3.002</td><td rowspan="3">19</td><td rowspan="3">5</td><td rowspan="3">14</td><td rowspan="8">上次是指本次的前一次</td></tr>
<tr></tr>
<tr><td rowspan="2">二</td><td rowspan="2">45.834</td><td rowspan="2">10.201</td><td rowspan="2">35.633</td><td rowspan="2">35.651</td><td rowspan="2">18</td></tr>
<tr><td rowspan="2">3.033</td><td rowspan="2">2.991</td><td rowspan="2">42</td><td rowspan="2">13</td><td rowspan="2">29</td></tr>
<tr><td rowspan="2">三</td><td rowspan="2">45.834</td><td rowspan="2">7.21</td><td rowspan="2">38.624</td><td rowspan="2">38.65</td><td rowspan="2">26</td></tr>
<tr><td rowspan="3">3.013</td><td rowspan="3">3.013</td><td rowspan="3">0</td><td rowspan="3">0</td><td rowspan="3">0</td></tr>
<tr><td rowspan="2">四</td><td rowspan="2">45.834</td><td rowspan="2">4.197</td><td rowspan="2">41.637</td><td rowspan="2">41.637</td><td rowspan="2">0</td></tr>
<tr></tr>
<tr><td colspan="8">全管累计固结量（mm）</td><td>61</td><td></td><td></td><td></td></tr>
</table>

1.2.4　水工建筑物的裂缝观测

1.2.4.1　土工建筑物的裂缝观测

对于土工建筑物上的裂缝，当缝宽大于 5mm，或缝宽虽小于 5mm，但缝长和缝深较大，或者是穿过建筑物轴线的裂缝，以及弧形缝、竖直错缝，均须进行观测。掌握裂缝的现状和发展，以便分析裂缝对建筑物的影响和研究缝的处理措施。

土工建筑物的裂缝观测，首先应将裂缝编号，然后分别观测裂缝所在的位置、长度、宽度和深度。裂缝长度的观测，可在裂缝两端打入小木桩或用石灰水标明，然后用皮尺沿缝迹测量出缝的长度。裂缝宽度的观测，可选择有代表性的测点，在裂缝两侧每隔 50mm 打入小木桩，桩顶钉有铁钉，用尺量出两侧钉头的距离及钉头距缝边的距离，即可算出裂缝的宽度。钉头距离的变化量就是裂缝的变化量。裂缝深度的观测可采用钻孔取土样的方法进行观测，也可采用开挖深坑和竖井的方法观测裂缝的宽度、深度和两侧土体的相对位移。

1.2.4.2　混凝土建筑物的裂缝观测

混凝土建筑物的裂缝观测包括裂缝的分布，裂缝的位置、长度、宽度和深度，对于漏水的裂缝，还应同时观测漏水的情况。裂缝的观测应与混凝土温度、气温、水温和建筑物上游水位等的观测同时进行。在裂缝发生的初期，一般每天观测一次，裂缝发展变慢后可减少观测次数；在气温和上游水位有较大变化时，应增加观测次数。

裂缝的位置和长度的观测，通常是在裂缝两端用油漆做上标志，然后将混凝土表面画上方格来进行量测。裂缝的宽度可用放大镜观测，并可在裂缝的两侧埋设标点，用游标卡尺测定标点之间的间距，以分析缝宽的变化。裂缝的深度一般采用金属丝探测，也可采用超声波探伤仪、钻孔取样和孔内电视照相等方法观测。

1.2.5　混凝土建筑物伸缩缝的观测

混凝土建筑物伸缩缝的观测通常选择建筑物高度最大、地质条件复杂有较大断层或破碎带、建筑物施工质量差或止水不良，有显著漏水以及进行应力应变观测的地段。在建筑物顶部、下游表面或廊道内适当位置布置测点，每条伸缩缝上不少于 2 个观测点。

伸缩缝观测常用设备有以下几种。

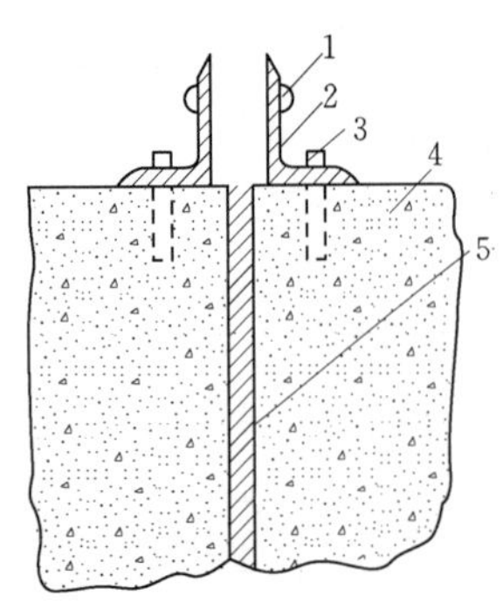

图 1.17　单向侧缝标点
1—标头；2—角钢；3—螺栓；4—混凝土；5—伸缩缝

1.2.5.1　单向侧缝标点

单向侧缝标点是在伸缩缝两侧混凝土体上各埋设一段角钢，角钢与缝平行，一翼向上，一翼用螺栓固定在混凝土上。向上的翼板各焊有一半圆球形的标点，以用外径游标卡尺（读至 0.1mm）测量两标点头间的距离，如图 1.17 所示。

1.2.5.2　型板式三向侧缝标点

型板式三向侧缝标点可以测出伸缩缝开合、错动和高差 3 个方向变化值，是用两块宽约 30mm、厚 5～7mm 的金属板，锚固在缝侧混凝土上，金属板弯曲成互相成直角的三段，每段焊上一个不锈钢的或铜的标点，埋设后量出 3 对标点的距离 x、y、z，作为初始值，在观测时重新量出 3 对标点的距离，即可算出伸缩缝沿 X、Y、Z 方向的变化量，如图 1.18 所示。

1.2.5.3 三点式侧缝标点

三点式侧缝标点是由组成等边三角形的三个标点组成，其中两个标点埋在伸缩缝的一侧，并使两点连线与缝平行，另一个标点埋在伸缩缝的另一侧。标点下部埋入混凝土，露出的标头为一圆柱体，中心为一圆坑，如图1.19所示。三点式侧缝标点需用专门的游标卡尺测量。

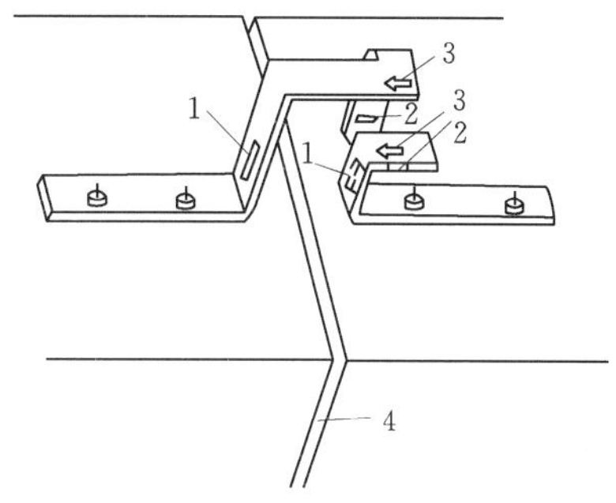

图1.18 型板式三向侧缝标点

1—观测X方向的标点；2—观测Y方向的标点；3—观测Z方向的标点；4—伸缩缝

1.2.5.4 差动式电阻侧缝计

差动式电阻侧缝计的工作原理与电阻应变计相同，在浇筑建筑物混凝土的同时埋设。在埋设时，首先在较高的浇筑块中埋入套管，然后当低浇筑块的混凝土上升后，将侧缝计旋入套筒内，再回填混凝土，如图1.20所示。

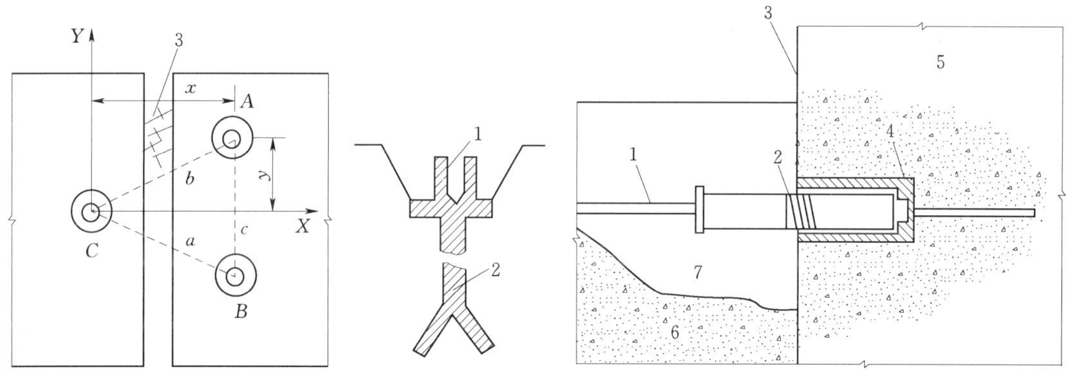

图1.19 三点式侧缝标点结构图

1—放卡尺测针的小坑；2—标点固定锚筋；3—伸缩缝填料；A、B、C—标点

图1.20 差动式电阻侧缝计的埋设图

1—电缆；2—波纹管；3—接缝；4—套筒；5—高浇筑块；6—低浇筑块；7—挖去的混凝土

1.3 水工建筑物的渗流观测

水库建成蓄水后，在上下游水头差的作用下，坝体和坝基会出现渗流。渗流分正常渗流和异常渗流。正常渗流不会对水库水量损失和大坝安全造成影响，水利工程中是允许的。异常渗流往往会逐渐发展并对建筑物造成破坏。在一定的边界条件下，正常渗流有可能转化成异常渗流。所以，为了保证坝体安全和水库蓄水效益，对水库中的渗流现象必须引起足够的重视，并进行认真的检查观测，从渗流的现象、部位、程度来分析并判断建筑物的运行状态，保证水库安全运用。

1.3.1 土石坝的浸润线观测

土石坝浸润线观测最常采用的方法是在坝体选择有代表性的横断面，埋设适当数量的测压管，通过测量测压管中水位来获得浸润线的位置。

1.3.1.1　测压管布置

土石坝浸润线观测的测点应根据水库的重要性和规模大小、土石坝类型、断面尺寸大小、坝基地质情况以及防渗、排水结构等进行布置。一般选择最重要、最具代表性，而且能控制主要渗流情况以及预计有可能出现异常渗流的横断面，作为浸润线的观测断面，布置测压管。例如，选择最大坝高、老河床、合龙段以及地质情况复杂处。在设计时进行浸润线计算的断面，最好也布置测压管进行观测，以便与设计进行比较。布置测压管的横断面间距一般为 100～200m，如坝体较长、断面情况大体相同，可适当增大断面间距，在有特殊需要的坝段应增设断面。对于一般大型和重要的中型水库，浸润线观测断面不少于 3 个，一般中型水库不少于 2 个。

每个横断面内测点的位置和数量，以能使观测成果如实地反映出断面内浸润线的几何状况及变化，并能充分描绘出坝体各组成部分（防渗体、排水体、反滤层等）在渗流下的工作状况为原则进行布置。要求每个横断面内的测压管数量不少于 3 根。

（1）对于具有堆石排水体的均质土坝，在坝顶上游坝肩和排水体上游坡和坝基相交点各布置 1 根测压管，其间根据具体情况布置 1 根或数根测压管，如图 1.21（a）所示。

（2）对于具有褥垫式排水体的均质土坝，可在上游肩坝和褥垫式排水上游端各布置 1 根测压管，其间视情况而定。褥垫式排水体的上面根据需要可增设 1 根测压管，如图 1.21（b）所示。

（3）对于宽心墙坝，可在心墙内布置 2～3 根测压管，在心墙下游面靠近心墙的透水料中和排水体上游各布置 1 根测压管，其间根据具体情况布置如图 1.21（c）所示。对于窄心墙坝，可在心墙上下游和排水体上游端各布置 1 根测压管，其间根据具体情况布置，如图 1.21（d）所示。

（4）对于塑性斜墙坝，在紧靠斜墙下游面坝底处应埋设 1 根测压管，反滤坝趾上游端埋设 1 根测压管，其间视具体情况布置。紧靠斜墙的测压管，为了不破坏斜墙的防渗性能并便于观测，通常采用有水平管段的 L 形测压管。水平管段略呈倾斜，进水管段稍低，坡度在 5%左右，以免破坏斜墙的不透水性。此外，应在排水体上游坡脚处布置 1 根测压管，其间根据具体情况布置，如图 1.21（e）所示。

1.3.1.2　测压管的结构

测压管长期埋设在坝体内，要求管材经久耐用。常用的有金属管、塑料管和无砂混凝土管。无论哪种测压管均由进水管段、导管和管口保护设备 3 部分组成。

1. 进水管段

测压管的进水管段应能顺利进水而又防止土粒进入管内，常用的进水管直径为 38～50mm，下端封口，进水管壁钻有足够数量的进水孔。对埋设于黏土中的进水管，开孔率为 15%左右；对砂性土，开孔率为 20%左右。孔径一般为 6mm 左右，沿管周分 4～6 排，呈梅花形排列。管壁上焊有 4～8 根直径 6～8mm 的总线钢筋，然后呈螺旋状缠绕 12～14 号镀锌铅丝，外面包扎两层过滤层，过滤层外再包扎两层麻布。过滤层的内层可采用马尾网、玻璃丝布、铜丝网、尼龙丝布等，外层可采用棕皮，如图 1.22 所示。

进水管的长度视土料的性质而定，对于黏土或砂壤土坝体，其长度自设最高浸润线以上 0.5m 至浸润线以下 1m；对于粗粒透水料坝体，应不小于 3m。进水管下部应留出 0.5

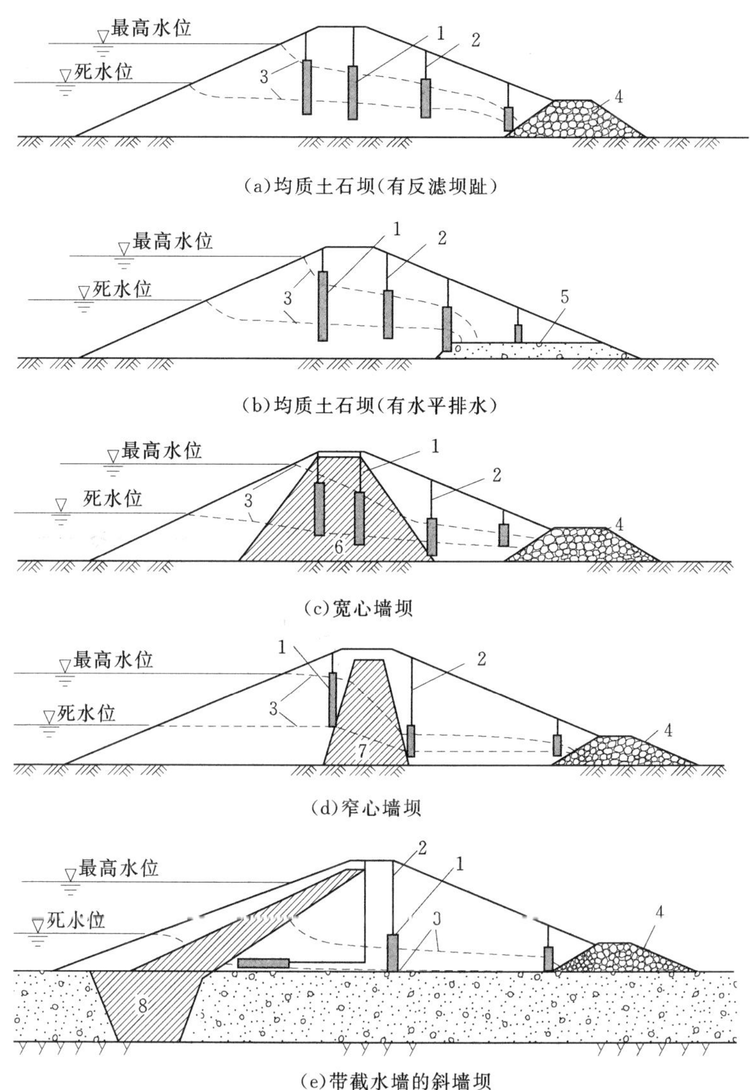

图 1.21 不同坝型浸润线测压管布置示意图

1—进水管段；2—导管；3—浸润线；4—反滤坝趾；5—水平反滤层；6—宽心墙；7—窄心墙；8—斜墙

～2m 的沉淀管段。

2. 导管

导管与进水管连接并伸出坝面，连接处应不漏水，其材料和直径与进水管相同，但管壁不钻孔。其作用是将测压管引出坝面，以便观测管内水位。

3. 管口保护设备

管口保护设备安装在测压管管口，以保护测压管不受人为的破坏，防止雨水、地表水流入测压管内或沿测压管外壁渗入坝体，并避免石块和杂物落入管中，堵塞测压管。

1.3.1.3 测压管的安装埋设

测压管一般在土石坝竣工后钻孔埋设，只有水平管段的 L 形测压管必须在施工期埋

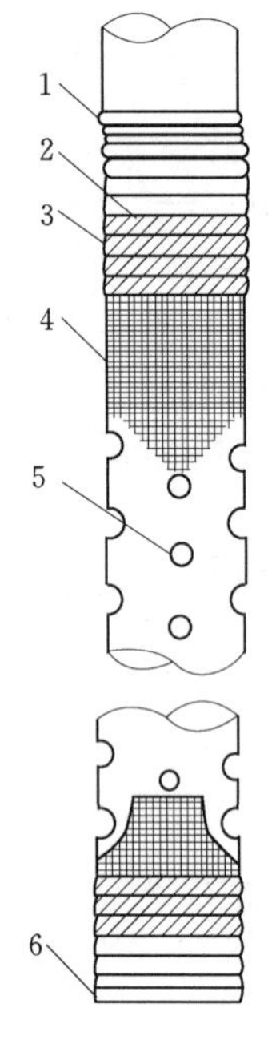

图 1.22　测压管进水管结构示意图
1—缠绕铅丝；2—两层麻布；3—第二过滤层；4—第一过滤层；5—进水孔；6—封闭管底

设。安装程序是首先钻孔，再埋设测压管，然后进行注水试验，以检查是否合格。

1. 钻孔注意事项

(1) 钻机一般在短时间内即能完成钻孔，如短期内不易塌孔，可不下套管，随即埋设测压管。若在砂壤土或砂砾料坝体中钻孔，为防止孔壁坍塌，可先下套管，在埋设好测压管后将套管拔出，或者采用管壁钻了小孔的套管，万一套管拔不出来也不会使测压管作废。

(2) 建议钻孔采用麻花钻头干钻，尽量不用循环水冲孔钻进，以免钻孔水压对坝体的扰动破坏及可能产生裂缝。

2. 埋设测压管的注意事项

(1) 在埋设测压管前应对其进行细致检查，进水管和导管的尺寸和质量应符合设计要求，检查后应作记录。管子分段接头可采用接箍或对焊。在焊接时应将管内壁的焊疤打去，以免由于焊接使管内壁缩小，造成测头上下受阻。管子分段连接时，要求管子在全长内保持顺直。

(2) 测压管全部放入钻孔内后，进水管段管壁与孔壁应加填粒径约为 0.2mm 的洗净的干砂。导管段管壁与孔壁之间应加填黏土并夯实，以防雨水沿管外壁渗入。由于管、孔壁之间间隙小，回填松散黏土往往难以达到防水的效果，导管外壁与钻孔之间可加填实现制备好的膨胀黏土泥球，直径 1～2cm，每填 1m，注入适量稀泥浆水，以浸泡黏土泥浆使之散开膨胀，封堵孔壁。

(3) 测压管埋设后，应及时做好管口保护设备，记录埋设过程，绘制结构图，最后将埋设处理情况以及有关影响因素记录在考核表内。

3. 测压管注水试验检查

测压管埋好后，要及时进行注水试验，以检验测压管的灵敏度是否合格。试验前先量出管中水位，然后向管中注入清水。对于一般土料，注水使管内水位升高 3～5m，砂砾料升高 5～10m。注水后测量水位高程，再经过 5min、10min、15min、20min、30min、60min 后各测量一次管内水位，以后间隔时间适当延长，测至降到原水位为止。记录测量结果，并绘制水位下降过程线，作为原始资料。对于黏壤土，测压管水位如果 5 昼夜内降至原来水位，认为是合格的；对于砂壤土，水位一昼夜降至原水位，认为合格；对于砂砾料，如果在 12h 内降至原来水位，或灌入相应体积的水而水位升高不到 3～5m，认为是合格的。

1.3.1.4　测压管水位观察方法

测压管水位常采用测深钟或电测水位器进行观测，也有采用示数水位器、遥测水位器进行观测的。

1. 测深钟测定测压管水位

测深钟的结构型式如图 1.23 所示，其为上端封闭、下端开敞的一段金属圆管。圆管长

30～50mm，外径较测压管内径小，形状好像一个倒置的杯子。吊绳用皮尺或测绳，零点置于测深钟下口。

观测时，用吊绳将测深钟慢慢放入测压管中，当测深钟下口接触管中水面时，若发出空筒击水的“嘭嘭”声，即停止下送。再将吊绳稍微提起又放下，使测深钟反复击水并连续发出“嘭嘭”的声音为止，此时即可测出管口至管内水面的高度 L，再根据管口高程 Z_g，计算出管水位高程 Z，即

$$Z=Z_g-L \tag{1.4}$$

一般要求测读两次，读数差不大于 2cm。

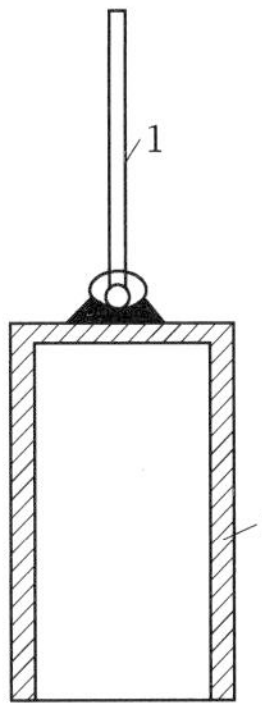

图 1.23　测深钟示意图

1—吊绳；2—测深钟

2. 电测水位器测定测压管水位

电测水位器是利用水导电来接通电路的原理构成的。一般由测头、指示器或吊尺组成。测头为铜管或铁管，中间安装电极。指示器采用微安表或灯泡或蜂鸣器等，其作用是指示电路的通断情况。指示器与测头电极用导线连接。对于只有一个电极的测头，如图 1.24（a）所示，需要一根导线将指示器与金属测压管连接。图 1.24（b）的双电极则用两根导线接成回路。

测头挂接在吊尺上，吊尺可用钢尺。也可不用吊尺，将导线改用带有刻度的水工专用电缆。测头、指示器和导线可安装在木制的测压箱内，如图 1.25 所示。观测时，将测头放入测压管中，至指示器得到反映后，将测尺靠在测压管口边缘读数，可用式（1.4）计算。但测头（特别是双电极测头）入水后将使管内水位升高，其升高值可由试验测出，在计算管内水位时减去测头入水引起的水位升高值。

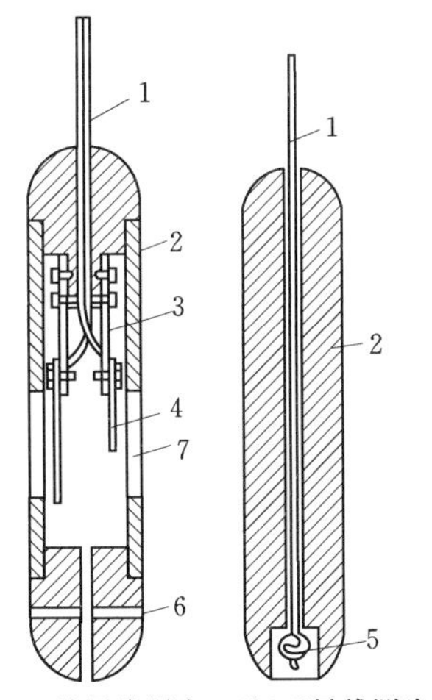

(a)单导线测头　(b)双导线测头

图 1.24　测头构造示意图

1—电线；2—金属管；3—隔电板；4—电极；5—电线头；6—进水孔；7—排气孔

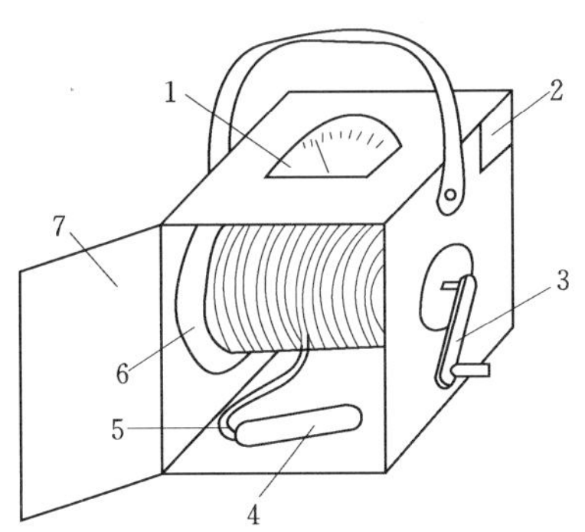

图 1.25　电测水位箱

1—指示器；2—电池盒；3—手摇柄；4—测头；5—导线；6—滚筒；7—木门

电测法测管水位需测读两次，两次读数差对于大型水坝不大于 1cm，中型水库不大于 2cm。

测压管水位的测次，应根据水库蓄水等具体情况而定。水库初蓄水阶段每日观测一次，以后逐渐减少到每 10 天一次。但当水库水位超出历年最高水位或接近设计最高水位，以及发现不正常渗流或地震后，应增加测次。测压管口高程，在水库运用初期应每月用水准法测量一次，以后逐渐减少，但每年至少一次。

1.3.2　土石坝的渗流观测

土石坝的渗流观测的目的是通过测量渗流量的大小，掌握渗流量的变化规律，以便分析土坝防渗和排水设备的工作情况，判断土坝的工作是否正常。

土石坝渗流的观测，通常是将坝体和坝基排水设备中的渗水分别引入集水沟，在集水沟中布置量水设备进行观测。如果坝体和坝基的渗水可以区分拦截，则应区分进行观测，以便于分析问题。

渗流量观测应与上、下游水位和测压管水位、气温及降雨等项目的观测配合进行。渗流量的观测方法应根据渗流量的大小和渗水的汇集条件，采用容积法、量水堰法和测流速法。

其中量水堰一般采用以下几种型式。

(1) 三角堰。底角为直角，过水断面为等腰三角形的量水堰，如图 1.26 所示。三角堰适用于渗流量为 1～70L/s 的情况，堰上水深一般不超过 0.3m，最小不宜低于 0.05m。直角三角形堰自由出流的流量公式为

$$Q=1.4H^{5/2} \tag{1.5}$$

(2) 梯形堰。梯形堰过水断面为一梯形，边坡常用 1∶0.25，如图 1.27 所示。堰口应严格水平。底宽不宜大于 3 倍堰上水头。堰上水深不宜超过 0.3m，适用于渗流量在 10～300L/s 的情况。

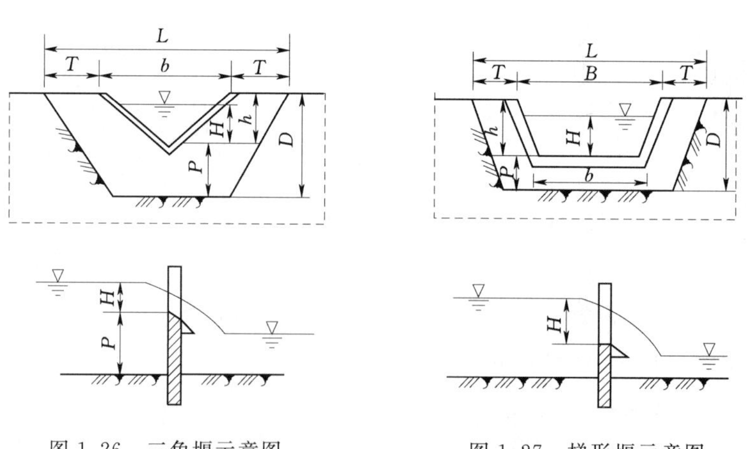

图 1.26　三角堰示意图　　图 1.27　梯形堰示意图

堰口边坡为 1∶0.25 的梯形堰流量计算公式为

$$Q=1.86bH^{3/2} \tag{1.6}$$

1.3.3　土石坝基渗水压力和绕坝渗流的观测

1.3.3.1　坝基渗水压力的观测

坝基渗水压力的观测是为了了解坝基渗水层和承压层中渗水压力的沿程分布，以判断坝基防渗和排水设备的工作效能，防止坝基产生渗透破坏。

坝基渗水压力是通过观测布置在坝基内的测压管管内水位，推算其各测点处的渗水压力水头。测压管内的布置根据地基地质情况、防渗排水设备的结构型式，以及有可能发生渗透变形的部位而定。

1. 测压管的布置

测压管沿渗流方向布置，一般结合浸润线断面布置。不同地质情况布置形式不一样。

(1) 均质砂砾石地基上测压管的布置。一般垂直坝轴线布置 2～3 个观测横断面，每个横断面布设 3～5 根测压管，具体位置视坝型而定，如图 1.28 所示。①具有水平防渗铺盖的均质坝，一般每个断面埋设 4 根测压管，上游坝肩、下游坡、反滤坝趾上下游各埋设 1 根，如图 1.28 (a) 所示；②对有塑性截水墙或垂直防渗帷幕的心墙坝，一般在截水墙前后各布设 1 根测压管，反滤坝趾上下游各埋设 1 根，如图 1.28 (b) 所示；③对有垂直防渗设施的斜墙坝，其黏土截水墙、灌浆帷幕或混凝土防渗墙靠近上游，测压管可全部布置在防渗设施下游，如图 1.28 (c) 所示；④对有水平防渗设施的斜墙坝，一般在土坝施工时预埋 L 形测压管，如图 1.28 (d) 所示。其水平管段应有 5%的坡度。

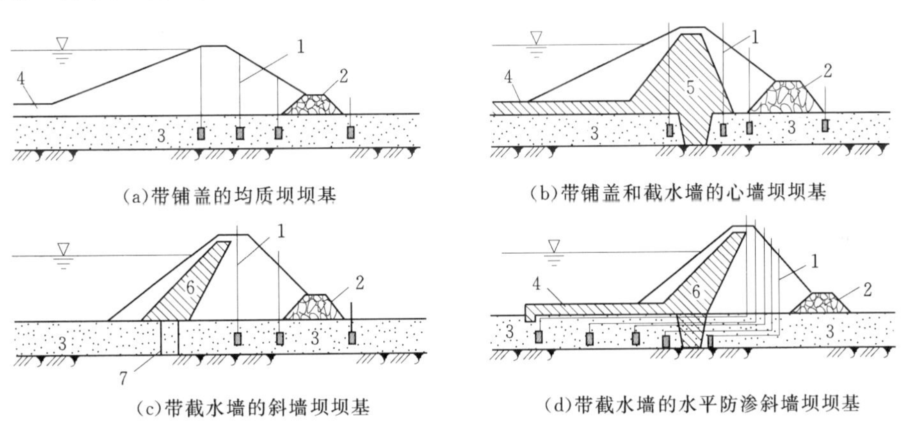

图 1.28　均质砂砾石地基渗水压力测压管布置示意图

1—测压管；2—滤水坝趾；3—砂砾石层；4—水平铺盖；5—心墙；6—斜墙；7—垂直防渗墙

(2) 对于上层为相对弱透水层，下游为强透水层的双层地基，应垂直坝轴线至少布置 2～3 个观测横断面，每个横断面各布设 2～4 根测压管，并将测压管进水管段布设在强透水层中，如图 1.29 所示。多层透水地基可在各层中分别埋设测压管，每个观测横断面每层不少于 3 根，如图 1.30 所示。

(3) 当岩基有局部破碎带、断层或裂隙时，为了解几种渗流情况和检查垂直防渗设施的防水性能，通常沿破碎带、断层、裂隙等透水方向布设至少 3 根测压管，测压管的进水管深入断层或裂隙中。

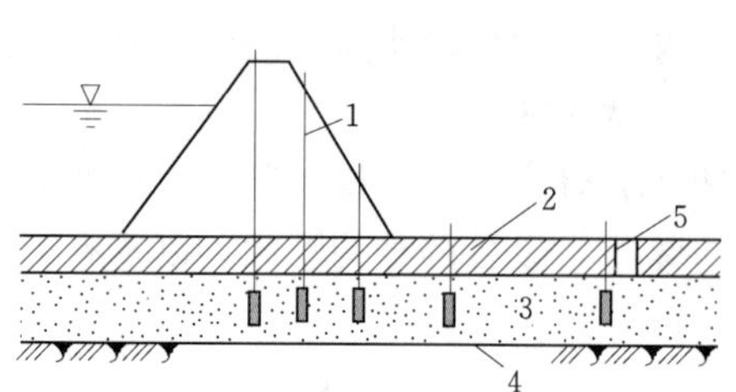

图 1.29　双层透水坝基渗水压力测压管布置示意图

1—测压管；2—相对弱透水层；3—强透水层；4—基岩；5—出水口

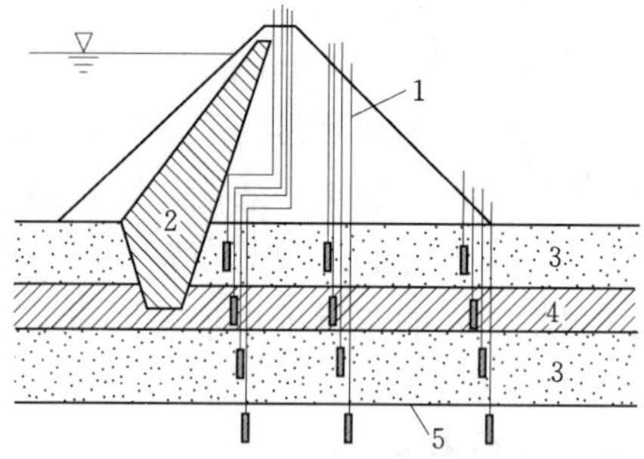

图 1.30　多层透水坝基渗水压力测压管布置示意图

1—测压管；2—斜墙；3—透水层；4—相对隔水层；5—基岩

(4) 为获得坝趾出逸段的出逸坡降，需在坝趾下游一定范围内布置若干测压管。在已经发生渗流变形的地方，应在其四周临时增设测压管进行观测。当采取工程措施进行处理后，仍应保留一部分测压管，观测处理前后渗水压力的变化，以评价处理效果。

2. 测压管的结构与管水位观测方法

坝基渗水压力测压管的结构与浸润线测压管基本相同，只是进水管较短，一般为 0.5～1m。坝基测压管的埋设一般在大坝施工期或水库初蓄水前进行，造孔埋设不得用泥浆固壁，应下套管防止塌孔。钻进过程中应取土样，鉴定土的性质，并测定高程和计算各种土层厚度，绘制钻孔土层柱状图。埋设完后填写设备考证表。

坝基渗水压力观测通常与浸润线观测同时进行，并在水库水位最高、最低以及升降变化较大时增加测次，且同时观测上下游水位。观测方法与浸润线测压管相同。

1.3.3.2　导渗降压设备效能观测

导渗降压设备效能的观测包括进行测压管水位观测、渗流量观测和其他项目观测。

1. 测压管水位观测

当坝后设有排水沟时，应在垂直排水沟方向布置几个观测断面，在每个观测断面上至少应在沟的上游侧和下游侧各布置 1 根测压管，如果坝后设有排水减压井，应在井上游、井下游和井间平行坝轴线方向布置 3 个观测断面，每个断面上布置一定的测压管。

2. 渗流量观测

减压井和排水沟的渗流量观测一般是通过量水堰进行的，对于减压井的渗流量可采用体积法或用小流速仪在井内观测其涌水量。

3. 其他项目观测

减压井的其他项目观测还包括涌水透明度、淤积量和失效后果等的观测。淤积量的观测一般是在每年汛前和汛后各进行一次，其方法是分别测量井口和井底的高程，则井的淤积量＝井的断面×［（原井口高程－井口高程）－（原井底高程－井底高程）］。

1.3.3.3　绕坝渗流观测

渗流绕过两坝端或沿着土坝与混凝土及砌石建筑物的接触面向下游流出，称为绕坝渗流。绕坝渗流观测目的是了解土坝两岸与混凝土建筑物连接部分的渗透情况，以分析这些

部位的防渗和排水措施的作用，防止出现可能的渗透破坏。如果坝与岸坡连接不好，或土坝与混凝土及砌石建筑物接触面连接不好，或岸坡中有强透水层，或岸坡过陡产生裂缝，都有可能发生集中渗流，造成渗透变形，甚至造成土坝失事。

绕坝渗流一般也是埋设测压管进行观测。测压管的布置以能使观测成果绘出绕渗等水位线和浸润线为原则。一般根据坝与岸坡和混凝土建筑物的连接方式，以及两岸地质情况、防渗排水设施的型式等确定。

（1）两岸绕渗测压管沿绕流线布置，一般至少埋设 2 排，每排至少 3 根，如图 1.31 所示。

（2）在下游河槽两侧台地的渗流区，可垂直坝轴线布置 2～3 排测压管，各排间距为 50～100m，靠近河槽处可稍密一些。每排测压管管距为 50～200m，近坝趾处稍密一些。每排测压管根数不少于 3 根。

（3）岸坡内有防渗齿墙或灌浆帷幕的，应在其前后各设 1～2 根测压管。

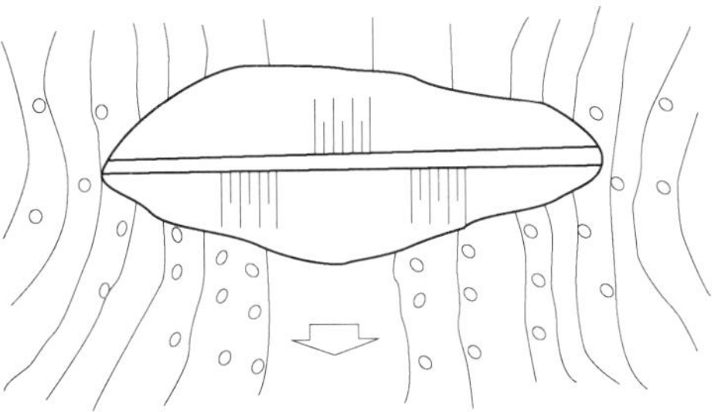

图 1.31　绕坝渗流测压管平面布置图

（4）对心墙或斜墙坝，下游坝壳的透水材料易成为绕渗的出口，因此除在坝外岸坡布设测压管外，还应在坝内岸坡段布设测压管，用以观测渗流出口处的渗透稳定性。

绕坝渗流属无压渗流，其观测实际是浸润线观测。因此，绕渗测压管的构造、埋设方法和坝体浸润线相同。但对岸坡为坚硬岩石时，可只钻孔而不必埋管。对于坝内岸坡段的测压管，进水管埋在岸坡内，坝体内为导管。若要对岸坡进行分层透水性观测，则按坝基渗水压力管的构造和埋设方法进行。

绕渗测压管的水位观测与坝体浸润线观测相同，观测仪器、方法及测次等规定也一样。

1.3.4 混凝土建筑物的渗水扬压力观测

对闸、坝等混凝土建筑物基础上的扬压力进行观测，以掌握扬压力的分布及其变化，从而判断建筑物地基内防渗设备的工作是否正常，如果在相同库水位下扬压力有显著增大，应及时分析原因并采取补救措施。

1.3.4.1 观测设备及布置

建筑物基础扬压力观测断面一般选择在最大坝高、老河床和地质情况较差的地方，其间距视建筑物长度和结构型式而定，一般为 100～200m，但不应少于 3 个断面。

观测断面上的测点数和测点位置，取决于断面大小、结构型式、地下轮廓形状和地质情况，以能准确测出扬压力为原则。通常可参照下列情况进行布置：

（1）为了了解坝基和闸基防渗设备对渗透水头的折减作用，应在帷幕灌浆、铺盖、齿墙、板桩等前后各布置一个测点。

（2）为了了解排水设备的降压效果，应在坝基排水孔、水闸和溢洪道护坦排水孔下游侧布置一个测点。

（3）在建筑物底面中间和紧靠建筑物下游面处布置一个测点。沿水闸边墙和上下游翼墙适当布置几个测点。

当混凝土坝或浆砌石坝有横向廊道时，可在横向廊道内布置测压断面，以便于观测，图 1.32 是重力坝扬压力测压管的布置图。支墩坝和连拱坝的扬压力测点一般布置在支墩内。水闸基础扬压力测点根据地下轮廓线布置，一般按图 1.33 所示形式布置。

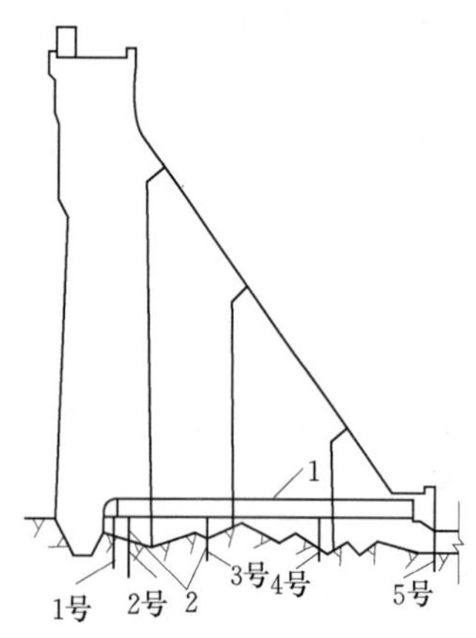

图 1.32　重力坝扬压力测压管的布置

1—廊道；2—测压管

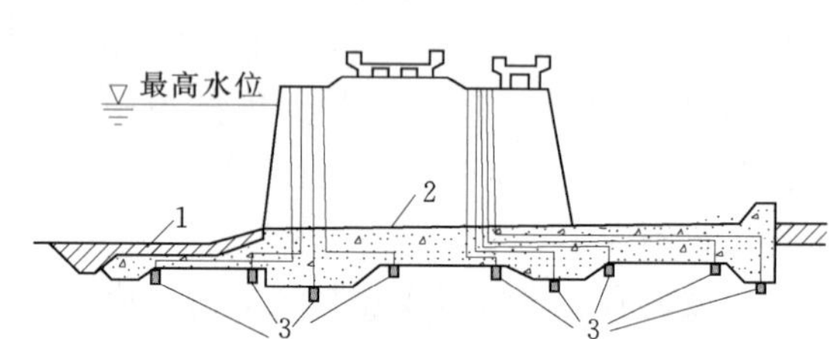

图 1.33　水闸基础扬压力测压管的布置

1—铺盖；2—底板；3—测压管进水管段

1.3.4.2　观测设备安装

测点上的扬压力观测设备通常使用测压管和渗压计。

1. 测压管

测点上的扬压力测压管与土坝浸润线测压管类似，由进水管段、导管和管口保护设备组成。测压管的进水管段较短，只要不小于 20cm 即可，进水管的管壁上钻有直径 5～6mm 的小孔。进水管的外包反滤层要求较低，一般只包一层反滤层即可，进水管下部应留不短于 5cm 的沉沙管段，管壁不钻孔，底部封死。

导管用与进水管直径相同的管材连接而成。导管埋设应尽量保持垂直。不能保持垂直时，可用水平的导管引至设计管口位置的铅直投影点上，然后从该点将导管垂直向上引至管口位置。

管口保护设备与土石坝测压管相同。

2. 渗压计

用于基础扬压力观测点渗压计有钢弦式、差动电阻式等。

渗压计的埋设与渗压计的结构型式、使用目的以及埋设部位等有关，当用于基岩上测定建筑物扬压力时，一般在基坑开挖完成后，在岩面钻孔。孔径 10～20cm，孔深 30cm，在孔底部放 5～6cm 厚的细砂，上面再放细粒卵石或粗砂 5～6cm，将渗压计透水石卸下，浸水使其饱和，受压膜空腔内注满水并排尽空气，然后装好透水石，将渗压计放入孔中。周围用粗砂填紧并覆盖测压计，坑内再灌入适当水分使反滤料饱和，最后用砂浆填满钻孔，上面浇筑混凝土。

1.3.4.3　扬压力观测

扬压力测压管的观测方法视管内水位而定，如管中水位低于测压管管口，其观测方法

和所用仪器与土坝浸润线测压管相同。如管中水位高于测压管管口，则应采用压力表或水银压差进行观测，后者适用于管内水位高出管口 5m 以内的情况。

压力表分为固定式和装卸式，其量程范围应比所量测的最大压力大 1/3～2/3。观测时将阀门（见图 1.34）打开，等压力稳定后再读取两次数据，两次读数之差应小于表中最小刻度单位。此时，测压管水位（m）＝压力表座高程＋0.1P（P 为压力表上读取的压力值）。

采用压差计观测测压管水位时，压差计安装在测压管管口处岔管上，如图 1.35 所示。通常采用直径为 10mm，高度大于 400mm 且带有三通管的 U 形玻璃管压差计，压差计背面有一块木板，在 U 形玻璃管中间的木板上钉有带刻度的标尺，标尺零点设在压差计中间高度处。安装时先向压差计中注入水银，使管中水银面与标尺零点齐平，然后用一根胶皮管接在压差计的三通管和测压管的岔管上，并使三通管的上口处向管内注水，直到水从管口流出为止，然后将三通管上口处的胶皮管扎紧，即可进行观测。观测时从压差计的标尺上读出两端水银面距标尺零点的高度 h_1 和 h_2（单位是 m），读至毫米，通常应测读两次，两次读数的差值不应大于 1mm。此时测压管水位（m）＝标尺零点高程＋13.6（h_1＋h_2）－h_2。

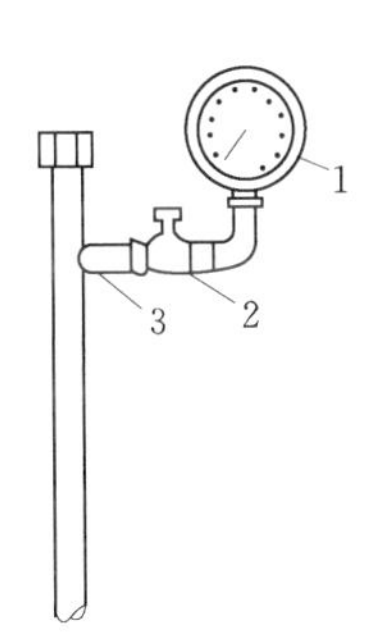

图 1.34 压力表与测压管的连接

1—压力表；2—阀门；3—焊接

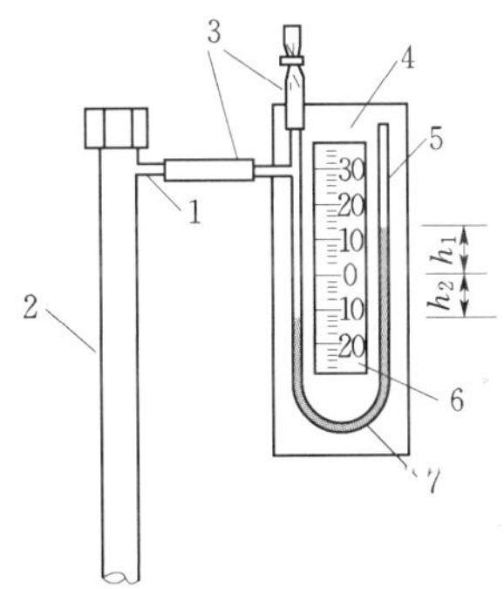

图 1.35 U 形压差计与测压管的连接

1—焊接；2—测压管；3—胶皮管；4—木板；5—U 形管；6—标尺；7—水银

1.4 水工建筑物的应力和温度观测

1.4.1 混凝土坝的应力观测

混凝土坝建成蓄水后，在水压力、泥沙压力、浪压力、扬压力和温度等荷载和因素作用下，坝体和坝基内各点将产生相应的应力，随着荷载的变化，应力也相应地产生变化，在建筑物正常运用的情况下，应力应保持在设计允许的范围内，以保证建筑物的安全。

建筑物进行应力和温度观测的目的，是为了掌握在各种工作条件下应力和温度的分布及其变化，并与设计情况相比较，以便分析建筑物的工作状况，并作为工程控制运用的依据。

1.4.1.1　观测断面和测点的布置

混凝土坝的应力观测，一般是根据工程的重要性、坝的型式、荷载及地质情况选择有代表性的坝段或某些特殊部位进行观测。对于重力坝，通常对溢流坝和非溢流坝各选择一个坝段，对于重要的和地质条件复杂的工程，可适当增加观测坝段。对于每个观测坝段，至少布置 1～2 个观测断面，一般在靠近基础处（距基础面高度不小于 5m）布置一个断面，然后根据坝高和坝体结构再布置几个断面，每个断面上至少布置 5 个测点，上、下游测点距坝面不小于 3m。对于有纵缝的坝体，在距纵缝上、下游 1.5～2.0m 处可以各增设一个测点。图 1.36 为某重力坝应力观测点的布置。

拱坝通常选择拱冠悬臂梁和拱座断面作为观测断面，对于重要的拱坝，还可取距拱座 1/4 弧长的径向断面作为观测断面。在每个观测断面上，测点的布置原则与重力坝基本相同，但截面上下游的测点应分别布置在距坝面 1m 的地方。为了观测温度应力的变化，测点可适当加密。图 1.37 为某拱坝应力观测点的布置。

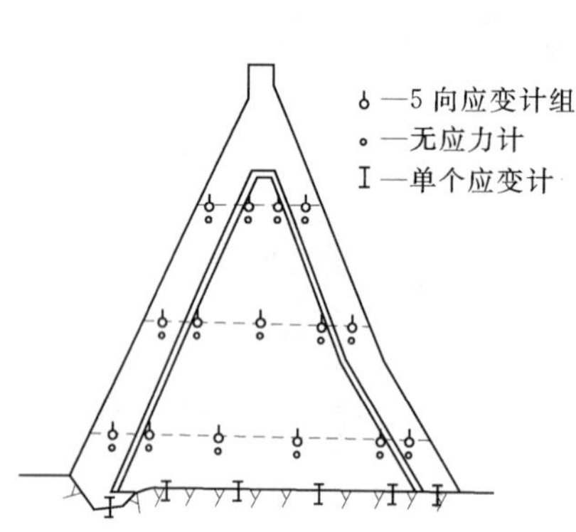

图 1.36　某重力坝应力观测点的布置

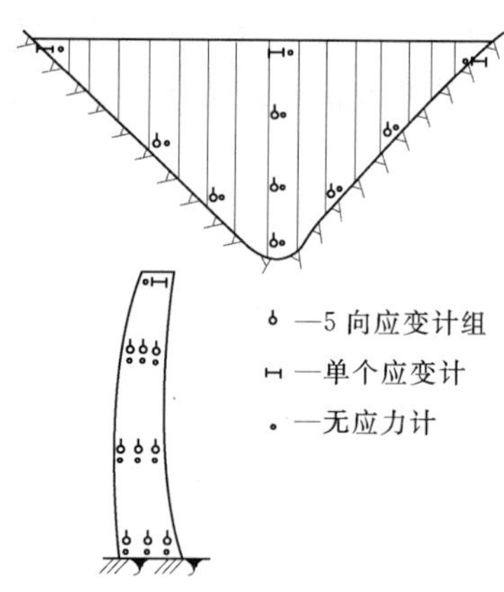

图 1.37　某拱坝应力观测点的布置

1.4.1.2　观测设备和应力观测

混凝土坝的应力观测通常是在施工时期在坝体内埋设遥测应变计，并在附近埋设无应力计。应变计和无应力计用电缆连接引入观测站的接线箱上，利用比例电桥测读应变计的电阻和电阻比，计算出混凝土在应力、温度、湿度和化学作用下的总变形，并由无应力计观测混凝土在温度、湿度和化学作用下的非应力变形，将总变形减去非应力变形，得应力变形。然后通过混凝土的应力应变关系，并考虑到混凝土的徐变影响，即可算出测点的应力。对于重力坝可以在接近坝基、压应力最大部位埋设应力计进行观测，拱坝则可在拱冠及拱座埋设应力计。

当需要观测应力在平面上的方向和大小时，应在测点上埋设 5 向或 4 向应变计组，如图 1.38（b）、（c）所示；当需要观测应力在空间的方向和大小时，应在测点上埋设 9 向应变计组，如图 1.38（a）所示。对于应力方向已经明确，只需要观测应力大小的测点，可埋设单个应变计。在埋设应变计的测点附近，应埋设无应力计。

对于重力坝，通常埋设 5 向应变计，其中 4 个应变计沿观测断面布置，另一个则与观测断面垂直，如图 1.38（b）所示。对于支墩坝，支墩部分的测点一般埋设 4 向应变计，

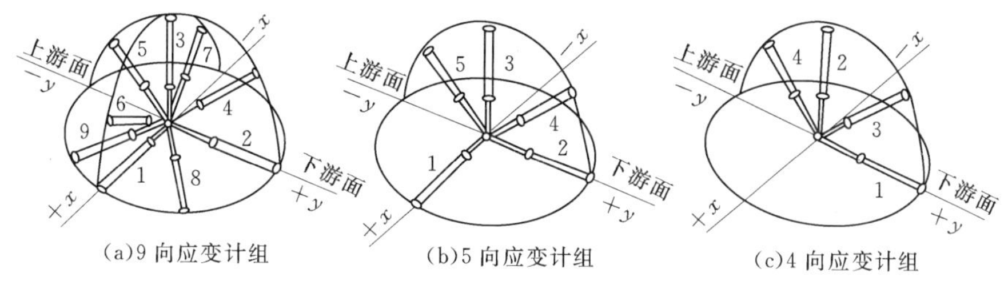

图 1.38　应力计组示意图

大头部分埋设 5 向应变计。对于拱坝，一般埋设 9 向和 5 向应变计，5 向应变计中的 4 个沿悬臂梁断面布置，另一个则垂直于悬臂梁。为了校核弧线方向的切向应力，可沿弧线方向增设单个应变计。

应变计的观测，一般是在埋设前后各观测一次，测出仪器的电阻、电阻比、总电阻和分线电阻。在混凝土浇筑后的第 1h、2h、3h、5h、8h、12h、18h、24h，应分别观测一次，以后两天，每隔 4h 观测 1 次，从第 4 天开始可每天观测 2～3 次，往后次数可减少。当混凝土全部竣工后，对于重力坝至少每月观测 2 次，对于轻型坝应每周观测 2 次。

1.4.2　混凝土坝的温度观测

对于混凝土坝，由于混凝土水化热而产生的温升、水库蓄水后的水温、周围的气温和太阳辐射的影响，坝体的温度在不断地变化，坝体表面和坝体内部的温度也不一致，形成内外温差。温度观测的目的是为了掌握大坝施工期混凝土的散热情况，改进施工方法，确定纵缝灌浆的时间，研究温度对坝体应力和体积变化的影响，防止产生温度裂缝，以及分析大坝的运行状态，及时发现存在的问题。

混凝土坝的温度观测，是在混凝土坝体内埋设电阻式温度计，并用电缆引至测站的接线箱上，通过比例电桥测定温度计的电阻，然后再将电阻转换成相应的温度。

温度观测断面和测点的布置，应适应坝内温度梯度的变化，便于掌握温度的分布及其变化规律。布置时应考虑到坝体结构的特点和施工方法，以及其他项目的观测。

温度测点通常布置在应力观测的坝段和观测断面上，坝体中部略稀，接近坝表面处较密，在钢管、廊道、宽缝和伸缩缝附近应增设测点。由于埋设有差动式电阻应力计的测点可以同时兼测温度，因此在这些测点可不必另外埋设温度计。

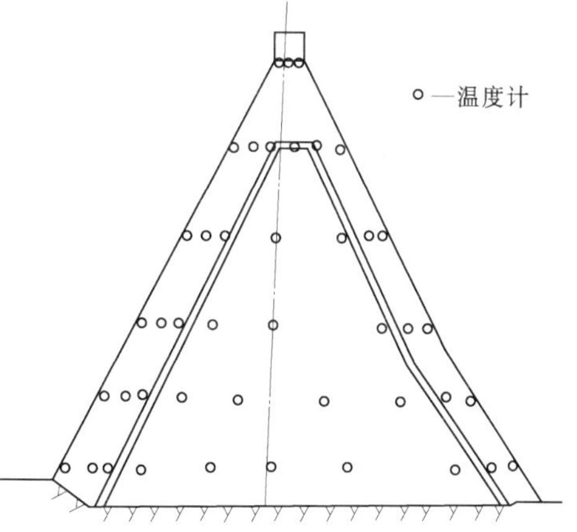

图 1.39　某宽缝重力坝温度测点的布置

对于重力坝，应分别选择在一个溢流坝段和非溢流坝段作为观测坝段，每个坝段的中间断面作为观测断面。在每个观测断面上，沿高度每个 8～15m 布置一排测点，一般不少于 3 排，每排布置 3～5 个测点，如图 1.39 所示。

1.4.3　土石坝孔隙水压力观测

土石坝坝体和坝基在自重和荷载作用下逐步固结，在固结过程中会产生孔隙水压力。

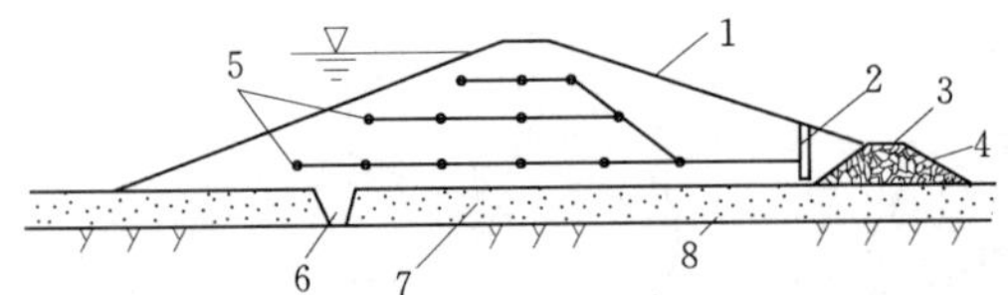

图 1.40　土石坝孔隙水压力测点布置示意图
1—土石坝；2—观测井；3—排水体；4—反滤层；5—测点；6—截水墙；7—砂砾层；8—不透水层

孔隙水压力的作用减小了土的有效应力，降低了土的抗剪强度。因此，对于重要的较高的土石坝应进行孔隙水压力的观测，一般掌握孔隙水压力的分布和消散情况，分析其对土石坝稳定性的影响。

孔隙水压力的观测，通常是根据土石坝的尺寸和结构型式、坝基的地形和地质情况以及土石坝的施工方法选择几个观测断面。例如，原河床断面、最大坝高断面、合龙段断面等，在每隔断面上每个 5～10m 布置一排观测点，在稳定分析的滑弧区域和靠近坝基部位应增设测点，图 1.40 为土石坝孔隙水压力测点布置示意图。

孔隙水压力的观测设备很多，目前常用的有钢弦式水压力仪、SKY 水管式孔隙水压力仪和双管式孔隙水压力计。

钢弦式孔隙水压力仪由测头（感应部分）和钢弦振荡频率接收器（测量部分）所组成。测头可分为填方埋入式（见图 1.41）和钻孔埋入式（见图 1.42）两种，主要是由透

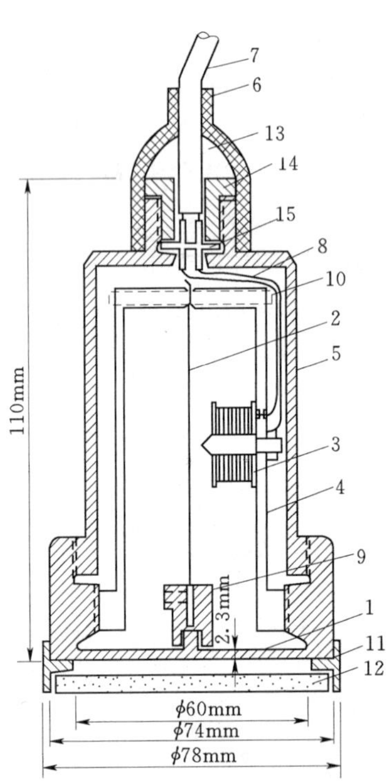

图 1.41　填方埋入式钢弦式孔隙水压力仪测头
1—不锈钢受压膜；2—ϕ0.15mm、长 60～65mm 的钢弦；3—线圈；4—支架；5—外壳；6—橡皮密封；7—电缆；8—导线；9—固定架；10—螺栓；11—透水石固定环；12—厚 5mm 的透水石；13—密封胶；14—压帽；15—接线柱

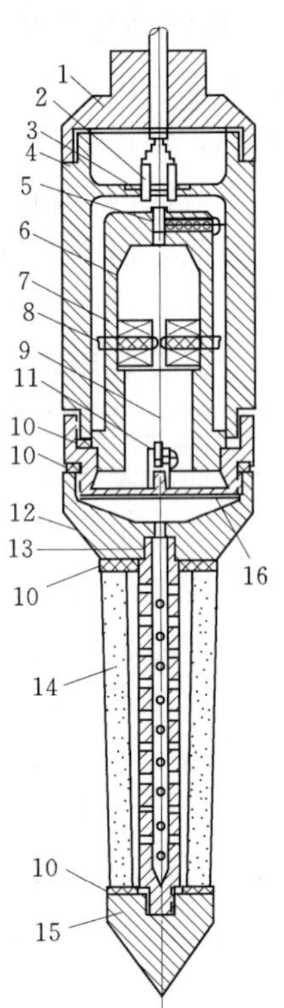

图 1.42　钻孔埋入式钢弦式孔隙水压力仪测头
1—盖帽；2—瓷绝缘子；3—铜盖板；4—外壳；5—铝合金夹头；6—支架；7—胶木线圈架；8—螺钉；9—钢弦；10—橡皮垫圈；11—固定夹；12—底盖；13—连杆；14—透水石；15—锥头；16—不锈钢薄膜

水石、受压膜、钢弦、线圈和外壳等几部分组成，当受压膜受孔隙水压力的作用而产生挠曲时，钢弦长度缩短，钢弦的自振频率也随之变化，因此根据钢弦频率的大小，即可测得孔隙水压力的大小。观测时按动频率接收器上的电钮，交流电即通过电缆向测头内线圈（点磁铁）发送瞬时脉冲电流，产生磁力，吸引钢弦，钢弦便自振频率振荡。同时电钮也接通频率接收器内标准钢弦处的电磁铁电路，标准钢弦也产生振荡，此时可调节微螺旋，将标准钢弦的振荡频率调整到与测头中钢弦的振荡频率相同，频率接收器荧光屏上的成像即由椭圆逐渐变成一条直线，这时即可由测微圆盘上的刻度上读出频率，然后按下式计算孔隙水压力

$$u=K(f-f_0) \tag{1.7}$$

式中 u——孔隙水压力，N/cm²；

K——应力灵敏度系数，可由钢弦振荡频率接收器的率定曲线上查得；

f——由钢弦振荡频率接收器上测读处频率值，N/(cm² · Hz)；

f_0——无孔隙水压力情况下的起始频率，N/(cm² · Hz)。

1.5 水工建筑物的水流观测

1.5.1 水流形态的观测

水工建筑物水流形态的观测，包括水流平面形态、水跃、水面曲线和挑射水流的观测，其目的是为了解建筑物过流时的水流状况，以判断建筑物的工作情况是否正常，消能设备的效能是否符合设计要求，建筑物上下游河道是否会遭受冲刷或淤积。

水流形态的观测是水工建筑物在运用过程中的一项经常性的观测项目，通常与上下游水位、流量、闸门开度、风力、风向等项的观测同时进行。

1.5.1.1 水流平面形态观测

水流形态观测的内容包括水流的风向、漩涡、回流、水花翻涌、折冲水流、水流分布，观测的方法是通过目测、摄影或浮标测量将水流情况测记下来。在进行目测和摄影时，为了便于观察和拍照，可在水流表面上撒上锯末、稻壳、麦糠等浮标物，以显示水流行迹。

1.5.1.2 水跃和水面曲线观测

水跃和水面曲线的观测，一般采用方格网法和水尺组法。方格网法是在建筑物两岸侧墙上绘制方格网，网格的间距视建筑物尺寸而定，一般纵向线的间距可采用 1m，横线的间距可采用 0.5～1.0m，线条的宽度为 3～5cm，用白色磁漆绘制。观测时，观测人员站立对岸，用目测或望远镜观测水流的水面在方格网上的位置，并将其按一定比例（一般可采用 1/100）描绘在图纸上。

水尺组法是沿水流方向在建筑物两岸侧墙上设立一组水尺，水尺的间距和刻度以能按要求精度测出水跃或水面曲线为准。观测时将水流的水面在各水尺上的位置测记下来，并将其描绘在图上。

1.5.1.3 挑射水流观测

挑射水流的观测包括水面线的形状、射流最高点和落水点的位置、冲刷坑位置和水流

掺气情况。

观测的方法通常采用摄影或在建筑物两岸布设观测基点，架设经纬仪，采用前方交会法进行测量。一般是在夜间，用投光灯照射水流表面的测点，再用经纬仪进行观测。

1.5.2　高速水流的观测

观测高速水流的目的是了解高速水流对建筑物的影响，以便采取措施改善建筑物的运用方式，同时也是为设计和科研提供资料。

高速水流的观测内容包括振动、脉动压力、负压、进气量、空蚀和过水面压力分布等。

1.5.2.1　水工建筑物振动观测

水工建筑物在运用过程中常常会受到动荷载的作用，使建筑物处于振动状态。振动观测的目的就是了解建筑物振动的效应，以判断其对建筑物的影响，以便采取措施，保证建筑物的安全。

水工建筑物易产生振动的部位主要有闸门、阀门、钢管道、工作桥大梁等。

振动观测所采用的观测仪器有：

(1) 电测仪器。通常由感应部分、扩大部分和显示部分所组成，观测时只需将感应部分与振动物体相接触，即可从显示部分（一般为示波仪）观测出振幅和频率。

(2) 接触式振动仪。由触杆、传动杆、笔杆、定时器和记录机构所组成，观测时将触杆与振动物体相接触，则物体的振动即可通过传动杆由笔杆记录在纸上。

(3) 振动表。由千分表、稳定铅块、弹簧和测微杆所组成，如图 1.43 所示。观测时将振动表的弹簧放置在振动物体表面，弹簧在上部质量的作用下随着振动而压缩和伸张，测微杆也因此而产生振动，此时即可由千分表上指针摆动的范围读出相对振幅。振动表的缺点是不能测出绝对振幅和频率。

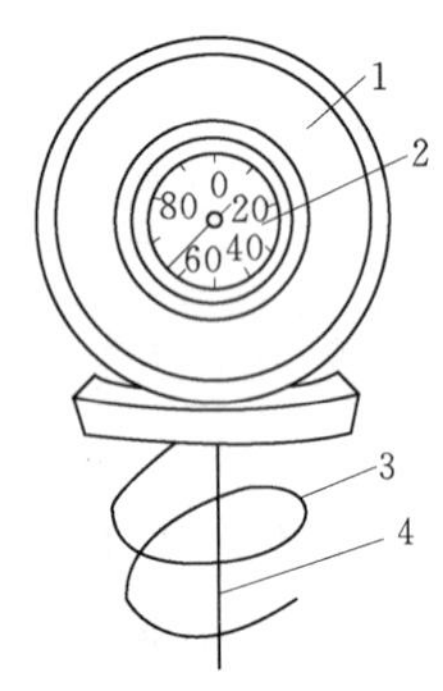

图 1.43　振动表示意图
1—稳定铅块；2—千分表；3—弹簧；4—测微杆

1.5.2.2　水流脉动压力观测

高速水流的压力脉动会引起建筑物上瞬时荷载的增大，使结构产生振动，而且还可能使建筑物产生空蚀。脉动压力的观测主要是观测压力脉动的振幅和频率。

建筑物产生压力脉动的部位，主要有闸门底缘、闸门和闸墩后面、隧洞和泄水管道出口处、溢流坝面、护坦上下表面等。

脉动压力的观测多采用电阻式脉动压力传感器，它是在金属膜片的上下面粘贴电阻应变丝所构成，当膜片外力作用而产生变形时，电阻应变丝也产生变形（伸长或缩短），电阻的变化又表现为线路上电流的变化。所以电流的不同变化就反映了作用在金属膜片上外力（压强）的变化。目前已研制成灵敏度较高、稳定性较好的 FTF 型电阻式脉动压力传感器。

1.5.2.3　负压观测

在高压闸门的门槽、门后顶部、进水喇叭口、溢流面、反弧段末端、消力齿槛的表面等水流边界条件突变的部位，常常会产生负压。进行负压的观测就是为了研究负压对建筑物的影响，以及应采取的改善措施。

负压的观测多采用负压观测管，这是一根直径为18mm或25mm的金属管，施工时埋入测点，使管口与建筑物表面齐平，管的另一端则引入廊道或观测井中，并与真空压力表或水银压差计相连接。观测时，由于水流脉动的影响，真空压力表指针和水银压差计中的液面极不稳定，因此只需测读压力的最高值、最低值及平均值。

1.5.2.4 进气量观测

在泄水建筑物的闸门下游侧，由于水流极不稳定，常常会产生空蚀和引起闸门振动，因此一般都设置通气管道，及时进行补气和排气，以改善建筑物的运用条件。进气量的观测就是为了了解通气管道的工作效能。

进气量的观测一般采用孔口板法、毕托管法和风速仪法。

1.5.2.5 空蚀观测

在建筑物的某些部位，如泄水建筑物的反弧段及其下游、闸门门槽、底孔闸门下游、溢流坝面、挑流鼻坎、消力墩和消力槛的侧面及背面，在高速水流通过时，其表面常常会产生空蚀。空蚀对建筑物的破坏很大，必须加以防治。

空蚀的观测，通常是用沥青、石膏、橡皮泥等材料，先称好质量，然后再填入空蚀部位，将原先所称的质量减去剩余材料的质量，除以材料的容重，即为空蚀的体积。空蚀的平面分布可采用摄影法或测绘法进行观测。

1.5.2.6 过水面压力分布观测

对于溢流坝面、泄水管道喇叭口表面、隧洞洞壁等过水面上的压力分布，通常是在这些过水面上布置一组测压管，根据测压管中的水面高程来确定压力的分布。

测压管通常采用直径50mm的金属管或塑料管，进水管段的直径约18mm，两者用渐变管连接。安装时，进水管口应与过水面齐平，另一端则引入观测廊道、观测井或墩顶，用水银压差计或压力表进行观测。

思　考　题

1. 水工监测包括哪些工作内容？
2. 工程监测分为哪几种？
3. 水工建筑物监测系统是如何构成的？
4. 水工建筑物变形观测设备有哪些？位移观测的方法有哪些？
5. 为什么要进行土石坝的固结观测？固结观测设备有哪些？
6. 土石坝渗流观测的内容有哪些？
7. 如何进行水工建筑物的裂缝观测？
8. 试述视准线观测土石坝横向水平位移的原理、方法。
9. 浸润性测压管布置的原则和要求有哪些？其进水管长度怎样确定？怎样改善进水管的进水效果？
10. 试述测量测压管水位的方法。
11. 坝基渗水压力测点按什么原则设置？
12. 观测渗流有哪些方法？各适用于什么情况？
13. 试述引张线观测设备的组成及作用。

14. 观测扬压力测压管水位的方法有哪些？是怎样测出坝基扬压力的？
15. 土石坝渗流正常变化的规律是什么？
16. 土石坝沉陷的主要原因是什么？影响沉陷的因素有哪些？沉陷有哪些规律性？
17. 产生土石坝水平位移的原因是什么？水平位移的规律如何？
18. 试述混凝土建筑物水平位移和垂直位移的一般变化规律。
19. 进行水工建筑物水流观测的目的是什么？高速水流观测的内容有哪些？

第2章　水库的运用与管理

学习要求：掌握水库库岸失稳的防治手段及水库的水环境保护手段，水库淤积防治的各项措施，水库防洪与兴利的控制运用方法；熟悉水库控制运用的各项指标；了解水库管理的任务与工作内容，水库泥沙淤积的成因、危害与类型。

2.1　水库管理概述

2.1.1　水库的类型及作用

2.1.1.1　水库的类型

水库可以根据其总库容的大小划分为大、中、小型水库，其中大型水库和小型水库又各自分为两级，即大（1）型、大（2）型，小（1）型、小（2）型。因此，水库按其规模大小分为5等，如表2.1所示。

表2.1　水库的分等指标　单位：亿 m^3

水库等级	Ⅰ	Ⅱ	Ⅲ	Ⅳ	Ⅴ
水库规模	大（1）型	大（2）型	中型	小（1）型	小（2）型
水库的总库容	＞10	10～1	1～0.1	0.1～0.01	0.01～0.001

水库具有防洪、发电、航运、养殖、旅游等作用，当具有多种作用时即为多目标水库，又称为综合利用水库，只具有一种作用或用途的即为单目标水库。我国的水库一般都属于多目标水库。

根据水库对径流的调节能力，水库可分为日调节水库、周调节水库、季调节水库（或年调节水库）、多年调节水库。

根据水库在河流上所处位置的地形情况，水库可分为山谷型水库、丘陵型水库、平原型水库等3类。

此外，水库还有地上水库和地下水库之分。

2.1.1.2　水库的作用

我国河流水资源受气候的影响，存在着时空分布极不均衡的严重问题，水库是进行这种时空调节的最为有效的途径。水库具有调节河流径流、充分利用水资源发挥效益的作用。

水库能调节洪水，削减洪峰，延缓洪水通过的时间，保证下流泄洪的安全。

水库可蓄水抬高水位，取得水头，进行发电；并可改善河道航运和浮运条件；发展养殖业和旅游业。

2.1.2　水库与库区环境的关系

水库能给国民经济各方面带来许多综合效益，也会对周围环境产生一定的影响，如造成淹没、浸没、库区坍岸、气候和生态环境的变化等。

水库是人工湖泊，它需要一定的空间来储存水量和滞蓄洪水，因此将会淹没大片土地、设施和自然资源。如淹没农田、城镇、工厂、矿山、森林、建筑物、交通和通信线路、文物古迹、风景旅游区和自然保护区等。

水库建成蓄水后，周围地区的地下水将会随之抬高，在一定的地质条件下，可能会使这些地区被浸没，发生土地沼泽化，农田盐碱化，还可能引起建筑物地基沉陷、房屋倒塌、道路翻浆、饮水条件恶化等问题。

河道上建成水库后，进入水库的河水流速减小，水中挟带的泥沙便在水库中淤积，占据了一定的库容，影响到水库的效益、缩短了水库的使用年限。

通过水库下泄的清水，使下游水的含沙量减少，引起河床的冲刷，从而危及到下游堤防、码头、护岸工程的安全，并使河道水位下降，影响下游的引水和灌溉。

随着水库的蓄水，水库的两侧的库岸在水的浸泡下，岩土的物理力学性质发生变化，抗剪强度减小，或者是在风浪和冰凌的冲击和淘刷下，致使库岸丧失稳定，产生坍塌、滑坡和库岸再造。

修建水库蓄水以后，特别是大型水库，形成人工湖泊，扩大了水面面积，也会将影响库区的气温、湿度、降雨、风速和风向。

修建水库蓄水以后，原有的自然生态平衡被打破，水温升高，对一些水生物和鱼类的生存反而可能有利，但却隔断了洄游类鱼类的路径，对其繁殖不利。

水库能为人们提供优质的生活用水和美丽的生活环境，但水库的浅水区杂草丛生，是疟蚊的潜生地。周围的沼泽地也是血吸虫寄主丁螺繁殖的良好环境。

修建水库后，由于水库中水体的作用，在一定的地质条件下还可能产生水库诱发地震。

2.1.3 水库管理的任务与工作内容

水库管理是指采取技术、经济、行政和法律的措施，合理组织水库的运行、维修和经营，以保证水库安全和充分发挥效益的工作。

2.1.3.1 水库管理的主要任务

水库管理的主要任务包括：①保证水库安全运行、防止溃坝；②充分发挥规划设计等规定的防洪、灌溉、发电、供水、航运以及发展水产改善环境等各种效益；③对工程进行维修养护，防止和延缓工程老化、库区淤积、自然和人为破坏，延长水库使用年限；④不断提高管理水平。

2.1.3.2 水库管理的工作内容

水库管理工作可分为控制运用、工程设施管理和经营管理等方面。本节仅介绍控制运用与工程设施管理。

(1) 控制运用。水库控制运用又称水库调度，是合理运用现有水库工程改变江河天然径流在时间和空间上的分布状况及水位的高低，以适应生产、生活和改善环境的需要，达到除害兴利、综合利用水资源的目的，是水库管理的主要生产活动。其内容包括，①掌握各种建筑物和设备的技术状况，了解水库实际蓄泄能力和有关河道的供水能力；②收集水文气象资料的情报、预报以及防汛部门和各用户的要求；③编制水库调度规程，确定调度

原则和调度方式，绘制水库调度图；④编制和审批水库年度调度计划，确定分期运用指标和供水指标，作为年度水库调节的依据；⑤确定每个时段（月、旬或周）的调度计划，发布和执行水库实时调度指令；⑥在改变泄量前，通知有关单位并发出警报；⑦随时了解调度过程中的问题和用水户的意见，据此调整调度工作；⑧搜集、整理、分析有关调度的原始资料。

（2）工程设施管理。工程设施管理包括：①建立检查观测制度，进行定期或不定期的工程检查和原型观测，并及时整编分析资料，掌握工程的工作状态；②建立养护修理制度，进行日常养护修理；③按照年度计划进行工程岁修、大修和设备更新改造；④出现险情及时组织抢护；⑤依照政策、法令保护工程设施和所管辖的水域，防止人为破坏工程和降低水库蓄泄能力；⑥进行水质监测，防治水污染；⑦建立水库技术档案；⑧建立防洪预报、预警方案。

2.2 水库库区的防护

小型水库库区防护，是主要以消除和减轻因水库蓄水形成的库区淹没、浸没坍岸等隐患而采用的工程措施，该工程措施也称为水库库区的防护工程。库区常用的防护措施一般有修建防护堤、防洪墙、抽排水站、排水沟渠、减压沟井、防浪墙堤、副坝、护岸、护坡加固等工程措施，以及针对库岸水环境的保护所采取的水体水质保护，水土流失治理等。本节就水库运用管理中通常涉及到的工程措施及水库水环境保护等问题进行讨论。

2.2.1 工程措施

2.2.1.1 防护工程主要措施

防护工程主要措施包括：①筑防护堤或防洪墙；②排除地表和十壤中的水，控制地下水位；③挖高填低；④岸边坡的改善和加固；⑤其他工程措施等。

2.2.1.2 常见的防护工程

以保护现有的实物对象，如房屋、居民点、土地、交通线路、小工厂企业、文物及其他有价值的国民经济对象等，这类工程除需修建防护堤外，还要有防浸、排涝措施，是水库区防护工程中使用最广泛的一种工程。

2.2.1.3 防浸排涝措施

最好堤渠结合，堤后是渠道，通过泵站或闸排将渍水排出还可利用渠道作下游灌溉和养鱼之用。关于控制地下水位和改善作物生长条件，其措施是挖高填低，截流排水，设立必要的泵站是很重要的。

2.2.1.4 防止水库漏水

防护区内还要注意防止水库漏水，影响库外环境恶化工程，主要通过检查库内防护区的土壤和其他部位有否导致漏水的可能性和库岸低凹口和水下漏洞导致渗向库外的可能和隐患。

综上所述，防护工程有很多设施，必须按其用途和程度进行周到的考虑，要非常突出一个目标就是要科学的极大限度地利用水和土地资源，协调存在问题，为了正确地、因地制宜地选择和修建库区和其他水利的防护工程设施，必须进行必要和翔实的调查研究工作。防护工程建成后，首要的是管，落实管理人员编制，必须制定管理细节，只有管理到位，工程才能发挥效益，才能达到防护目的。

2.2.2　水库的水环境保护

2.2.2.1　对水库水环境保护的认识

水库环境保护是现代经济社会赋予水库管理工作的一项全新内容，是现代水库管理的基本要求，是工程效益形成的基础保障，自然也是水利工程管理中一项不可忽视的重要工作。

水库水资源是指水库中蓄存的可满足水库兴利目标，即满足设计用途所需的所有水资源。水库水资源的兴利能力不仅取决于水库的建设任务和规模、水库所在河川径流在时间空间上分布水量的变化，而且取决于水质状况。然而，水库水资源却承受着库区工农业生产及旅游等产业带来的污染和水土流失引发的淤积的威胁，并且这些威胁在日趋加重，这类危害若继续并扩大，水库将会面临功能丧失的危机。因此，为维护水库的安全，水库管理者应超脱狭隘的管理范围，“走上库岸”，加强防治污染和水土保持工作，做好库岸的水环境管理。

水库水环境的管理具有一定的广泛性、综合性和复杂性，应运用行政、法律、经济、教育和科学技术等手段对水环境进行强化管理。

2.2.2.2　水库污染防治

1. 水库污染及其种类

水污染是指水体因某种物质的介入而导致其化学、物理、生物或者放射性等方面特性的改变，从而影响水的有效利用，危害人体健康或者破坏生态环境，造成水质恶化的现象。

水污染通常有以下几种类型：

（1）有机污染。有机污染又称需氧性污染，主要指由城市污水、食品工业和造纸工业等排放含有大量有机物的废水所造成的污染。

（2）无机污染。无机污染又称酸碱盐污染，主要来自矿上、粘胶纤维、钢铁厂、染料工业、造纸、炼油、制革等废水。

（3）有毒物质污染。有毒物质污染为重金属污染和有机毒物污染。

（4）病原微生物污染。病原微生物污染主要来自生活、畜禽饲养厂、医院以及屠宰肉类加工等污水。

（5）富营养化污染。生活污水和一些工业、食品业排出废水中含有氮、磷等营养物质，农业生产过程中大量氮肥、磷肥，随雨水流入河流、湖泊。

（6）其他水体污染。主要包括水体油污染和水体热污染、放射性污染等。

水是否被污染，发生哪几种污染，污染到什么程度，都是通过相应的污染分析指标判定衡量的。水污染正常分析指标包括：①臭味；②浑浊度；③水温；④电导率；⑤溶解性固体；⑥悬浮性固体；⑦总氧；⑧总有机碳；⑨溶解氧；⑩生物化学需氧量等。这些指标是管理中进行检查分析工作的重要依据。

2. 水库污染危害的防治

水库中水体受到污染会产生一定的危害：一是对人体健康产生的危害；二是对农业造

成的危害。

水库水环境污染防治应将工程措施和非工程措施相结合。

(1) 工程措施。包括3个方面：一是流域污染源治理工程，主要是对工业污染、镇区污水、村落粪便等进行处理；二是流域水环境整治与水质净化工程，主要是对河道淤泥和垃圾进行清理，对下流河道进行生态修复；三是流域水土保持与生态建设工程，主要是对一些废弃的矿区和采石场进行修复处理，栽种水源涵养林。

(2) 非工程措施。就是让各种有害物质和使水环境恶化的一切行为远离库区。为此可以采取：①法律手段，可依据国家有关水环境法律法规制定库区环境管理条例，通过法律强制措施对库区的不法行为进行制止；②经济手段，通过奖惩办法对积极采取防治库区污染措施的企业予以奖励，对污染严重的企业予以惩罚；③宣传教育手段，采取多种形式在库区进行宣传教育，提高库区群众的防治意识并发挥社会公众监督作用；④科技手段，应用科学技术知识，加强库区农业生产的指导工作，改善产业结构，减少和避免对环境有害的生产方式。科学地制定水资源的检测、评价标准，推广先进的生产技术和管理技术，制定综合防治规划，使环境建设和防治工作持久不懈。

2.2.2.3 水库水土保持

1. 水土保持及其作用

水库水土保持是一项综合治理性质的生态环境建设工程，是指在水库水土流失区，为防止水土流失、保护改良与合理利用水土资源而进行的一系列工作。

水土保持工作以保水土为中心，以水蚀为主要防治对象，必然对水库水资源生态环境产生更为全面的显著的作用和影响。主要体现在以下几个方面：①增加蓄水能力，提高降水资源的有效利用；②削减洪水，增加枯水期流量，提高河川水资源的有效利用率；③控制土壤侵蚀，减少河流泥沙；④改善水环境，促进区域社会经济可持续性发展。

2. 水土保持的措施

水土流失的主要原因有水力侵蚀、重力侵蚀、风力侵蚀3种形式。

水力侵蚀概括地说是地表水对地面土壤的侵蚀和搬移。重力侵蚀是斜坡上的土体因地下水渗透力或因雨后土壤饱和引起抗剪强度减小，或因地震等原因使土体因重力失去平衡而产生位移或块体运动并堆积在坡麓的土壤侵蚀现象，主要形态有崩塌、滑坡、泄流等。风力侵蚀是由风力磨损、吹扬作用，使地表物质发生搬运及沉积现象，其表现有滚动、跃移和悬浮3种方式。

水土流失对水库水资源有极大的影响，包括：①加剧洪涝灾害；②降低水源涵养能力；③造成水库淤积，降低综合能力；④制约地方经济发展。

搞好水土保持应采取3个主要方面的措施：

(1) 水土保持的工程措施。在合适的地方修筑梯田、山沟边、撩壕等坡面工程，合理配置蓄水、引水和提水工程，主要作用是改变小地形，蓄水保土，建设旱涝保收、稳定高产的基本农田。

(2) 水土保持的林草措施。在荒山、荒坡、荒沟、沙荒地、荒滩和退耕的陡坡农地上，采取造林、种草或封山育草的办法增加地面植被，保护土壤免受暴雨侵蚀冲刷。

(3) 水土保持的农业措施。通过采取合理的耕作措施，在提高农业产量的同时达到保水保土的目的。

2.3　库岸失稳的防治

水库蓄水之后，常常给库岸带来一系列的危害，例如，库岸淹没、浸没、库岸坍塌等问题，这些问题严重时会使水库丧失功能而“夭折”。所以在水库运行管理中应经常对库岸进行检查，出现问题应及时进行治理，并采取有效的防护措施减少和避免危害的发生。水库蓄水后，库岸在自重和水的作用下常常会发生失稳，形成崩塌和滑坡。影响库岸的稳定的因素很多，如库岸的坡度和高度，库岸线的形状，库岸的地质构造和岩性，水流的淘刷，水的浸湿和渗透作用，水位的变化，风浪作用，冻融作用，浮冰的撞击，地震作用以及人为的开挖、爆破等作用，均会造成库岸的失稳。本节就水库运用管理中通常涉及到的库岸失稳的防治问题进行讨论。

2.3.1　岩质库岸失稳的防治

岩质库岸的形态一般有崩塌、滑坡和蠕动3种类型。崩塌是指岸坡下部的外层岩体因其结构遭受破坏后脱落，使库岸的上部岩体失去支撑，在重力或其他因素作用下而坠落的现象。滑坡是指库岸岩体在重力或其他力的作用下，沿一个或一组软弱面或软弱带作整体滑动的现象。蠕动现象可分为2种：对于脆性岩层是指在重力或卸荷力的作用下沿已有的滑动面或绕某一点做长期而缓慢地滑动或转动；对于塑性岩层（如夹层）是指岩层或岩块在荷载作用下沿滑动面或层面做长期而缓慢的塑性变形或流动。

最常见的岸坡失稳形态是滑坡，防治滑坡的方法有削坡、防漏排水、支护、改变土体性质、采用抗滑桩和锚固等措施。

2.3.1.1　削坡

当滑坡体范围较小时，可将不稳定岩体挖除；如果滑坡体范围较大，则可将滑坡体顶部挖除，并将开挖的石渣堆放在滑坡体下部及坡脚处，以增加其稳定性。

2.3.1.2　防漏排水

防漏排水是岸坡整治的一项有效措施，并广泛运用于工程实践中。其具体的措施为：在环绕滑坡体的四周设置水平和垂直排水管网，并在滑坡体边界的上方开挖排水沟，拦截沿岸坡流向滑坡体的地表水和地下水；对滑坡体表面进行勾缝，水泥喷浆或种植草皮，阻止地表水渗入滑坡体内。

2.3.1.3　支护

支护措施通常有挡墙支护和支撑支护两种。当滑坡体是松散土层或裂隙发育的岩层时，可在坡脚处修建浆砌石、混凝土或钢筋混凝的挡墙进行支护；如果滑坡体是整体性较好的不稳定岩层时，也可采用钢筋混凝土框架进行支护。

2.3.1.4　抗滑桩法

当滑动体具有明确的滑动面时，可沿滑动方向用钻机或人工开挖的方法造孔，在孔内设钢管，管中灌注混凝土，形成一排抗滑桩，利用桩体的强度增加滑动面的抗剪强度，达到增强稳定性的目的。抗滑桩的截面有方形和圆形2种，其直径对于钻孔桩为0.3～0.5m，对于挖孔桩一般为1.5～2.0m，桩长可达20m。当滑动面上、下岩体完整时，也

可采用平洞开挖的方法沿滑动面设置混凝土抗滑短桩或抗滑键槽，以增强滑动体的稳定性，也可取得良好的效果。

2.3.1.5 锚固措施

锚固措施是用钻机钻孔穿过滑坡体岩层，直达下部稳定岩体一定深度，然后在孔中埋设预应力钢索或锚杆，以加强滑坡体稳定的方法。在许多情况下，滑坡的防治需要同时采取上述几种措施，进行综合整治。

例如，黄坛口水库的左坝肩为一石滑坡体，岩石极为破碎，其范围自坝线下游伸入水岸约 300m，面积 $2000m^2$，厚度 60～70m。采取的整治措施（见图 2.1）为：

（1）削坡。将滑坡体的上部岩体挖除一部分，回填至坡脚。

（2）防渗措施。为防止库水渗入滑坡体内，在滑坡体下部，沿边坡面修建一道长 300m、顶部高程超过水库正常高水位的黏土心墙（铺盖），心墙底部与基础岩石连接，墙脚与坝头混凝土重力式翼墙相接，将整个滑坡体包裹封闭。

（3）排水措施。沿滑坡体边界上方开挖排水沟，将顺坡流向滑坡体的地表水拦截排走；同时在滑坡体坡脚处设置一排排水管，将通过黏土心墙渗入的库水排至水库下游。

（4）防漏措施。对滑裂体表面裂隙用黏土进行勾缝，防止雨水渗入滑坡体。

（5）监测工作。为掌握滑坡体的动态，在沿滑坡体的滑动方向布置观测断面，监测滑坡体的位移及其水文地质情况。

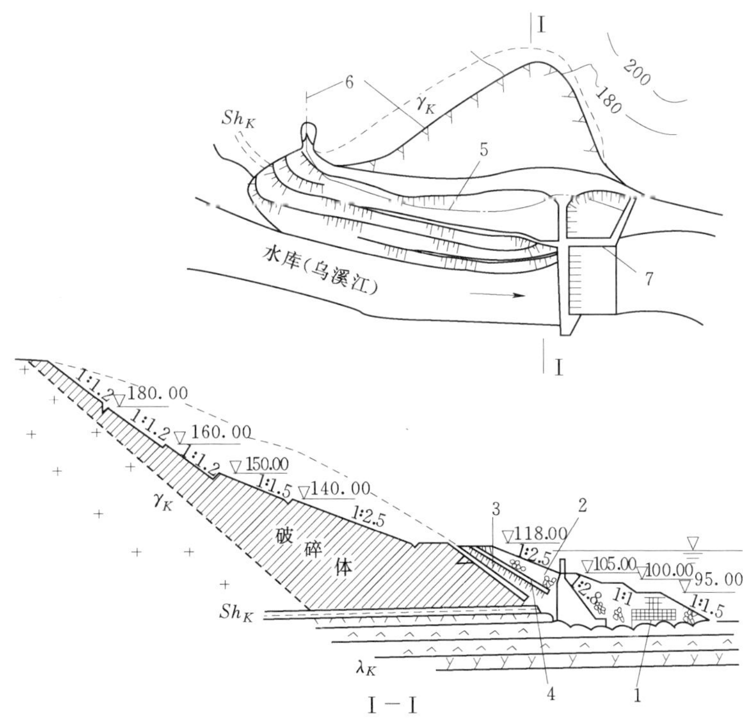

图 2.1 黄云口水库西山滑坡整治图

1—围堰；2—堆石；3—黏土心墙；4—反滤层；5—排水管；6—阻水隧道；7—翼墙；γ_K—花岗斑岩；Sh_K—紫色页岩；λ_K—凝灰石

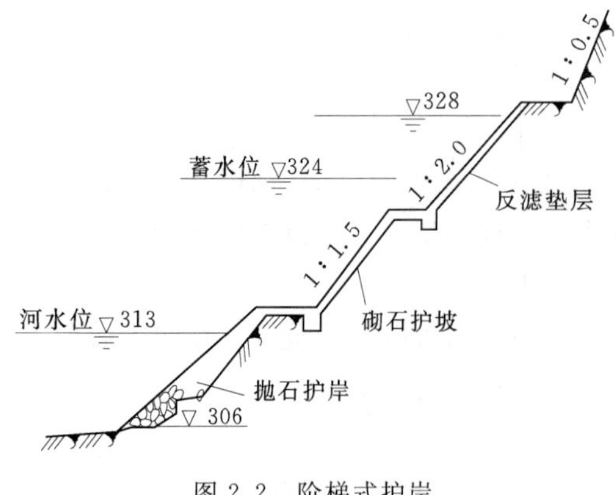

图 2.2　阶梯式护岸

2.3.2　非岩质库岸失稳的防治

防治非岩质库岸破坏和失稳的措施有护坡、护脚、护岸墙和防浪墙等。对于受主流顶冲淘刷而引起的塌岸，常采用抛石护岸；如水下部分冲刷强烈，则可采用石笼或柳石枕护脚；对于受风浪淘刷而引起的塌岸，可采用干砌石、浆砌石、混凝土、水泥等材料进行护坡；当库岸较高，上部受风浪冲刷，下部受主流顶冲，则可做成阶梯式的防护结构，上部采用护坡，下部采用抛石、石笼固脚，如图 2.2 所示；对于水库位变化较大，风浪冲刷强烈的库岸，可采用护岸墙的防护方式；对于库岸较陡、在水的浸湿和风浪作用下有塌岸的危险，则可采用削坡的方法进行防护，当库岸较高时，也可采取上部削坡，下部回填，然后进行护坡的防护方法。

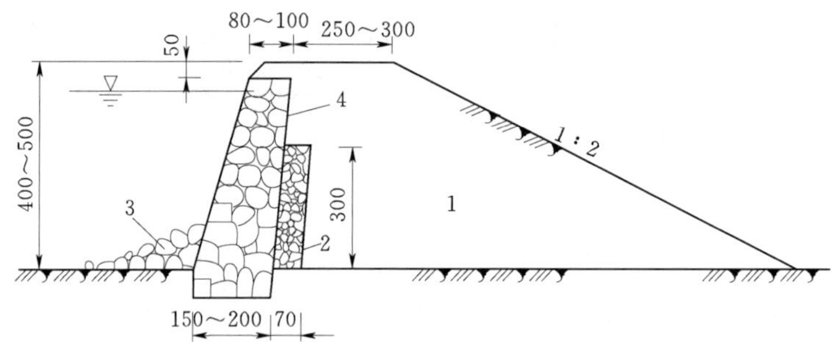

1—土；2—砾石垫层；3—堆石护脚；4—干砌石护岸墙

(a)干砌石护岸墙

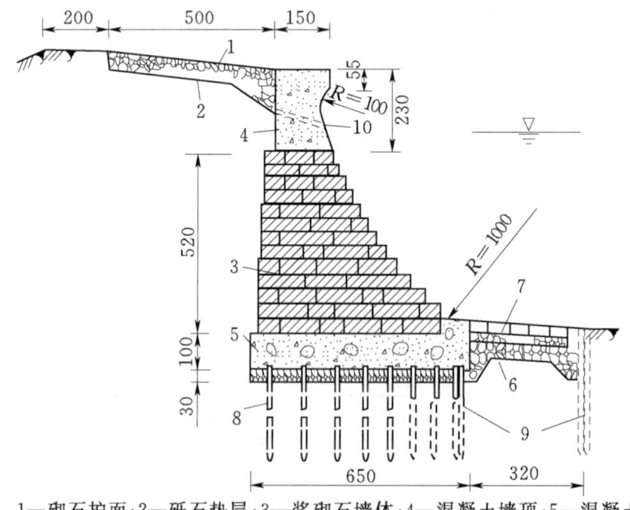

1—砌石护面；2—砾石垫层；3—浆砌石墙体；4—混凝土墙顶；5—混凝土墙基；6—抛石；7—砌石护脚；8—桩基；9—防冲板桩；10—排水孔

(b)浆砌石护岸墙

图 2.3　护岸墙（单位：cm）

抛石护岸具有一定的抗冲能力，能适应地基的变形，适用于有石料来源和运输的情况，石料一般宜采用质地坚硬，直径为20～40cm，质量在30～120kg的石块，抛石厚约为石块直径的4倍，一般为0.8～1.2m。抛石护坡表面的坡度，对于水流顶冲不严重的情况，一般不陡于1∶1.5；对于水流顶冲严重的情况，一般不陡于1∶0.8。

干砌块石护岸是常采用的一种护岸形式，其顶部应高于水库的最高水位，底部应深入水库最低水位以下，并能保护护岸不受主流顶冲。干砌块石的厚度一般为0.3～0.6m，下面铺设15～20cm的碎砾石垫层。

石笼护岸是用铅丝、竹篾、荆条等材料编制成网状的六面体或圆柱体，内填块石、卵石，将其叠放或抛投在防护地段，做成护岸。石笼的直径为0.6～1.0m，长度2.5～3.0m，体积1.0～2.0m^3。石笼护岸的优点是可以利用较小的石块，抛入水中后位移较小，抗冲刷能力强，且具有一定的柔性，能适应地基的变形。

护岸墙适用于岸坡较陡、风浪冲击和水流淘刷强烈的地段。护岸墙可做成干砌石墙［见图2.3（a）］、浆砌石墙［见图2.3（b）］、混凝土墙和钢筋混凝土墙。护岸墙的底部应伸入基土内，墙前用砌石或堆石做成护脚，以防墙基淘刷。在必要的情况下，可在墙底设置桩承台，以保证护岸墙的稳定。

防护林护岸是选择宽滩地的适当地段植树造林，做成防护林带，以抵御水库高水位时的风浪冲刷。

2.4 水库泥沙淤积的防治

2.4.1 水库泥沙淤积的成因及危害

2.4.1.1 水库泥沙淤积的成因

河流中挟带泥沙，按其在水中的运动方式，常分为悬移质泥沙、推移质泥沙和河床质泥沙，它们随着河床水力条件的改变，或随水流运动，或沉积于河床。

当河流上修建水库以后，泥沙随水流进入水库，由于水流流态变化，泥沙将在库内沉积形成水库淤积。水库淤积的速度与河流中的含沙量、水库的运用方式、水库的形态等因素有关。

2.4.1.2 水库泥沙淤积的危害

水库的淤积不仅会影响水库的综合效益，而且还对水库的上下游地区造成严重的后果。其表现为：

（1）由于水库淤泥，库容减小，水库的调节能力也随之减小，从而降低甚至丧失防洪能力。

（2）加大了水库的淹没和浸没。

（3）使有效库容减小，降低了水的综合效益。

（4）泥沙在库内淤积，使其下泄水流含沙量减小，从而引起河床冲刷。

（5）上游水流挟带的重金属等有害成分淤积库中，会造成库中水质恶化。

2.4.2 水库泥沙淤积与冲刷

2.4.2.1 淤积类型

水流进入库内，因库内水的影响，可表现为不同的流态，一种为壅水流态，即入库水

流流速由回水端到坝前沿程减小；另一种是均匀流态，即挡水坝不起壅水作用时，库区内的水面线与天然河道相同时的流态。均匀流态下水流的输沙状态与天然河道相同，称为均匀明流输沙流态。均匀明流输沙流态下发生的沿程淤积称为沿程淤积；在壅水明流输沙下发生的沿程淤积称为壅水淤积。含沙量大细颗粒多，进入壅水段后，潜入清水下面沿库底继续向前运动的水流称异重流，此时发生的沿程淤积称为异重流淤积。当异重流行至坝前而不能排出库外时，则浑水将滞蓄在坝前的清水下形成浑水水库。在壅水明流输沙流态中如果水库的下泄流量小于来水量，则水库将继续壅水，流速继续减小，逐渐接近静水状态，此时未排除库外的浑水在坝前滞蓄，也将形成浑水水库，在深水水库中，泥沙的淤积称为深水水库淤积。

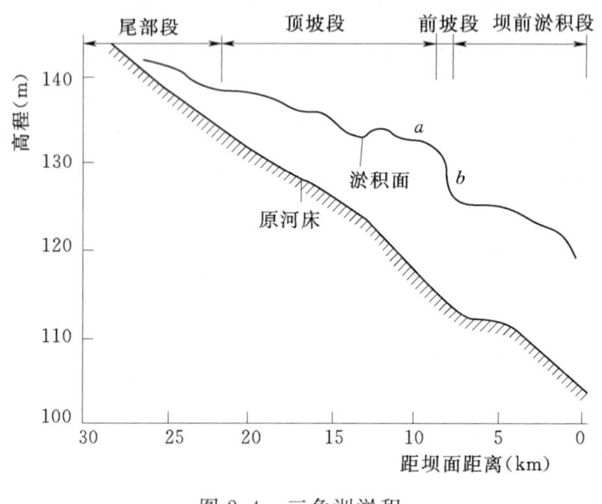

图 2.4　三角洲淤积

2.4.2.2　水库中泥沙淤积形态

泥沙在水库中淤积呈现出不同的形态（纵坡面及横坡面的形态）。纵向淤积有 3 种，即三角洲淤积、带状淤积、锥体淤积。

（1）三角洲淤积。泥沙淤积体的纵剖面呈三角形的淤积形态，称为三角洲淤积，如图 2.4 所示，一般有回水末端至坝前呈三角状，多发生于水位较稳定、长期处于高水位运行的水库中。按淤积特征分为 4 个区段，即尾水部段、顶坡段、前坡段、坝前淤积段。

（2）带状淤积。淤积物均匀地分布在库区回水段上。如图 2.5 所示，多发生于水库水位呈周期性变化，变幅较大，而水库来沙不多，颗粒较细，水流流速又较高的情况下。

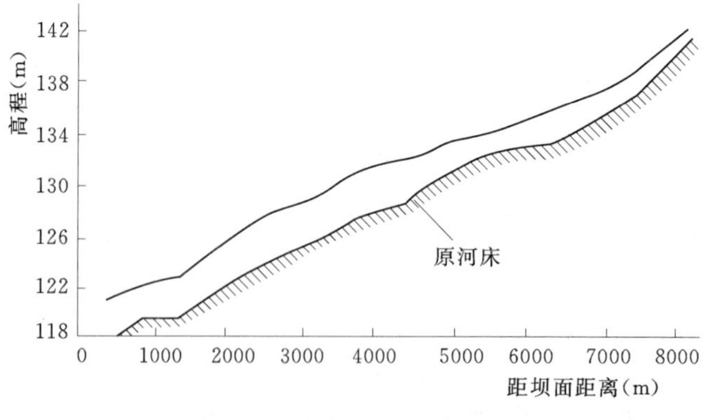

图 2.5　带状淤积

（3）锥体淤积。在坝前形成淤积面接近水平，为一条直线，形似锥体的淤积，如图 2.6 所示，多发生于水库水位不高，壅水段较短，底坡较大，水流流速较高的情况下。

影响淤积形态的因素有水库的运行方式、库区的地形条件和干支流入库的水沙情况等。

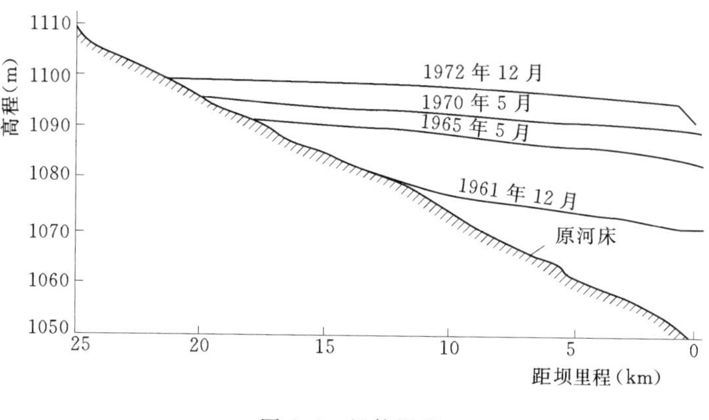

图 2.6 锥体淤积

2.4.2.3 水库的冲刷

水库库区的冲刷分溯源冲刷、沿程冲刷和壅水冲刷 3 种。

1. 溯源冲刷

当水库水位降至三角洲顶点以下时，三角洲顶点处形成降水曲线，水面比降变陡，流速加快，水流挟沙能力增大，将由三角顶点起从下游逐渐发生冲刷，这种冲刷称为溯源冲刷。溯源冲刷包括辐射状冲刷、层状冲刷和跌落状冲刷 3 种形态，如图 2.7 所示，当水库水位在短时间内降到某一高程后保持稳定或当放空水库时会形成辐射状冲刷；如果冲刷过程中水库水位不断下降，历时较长，会形成层状冲刷；如果淤积为较密实的黏性土层时，会形成跌落状的冲刷。

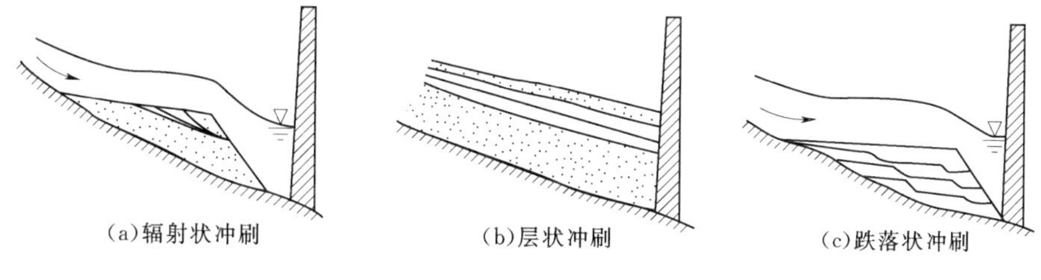

图 2.7 水库溯源冲刷的形态

2. 沿程冲刷

在不受水库水位变化影响的情况下，由于来水来沙条件改变而引起的河床冲刷，称为沿程冲刷。当库水来水较多，而原来的河床形态及其组成与水流挟沙能力不相应，从而发生沿程的冲刷。它是从上游向下游发展的，而且冲刷强度较低。

3. 壅水冲刷

在水库水位较高的情况下，开启底孔闸门泄水时，底孔周围淤积的泥沙，随同水流一起被底孔排出孔外，在底孔前逐渐形成一个最终稳定的冲刷漏斗，这种冲刷称为壅水冲刷。壅水冲刷局限于底孔前，且与淤积物的状态有关。

2.4.3 水库淤积防治措施

水库淤积的根本原因是水库水域水土流失形成水流挟沙并带入水库内。所以根本的措

施是改善水库水域的环境，加强水土保持。关于水土保持措施已在前述内容中介绍。除此之外，对水库进行合理的运行调度也是减轻和消除淤积的有效方法。

2.4.3.1 减淤排沙的方式

减淤排沙有两种方式：一种是利用水库水流流速来实现排沙，另一种是借助辅助手段清除已产生的淤积。

1. 利用水流流态作用的排沙方式

（1）异重流排沙。多沙河流上的水库在蓄水运用中当库水位、流速、含沙量符合一定条件（一般是水深较大，流速较小，含沙量较大）时，库区内将产生含沙量集中的异重流，若及时开启底孔等泄水设备，就能达到较好的排沙效果。

（2）泄洪排沙。在汛期遭遇洪水时，库水位壅高，将造成库区泥沙落淤，在不影响防洪安全的前提下，及时加大泄洪流量，尽量减少洪水在库区内的滞洪时间，也能达到减於的效果。

（3）冲刷排沙。水库在敞泄或泄空过程中，使水库水流形成冲刷条件，将库内泥沙冲起排出库外。有沿程冲刷和溯源冲刷两种方式。

2. 辅助清淤措施

对于淤积严重的中小型水库还可以采用人工、机械设备或工程设施的措施作为水库清淤的辅助手段。机械设备清淤是利用安在浮船上的排沙泵吸取库底淤积物，通过浮管排出库外，也有借助安在浮船上的虹吸管，在泄洪时利用虹吸管吸取库底淤积泥沙，排到下游(见图2.8)。工程设施清淤是指在一些小型多沙水库中，采用一种高渠拉沙的方式，即与水库周边高地设置引水渠，在库水位降低时利用引渠水流对库周滩地造成的强烈冲刷和滑塌，使泥沙沿主槽水流排出水库，恢复原已损失的滩地库容。

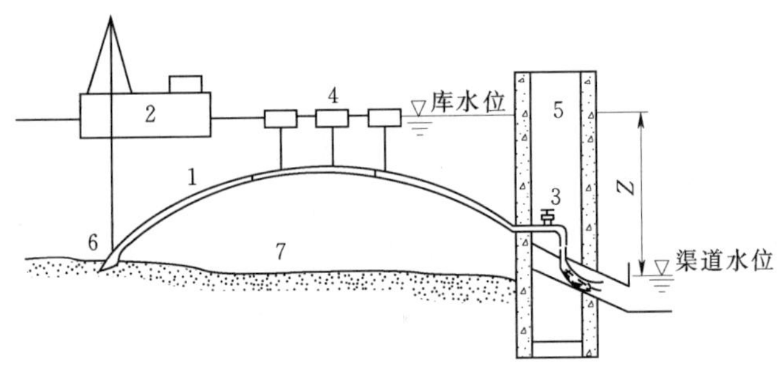

图2.8 虹吸管清淤装置示意图

1—输泥管；2—操作船；3—连接装置；4—浮筒；5—放水设备；6—吸头；7—淤泥面

2.4.3.2 水沙调度方式

上述的减淤排沙措施应与水库的合理调度配合运用。在多泥沙河道的水库上将防洪兴利调度与排沙措施结合运用，就是水沙调度。包括以下几种方式。

1. 蓄水拦洪集中排沙

蓄水拦洪集中排沙又称水库泥沙的多年调节方式，即水库按防洪和兴利要求的常用方式拦洪集中排沙和蓄水运用，待一定时期（一般为2～3年）以后，选择有利时机泄水放

空水库，利用溯源冲刷和沿程冲刷相结合的方式清除多年的淤积物，达到全部或大部分恢复原来的防洪与兴利库容。在蓄水运用时期，还可以利用异重流进行排沙，这种方式宜于河床比降大、滩地库容所占比重小、调节性能好、综合利用要求高的水库。

2. 蓄清排浑

蓄清排浑又称泥沙的年调节方式，即汛期（丰沙期）降低水位运用，以利排沙，汛后（长沙期）蓄水兴利。利用每年汛期有利的长沙条件，采用溯源冲刷和沿程冲刷相结合的方式，清除蓄水期的淤积，做到每年基本恢复原来的防洪和兴利库容。

3. 泄洪排沙

泄洪排沙即在汛期水库敞开泄洪，汛后按有利排沙水位确定正常蓄水位，并按天然流量供水。这种方式可以避免水库大量淤积，能达到短期内冲淤平衡，但是综合效益发挥将受到限制。

根据我国水库的运用经验，水库的运用方式可根据水库的容积沙量比 $K_s=V_0/V_s$（V_0 为水库容积，V_s 为水库的年来沙量）和容积水量比 $K_w=V_0/V$（V 为年来水量）来初步确定。

当 $K_s>50$，$K_w>0.2$ 时，宜采用拦洪蓄水运用方式。

当 $K_s<30$，$K_w<0.1$ 时，宜采用蓄清排浑运用方式或泄洪排沙。

当 $K_s=30\sim50$，$K_w=0.1\sim0.2$ 时，可以采用前期拦洪蓄水、后期蓄清排浑的运用方式或采用泄洪排沙或蓄清排浑交替使用的运用方式。

一般以防洪季节灌溉为主的水库，由于水库主要任务与水库的排沙并无矛盾，故可以采用泄洪排沙或蓄清排浑运用方式；对于来沙量不大的以发电为主的水库，可采用拦洪蓄水与蓄清排浑交替使用的运用方式。

2.4.4 水库的泄洪排沙

2.4.4.1 泄洪排沙泄量的选择

排沙泄量的大小对滞洪排沙效果有很大影响，排沙泄量过大，泄洪时间短，对于下游行洪放淤不利，排沙泄量过小，则滞洪时间过长，将会造成水库大量淤积。根据一些水库实测资料的分析，排沙、泄量与峰前水量存在下列关系

$$Q_{sw}=W_w(\eta_{s0}/4000)^{1/0.37} \tag{2.1}$$

式中 η_{s0}——排沙率；

W_w——入库洪水的峰前水量，m^3；

Q_{sw}——第一天平均排沙量，m^3/s。

式（2.1）适用于单峰型洪水，涨峰历时不超过 12h 的情况。

对于峰高、量大的洪水，如若滞洪历时过长，则漫滩淤积量就大，排沙率就低，根据一些中小型水库实测资料的分析，排沙效率 η_{s0} 与滞洪历时 t（h）之间存在下列关系

$$\eta_{s0}=258t^{-1/3} \tag{2.2}$$

2.4.4.2 泄洪排沙期淤积量计算

滞洪排沙期间的淤积量为

$$\Delta W_s=W_s-W_{s0} \tag{2.3}$$

式中 W_s——一次洪水的入库沙量 m^3；

W_{s0}——该次洪水的排沙量，m^3。

$$W_{s0}=\eta W_s \tag{2.4}$$

其中，η 为排沙比，等于出库沙量与入库沙量之比。

$$\eta=\eta_w^{1.5} \tag{2.5}$$

其中，η_w 为排水比，即出库水量 W_0 与入库水量 W_w 之比。

2.4.5　水库的异重流排沙

2.4.5.1　异重流排沙的形成条件

当 $L \geqslant Q_s J_0$ 时，异重流中途消失；当 $L<Q_s J_0$ 时，形成异重流排沙。

以上不等式中，L 为水库回水长度（km），Q_s 为洪峰的平均输沙率（kg/s），J_0 为库底比降（‰）。

2.4.5.2　异重流排沙计算

异重流的淤积和排沙计算有两类方法：一类是挟沙能力计算法；另一类是经验统计法。这里我们介绍一下经验统计法。

经验统计法是在水库运行管理中，按实测资料建立的异重流传播时间、异重流排沙泄量和异重流排沙比的经验关系式，估算水库的异重流排沙情况，是比较简便而迅速的方法，在中小型水库管理中被普遍采用。

（1）异重流的传播时间。异重流的传播时间是指异重流从潜入断面运行至坝前的时间，能否准确地掌握这一时间关系，并且是否充分发挥异重流的排沙效果，这是水库管理中的重要问题。如果在异重流到达坝前的时刻，能及时开闸泄水，则可将异重流挟带的大部分泥沙排出库外，如若开闸过晚，则异重流到坝前受阻，泥沙将在库内落淤，若开闸过早，则将使库内储存的清水泄出库外，造成浪费。

异重流传播时间与洪峰流量和水库前期蓄水量的关系为

$$T_0=2.2(W_0^{1/2}/Q)^{0.48} \tag{2.6}$$

式中　T_0——从洪峰通过入库水文站到异重流运行至坝前的历时，h；

W_0——水库前期蓄水量，万 m^3；

Q——洪峰流量，m^3/s。

（2）异重流的排沙泄量。异重流排沙泄量的选择，直接影响到水库的排沙效果。据有关工程实测资料的分析得，异重流排沙泄量与入库洪水的峰前水量、水库的前期蓄水量和排沙比存在下列关系

$$q_0 \leqslant W_1(\eta e^{0.006W_0}/4000)^{2.7} \tag{2.7}$$

式中　q_0——异重流第一日的平均排沙量，m^3/s；

W_1——入库洪水的峰前水量，万 m^3；

W_0——水库的前期蓄水量，万 m^3；

η——排沙比，%，即水库排出的总沙量（m^3）与入库总沙量（m^3）之比的百分率。

（3）异重流的排沙比。据有关资料分析得异重流的平均排沙比与河底比降的关系

$$\eta=6.4J^{0.64} \tag{2.8}$$

式中　η——平均排沙比；

J——原河底比降。

2.5 水库的控制运用

2.5.1 水库控制运用的意义

水库的作用是调节径流、兴利除害。但是，由于水库功能的多样性和河川未来径流的难以预知性，使水库在运用中存在一系列的矛盾问题，概括起来主要表现在4个方面：一是汛期蓄水与泄水的矛盾；二是汛期弃水发电与防汛的矛盾；三是工业、农业、生活用水的分配矛盾；四是在水资源的配置和使用过程中产生用水部门及地区间的不平衡而发生的水事纠纷问题。这就要加强对水库的控制运用，合理调度。只有这样，才能在有限的水库资源条件下较好地满足各方面的需求，获得较大的综合利益。如果水库调度同时结合水文预报进行，实现水库预报调度，所获得的综合效益将更大。

2.5.2 水库调度工作要求

水库调度包括防洪调度与兴利调度两个方面。在水情长期难以预报还不可靠的情况下，可根据已制定的水库调节图与调度准则指导水库调度，也可参考中短期水文预报进行水库预报调度，对于多泥沙河流上的水库，还要处理好拦洪蓄水与排沙的关系，即做好水沙调度。水库群调度中，要着重考虑补偿调节与梯级调度问题。为做好调度的实施工作，应预先制定水库年度调度计划，并根据实际来水与用水情况，进行实时调度。

水库年调度计划是根据水库原设计和历年运行经验，结合面临年度的实际情况而制定的全年调度工作的总体安排。

水库实时调度是指在水库日常运行的面临阶段，根据实际情况确定运行状态的调度措施与方法，其目的是实现预定的调度目标，保证水库安全，充分发挥水库效益。

2.5.3 水库运用指标

水库控制运用指标是指那些在水库实际运行中作为控制条件的一系列特征水位，它是拟定水库调度计划的关键数据，也是实际运行中判别水库运行是否安全正常的主要依据之一。

水库在设计时，按照有关技术标准的规定选定了一系列特征水位。如图2.9所示，主要有校核洪水位、设计洪水位、防洪高水位、正常蓄水位、防洪限制水位、死水位等。它们决定水库的规模与效益，也是水库大坝等水工建筑物设计的基本依据。水库实际运行中采用的特征水位是水利部颁发的《水库管理通则》中规定的允许最高水位、汛期末蓄水位、汛期限制水位、兴利下限水位等。它们的确定，主要依据原设计和相关特征水位，同时还须考虑工程现状和控制运用经验等因素。当情况发生较大变化，不能按原设计的特征水位运用时，应在仔细分析比较与科学论证的基础上，拟定新的指标，且这些运行控制指标因实际情况还需要随时调整。

(1) 允许最高库水位。水库运行中，在发生设计的校核洪水时允许达到的最高库水位，它是判断水库工程防洪安全最重要的指标。

(2) 汛期限制水位。水库为保证防洪安全，汛期要留有足够的防洪库容而限制兴利蓄水的上限水位。一般根据水库防洪和下游防洪要求的一定标准洪水，经过调洪演算推求

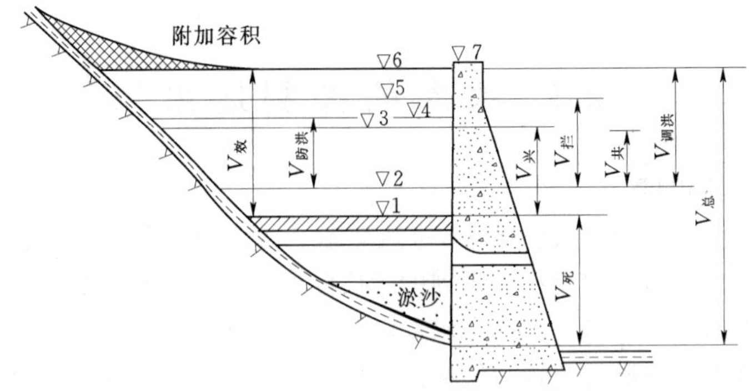

图 2.9 水库水位与库容特征

1—死水位；2—防洪限制水位；3—正常蓄水位；4—防洪高水位；
5—设计洪水位；6—校核水位；7—坝顶高程

而得。

(3) 汛期末蓄水位。综合利用的水库，汛期根据兴利的需要，在汛期限水位上要求充蓄到的最高水位。这个水位在很大程度上决定了下一个汛期到来之前可能获得的兴利效益。

(4) 兴利下限水位。水库兴利运用在正常情况下允许消落到的最低水位。它反映了兴利的需要及各方面的控制条件，这些条件包括泄水及引水建筑物的设备高程，水电站最小工作水头，库内渔业生产、航运，水源保护及要求等。

2.5.4 水库兴利控制运用

水库兴利控制运用的目的，是在保证水库及上下游城乡安全及河道生态条件的前提下，使水库库容和河川径流资源得到充分运用，最大限度地发挥水库的兴利效益。

水库兴利控制运用是水利管理的重要内容，其依据是水库兴利控制运用计划。

2.5.4.1 编制控制运用计划的基本资料

编制水库兴利控制运用计划需收集下列基本资料：①水库历年逐月来水量资料；②历年灌溉、供水、发电、航运等用水资料；③水库集水面积内和灌区内各站历年降水量、蒸发量资料及当年长期气象水文预报资料；④水库的水位与面积、水位与库容关系曲线；⑤各种特征库容及相应水位，水库蒸发、渗漏损失资料。

2.5.4.2 水库年度供水计划的编制

1. 编制年度供水计划的内容

编制年度供水计划的内容主要是估算来水、蓄水、用水，通过水量平衡计算拟定水库供水方案。

2. 编制方法

目前常用的编制方法有两种：一是根据定量的长期气象及水文预报资料估算来水和用水过程，编制供水计划；二是利用代表年与长期定性预报相结合的方法。其中以第一种方法最为常用，其计算方法如下。

(1) 水库来水量估算。

1）降雨径流相关法。根据预报的各月降雨量 b，由月降雨量径流相关图查得月径流深度 h，即可按下列计算各月来水量

$$W=0.1hF \tag{2.9}$$

式中 W——月来水量，万 m^3；

h——月径流深度，mm；

F——水库集水面积，km^2。

2）月径流系数法。根据预报的各月降雨量 b 和各月的径流系数 α，按下式计算各月来水量

$$W=0.1\alpha bF \tag{2.10}$$

式中 b——预报的月降雨量，mm；

α——径流系数；

其他符号意义同上。

3）具有长期水文预报的水库，可直接预报各月径流量。

（2）水库供水量估算。

1）灌溉用量的计算。

a. 逐月耗水定额法。

$$W=\frac{(M-0.667\beta c)A}{\eta} \tag{2.11}$$

式中 W——各月灌溉用水量，万 m^3；

M——作物月耗水定额，m^3/亩；

A——灌溉面积，万亩；

β——降雨的田间有效利用系数；

c——田间月降雨量，mm；

η——渠系水有效利用系数。

b. 固定灌溉用水量法。对于北方地区的旱作物，各年灌溉用水量差别不大，各年同一月份的灌溉用水量可以采用一常量。

2）发电用水量和保证出力的计算。

$$Q_P=\frac{W+V-W_f-W_c}{T} \tag{2.12}$$

$$N_p=\lambda Q_P H_p \tag{2.13}$$

式中 Q_P——水电站供水期的调节流量，m^3/s；

W——供水期天然来水量，m^3；

V——水库兴利库容，m^3；

W_f——水库的损失（渗漏、蒸发）水量，m^3；

W_c——由于其他用途（灌溉、航运）引走的水量，m^3；

T——供水期，s；

N_p——水电站在供水期的保证出力；

H_p——水电站在供水期的平均水头；

λ——出力系数，根据机组类型及其传动方式来确定，对于一般小型水电站 $\lambda=6.5\sim7.5$。

(3) 水库损失水量估算。

1) 水库损失水量估算。

$$W_0=1000(h_w-h_e)(A-a) \tag{2.14}$$

式中　W_0——水库月蒸发损失水量，m^3；

h_w——月水面蒸发水层深度，mm；

h_e——原来陆地面蒸发水层深度，mm；

A——水库月平均水面积，km^2；

a——建库前库区原有水面面积，km^2。

2) 水库的渗漏损失量。水库的渗漏损失与水库的水文地质条件有极大的关系，可按表2.2进行估算。

表2.2　水库渗漏损失水量估算

水库的水文地质条件	月渗漏量（m^3/月）	年渗漏量（m^3/年）
优越	(0～1.0%) W	(0～10%) W_a
一般	(1.0%～1.5%) W	(10%～20%) W_a
较差	(1.5%～3.0%) W	(20%～40%) W_a

注　W—水库的月蓄水量，m^3；W_a—水库的年蓄水量，m^3。

(4) 兴利调节计算。水库兴利调节计算的基本原理是：某时段入库水量与出库水量（包括各部门的用水量、汛期的弃水量和损失水量）之差，应等于该时段水库增蓄的水量。即

$$\Delta W_e-\Delta W_u-\Delta W_f=\pm\Delta W \tag{2.15}$$

式中　ΔW_e——某计算时段水库的来水量，m^3；

ΔW_u——同一时段的出库水量（包括各部门的用水量、汛期的弃水量和损失水量），m^3；

ΔW_f——同一时段水库的损失量，m^3；

ΔW——同一时段水库蓄水量的变化，m^3；"+"号表示蓄水量增加，"−"号表示蓄水量减少。

2.5.4.3　水库兴利调度图

为了进行水库调度，必须利用径流的历时特性资料和统计特性资料，按水库运行调度的一定准则，预先编制由一组控制水库工作的蓄水指示线（调度线）组成的水库调度图。如当年有长期气象预报资料，估算出当年的来水、用水量，在水库已有蓄水量的情况下，通过计算绘制的水库兴利水位过程图，就是当年的兴利调度图。在缺乏长期水文、气象预报资料或水文气象预报精度尚不能满足要求的条件下，最常用的方法是绘制统计调度图来进行的兴利调度。

1. 年调节兴利调度图

年调节水库兴利基本调度图如图2.10所示，图中线Ⅰ为防洪破坏线（保证供水线），

线Ⅱ为限制供水线，线Ⅰ与线Ⅱ是在水库保证正常供水前提下，相应设计枯水年份的各种可能出现的库水位的外包线和内包线，线Ⅲ为防弃水线，是在水库按最大需水量（或电站最大过水能力）工作的条件下，相应丰水年份可能出现的库水位的内包线。以上3条线基本调度线将水库以年度为周期的范围划分为4个运行区，并规定了相应的调度方式。线Ⅰ与线Ⅱ之间（A区）为保证正常供水区，水库按保证运行方式工作；线Ⅱ与死水位之间（C区）为降低供水区，水库按降低洪水区或天然入库净流量供水，以减轻破坏程度或缩短破坏时间；线Ⅰ与线Ⅲ之间（B区）为加大供水区，水库按加大供水方式工作，以充分利用余水量，减少弃水量；线Ⅲ与正常蓄水位之间（D区）为最大供水区，水库按最大需水量或供水设备的最大过水能力供水。在实际运行中，不考虑水文预报时，由面临时段初的库水位所在区域决定水库的供水量（或发电出力）；若结合面临时段的入库径流量预报，可由时段来预计可以达到的库水位所在的区域，决定水库供水量。

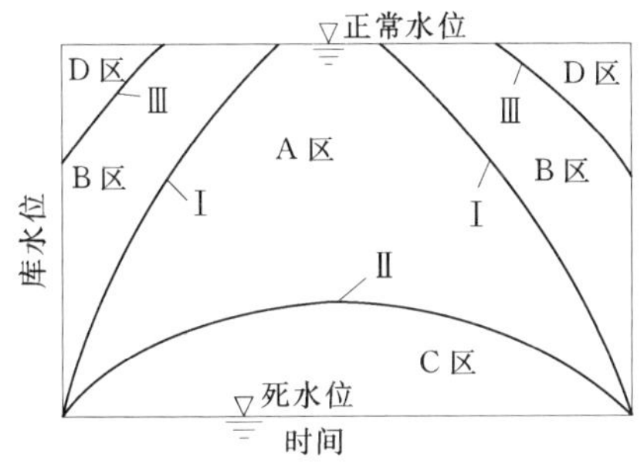

图2.10　水库兴利基本调度线示意图

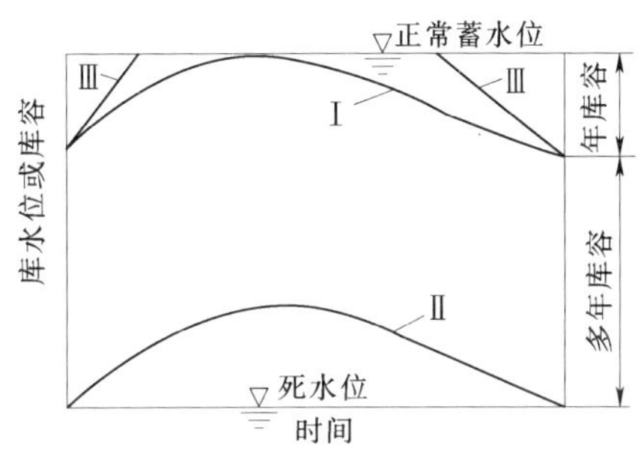

图2.11　多年调节水库兴利基本调度线示意图

2. 多年调节水库兴利调度

多年调节水库的调节周期一般为由若干连续枯水年组成的库水段。实际上一般仍绘制以年度为单位的调度图。其基本调度线图和辅助调度线图的形式，与年调节水库类似，如图2.11所示。与年调节水库调度图的差别为：①防洪破坏线（Ⅰ）位于多年库容蓄满点以上，说明多年库容未蓄满以前，水库不应加大供水量；②限制供水线（Ⅱ）最低点为死水位，最高点水位至死水位所相应的库容一般应等于年库容。

2.5.5 水库防洪控制运用

水库防洪调度是指利用水库的调蓄作用和控制能力，有计划的控制、调节洪水，以避免下游防洪区的洪灾损失和确保水库工程安全。

为确保水库安全，以充分发挥水库对下游的防洪效益，应每年在汛前编制好水库汛期控制运用计划。防汛控制运用计划应根据工程实际情况，对防洪标准、调度方式、防洪限制水位进行重新确定，并重新绘制防洪调度图。

2.5.5.1 防洪标准的确定

对实际工程状况符合原规划设计要求的，应执行原规划设计时的防洪标准。对由于受工程质量、泄洪能力和其他条件的限制，不能按原规划设计标准运行的，就应根据当年的具体情况拟定本年度的防洪标准和相应的允许最高水位，在拟定时应考虑以下因素：

(1) 当年工程的具体情况和鉴定意见，水库建筑物出现异常时对规定的最高防洪位应予以降低。

(2) 当年上、下游地区与河道堤防的防洪能力及防汛要求。

(3) 新建水库未经过高水位考验时，汛期最高洪水位需加以限制。

2.5.5.2 防洪调度方式的确定

水库汛期的防汛调度是水库管理中一项十分重要的工作。它不但直接关系水库安全和下游防洪效益的发挥，而且也影响汛末蓄水和兴利效益的发挥。要做好防汛调度，必须重视并拟定合理可行的防洪调度方式，包括泄流方式、泄流量、泄流时间、闸门启闭规则等。

水库的防洪调度方式取决于水库所承担的防洪任务、洪水特性和各种其他因素。按所承担的防洪任务要求分为：①以满足下游防洪要求的防洪调度方式；②以保证水库工程安全而无下游防汛任务要求的防洪调度方式。

1. 下游有防洪要求的调度

下游有防洪要求的调度包括固定泄洪调度方式、防洪补偿调度方式、防洪预报调度方式3种。

(1) 固定泄洪调度。对于下游洪区（控制点）紧靠水库、水库至防洪区的区间面积小、区间流量不大或者变化平稳的情况，区间流量可以忽略不计或看作常数。对于这种情况，水库可按固定泄洪方式运用。泄流量可按一级或多级形式用闸门控制。当洪水不超过防洪标准时，控制下游河道流量不超过河道安全泄量。对防洪渠只有一种安全泄量的情况，水库按一种固定流量泄洪，水库下游有几种不同防洪标准与安全泄量时，水库可按几个固定流量泄洪的方式运用。一般多按“大水多泄，小水少泄”的原则分级。有的水库按水位控制分级，有的水库按入库洪水控制流量分级。当判断来水超过防洪标准时，应以水工建筑物的安全为主，以较大的固定泄量泄水，或将全部泄洪设备敞开泄洪。

例如，某水库距下游防洪保护区3.5km，区间洪水较小，调洪时将频率为2%以下的洪水分3级固定泄量下泄，其判别条件和分级泄量如表2.3所示。

表2.3　　判别条件和分级泄量表

判别条件入库流量 Q (m^3/h)	泄流方式	说　明
<2500	$q=Q$	q为泄流量
2500～4000	$q=2500m^3/s$	多余滞蓄
4000～6100	$q=2500m^3/s$	多余滞蓄
>6100	自由泄流	为保大坝安全

(2) 防洪补偿调度（或错峰调度）方式。当水库距下游防洪区（控制点）较远、区间面积较大时，如图2.12 (a) 所示，则对区间的来水就不能忽略，要充分发挥防洪库容的作用，可采用补偿（或错峰调度）方式。所谓补偿调节，就是指水库的下泄流量加上区间来水，要小于或等于下游防洪控制点允许的安全泄流量 $q_{安}$。为使下游防洪控制点的泄流量不超过 $q_{安}$，水库就必须在区间洪水通过防洪控制点时减少泄流量，如图2.12 (b) 所示。图中 $Q_B—t$ 为区间洪水过程线，$Q_A—t$ 为入库洪水过程线，B 点的洪水到达防洪控制点 C 的传播时间为 t_{BC}，水库泄流到达 C 点的传播时间为 t_{AC}，两者之差 $t=t_{BC}-t_{AC}$。在图2.12中 $Q_B—t$ 移后 t，倒置于 $q_{安}$ 之下，则水库的泄流量过程即如图2.12 (b) 中 $abcd$ 线

所示。图中 $q_安$ 以上的水库入库过程线与 bcd 曲线所包围的面积，即为满足下游防洪要求所需的防洪库容，图中的斜线面积为补偿库容。这种补偿调节，在无预报的情况下，必须使水库泄流量到达防洪控制点的时间小于或等于区间洪水到达控制点的时间，即 $t_{AC} \leqslant t_{BC}$。若区间洪水能预报，且预见期 $t_预$ 与 t_{BC} 之和能大于或等于 t_{AC} 时，也可进行补偿调节。

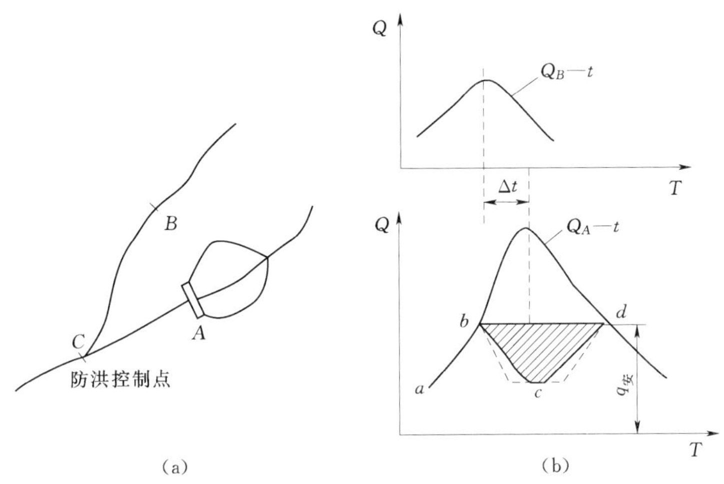

图 2.12 补偿调节示意图

错峰调节是指当区间洪水汇流时间太短，水库无法根据预报的区间洪水过程逐时段的放水时，为了使水库的安全泄流量与区间洪水之和不超过下游的安全流量，只能根据区间预报可能出现的洪峰，在一定时间内对水库关闸控制，错开洪峰，以满足下游的防洪要求。这实际上是一种经验性的补偿。例如，大伙房水库就曾经按照抚顺站的预报关闸错峰，即当连续暴雨 3h 雨量超过 60mm，或不足 3h 雨量超过 50mm 时关闸错峰。

(3) 防洪预报调度是利用准确预报资料进行调度工作的一种方式。对已建成的水库考虑预报进行预泄，可以腾空部分防洪库容，增加水库的防洪能力或更大限度的削减洪峰保证下游安全。对具有洪水预报技术和设备条件，洪水预报精度和准确性高，且蓄泄运用较灵活的水库可以采用防洪预报调度，短期水文预报一般指降水径流预报或上下站水位流量关系的预报，其预期不长，但精确度较高，合格率较高，一般考虑短期预报进行防洪调度比较可靠。

根据防洪标准的洪水过程，按照采用的洪水预报预见期及其精度，进行调洪演算。调洪演算所用的预泄流量是在水库泄流能力范围内且不大于下游允许泄流量的流量。如果下游区间流量比较大时应该是不超过下游允许泄流与区间流量的差值。通过调洪演算即可求出能够预泄的库容及调洪最高水位，如图 2.13 所示。

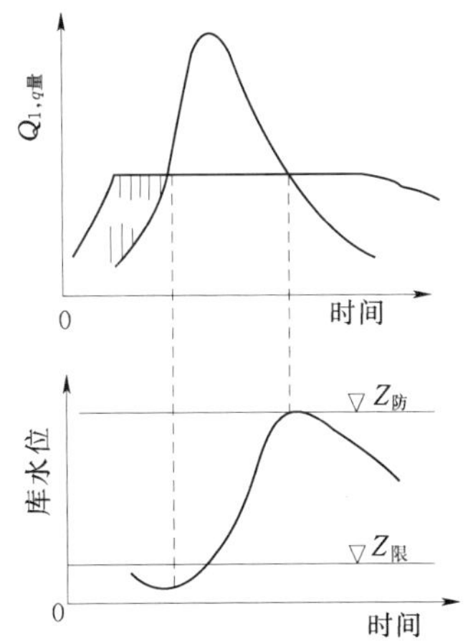

图 2.13 预报防洪调度

2. *下游无防洪要求的调度*

当下游无防洪要求时，应以满足水库工程安全为主进行调度。包括正常运行方式、非常运行方式两种情况的泄流方式，可采用自由泄流或变动泄流的方式进行。

(1) 正常运用方式。可以采用库水位或者入库流量作为控制运用的判断指示。按照预先制定的运行方式（一般为变动泄流，闸门逐渐打开）蓄泄洪水，控制水位不高于设计洪水位。

(2) 非常运用方式。当水库水位达到设计洪水位并超过时，对有闸门控制的泄洪设施，可以打开全部闸门或按规定的泄洪方式泄洪（多为自由泄流方式或启动非常泄洪道等方式），以控制发生校核洪水时库水位不超过校核洪水位。

3. 闸门的启闭方式

(1) 集中开启。就是一次集中开启所需的闸门个数及相应的开度。这种方式对下游威胁较大，只有在下游防洪要求不高，或水库自身安全受到威胁时才考虑采用。

(2) 逐步开启。有两种情况：一种是对安全闸门而言，分序开启；另一种是对单个闸门而言，部分开启。如何开启主要根据下泄洪水流量大小来确定。

2.5.5.3 防洪限制水位的确定

防洪限制水位在规划设计时虽已明确，但水库在汛期控制阶段，还必须根据当年的情况予以重新确定调整。一般应考虑工程质量、水库防洪标准、水文情况等因素来确定。

对于质量差的应降低防洪限制水位运行；问题严重的要空库运行；对于原设计防洪标准低的水库在汛期应降低防洪限制水位，以便提高防洪标准；对于库容较小，而上游河道枯季径流相对较大，在汛期后短期内可以蓄满，则防洪限制水位可以定得低一些。

在汛期内供水有明显的分期界限的，为了充分地发挥水库的防洪及综合效益，在一定条件下使防洪库图容与兴利库容相结合使用，并根据预报信息提前预泄洪水或拦蓄洪尾等。对此可以采取分期防洪限制水位进行分期调度，即将汛期分为不同的阶段，分别计算各阶段洪量和留出不同的防洪库容，进而确定各阶段的防洪限制水位，分期蓄水，逐步抬高防洪限制水位。

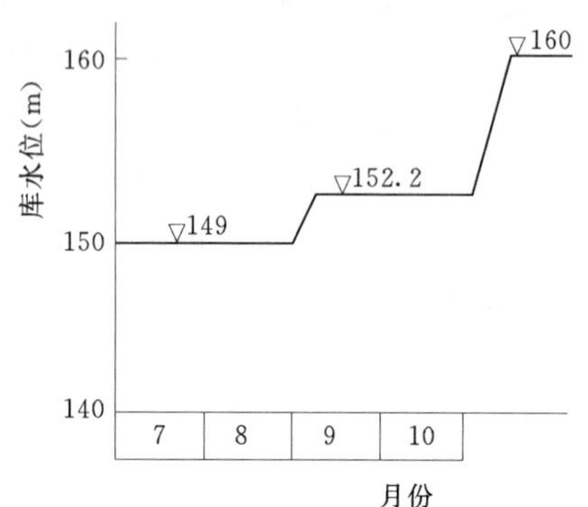

图 2.14 丹江口水库分期防洪限制水位

例如，丹江口水库从气象上看，可划分为7～8月与9～10月两个明显的时期，而且所采取的下游允许泄流量也不同。7～8月下游受长江水位顶托的可能性大，允许泄流量相对较小，9～10月洪水主要来自上游，流程较长，故洪水预报预见期也长一些。因此，两期所要求的防洪库容与汛限水位均可不同，如图2.14及表2.4所示。

表 2.4 分期防洪限制水位

月份	防洪库容（亿 m^3）	防洪高水位（m）	汛前限制水位（m）
7～8	78	160	149
9～10	58	160	152.2

分期防洪限制水位的确定方法有两种：

（1）从设计洪水位反推防洪限制水位。将汛期划分为几个时段后，根据各分期的设计洪水，从设计洪水位（或防洪高水位）开始按逆时序进行调洪计算，反推各分期的防洪限制水位及调节各分期洪水所需的防洪库容。

（2）假定不同的分期防洪限制水位，计算相应的设计洪水位，综合比较后确定各分期的防洪限制水位。对每一个分期设计洪水拟定几个防洪限制水位，然后对每个防洪限制水位按规定的防洪限制条件和调洪方式，对分期设计洪水进行顺时序的调洪计算，求出相应的设计洪水位、最大泄流量和调洪库容。最后综合分析后确定各分期的防洪限制水位。

2.5.5.4 汛期防洪调度图

水库汛期防洪调度图是防洪调度工作的工具，只要根据水库的水位在调度图中所处的位置，就可以按相应的调度规则来确定该时刻的下泄流量。防洪调度图可以确定整个汛期的调洪方式。防洪调度图由防洪限制水位线、防洪调度线、各种标准洪水的最高调洪水位线和由这些线所划分的各级调洪区所组成，根据调洪库容与兴利库容结合的情况，可分为3种。

1. 调洪库容与兴利库容部分结合的调度图

如图2.15所示防洪调度线，由线 $abcdef$ 组成，其中 $abef$ 的高程为正常蓄水位，线段 cd 的高程为汛期限制水位，$t_c \sim t_d$ 为由水文气象特性和实测洪水资料确定的主汛期，线段 de 为遭遇各种可能洪水经水库调蓄后的库水位的内包线，线段 bc 为汛期初减少弃水和保证下游安全而需控制的库水位的下包线。在实际运行时，水库因兴利要求的蓄水位不得超过线 $abcdef$。此线以上按大坝调洪和下游防洪调度方式运用，以下按兴利调度方式运用，其中正常蓄水位和汛期限制水位之间称为重叠库容，在主汛期放空，用于防洪滞洪，在汛后利用余水充蓄，用于兴利。

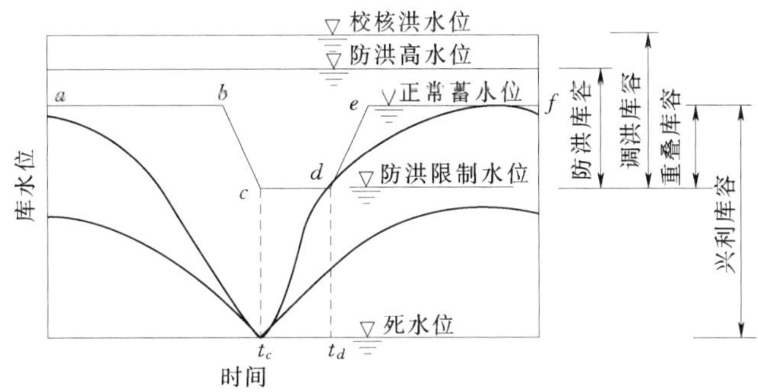

图2.15 防洪和兴利库容部分结合的调度图

2. 防洪和兴利库容完全结合的调度图

防洪和兴利完全结合的调度图分3种情况。

（1）防洪库容是兴利库容的一部分（部分重叠），如图2.16（a）所示。

（2）防洪库容与兴利库容全部重叠，如图2.16（b）所示。

（3）兴利库容是防洪库容的一部分，如图2.16（c）所示。

调洪库容与兴利库容完全结合，故正常蓄水位与设计洪水位或防洪高水位相同，或低于设计洪水位或防洪高水位，而防洪限制水位可能等于死水位也可能高于死水位［见图2.16（a）］。图中的防洪调度线是根据设计洪水过程线从洪水出现时刻 t_k（洪水出现可能

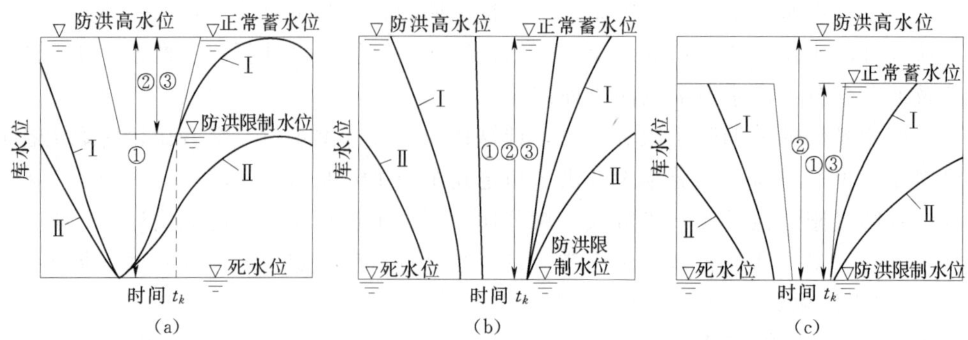

图 2.16 防洪库容与兴利库容完全结合

①—兴利库容；②—防洪库容；③—重叠库容

Ⅰ—防洪破坏线；Ⅱ—限制供水线

最迟时间）开始，由防洪限制水位进行调洪计算所求得的水库蓄水位过程线，它也表示汛期各个时刻为满足防洪要求所必须预留库容的指导线。上基本调度线（Ⅰ线）是根据设计枯水年的来水，经调节计算，在满足发电及其他兴利要求的情况下绘制的水位过程线，因此它必须位于防洪调度线的下侧。在汛期前，水库的兴利蓄水位不得超过防洪限制水位和防洪调度线，如果洪水时期水库的水位被迫超过防洪限制水位和防洪调度线，则应根据一定标准确定的调洪规则来控制水库的泄流量，使水库水位回落到防洪限制水位和防洪调度线上来。

3. 调洪库容与兴利库容不结合

这种方法适用于在水库控制流域面积较小，洪水出现的时期和洪水的大小无规律的情况，此时调洪库容和兴利库容分别设置，汛期防洪限制水位位于水库正常蓄水位上，预留全部调洪库容以拦蓄随时可能出现的洪水，其调度如图 2.17 所示。

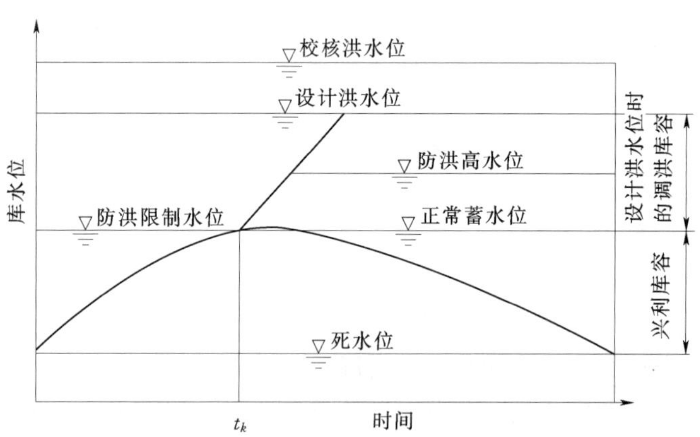

图 2.17 调洪库容与兴利库容不结合的防洪调度图

2.5.5.5 做好水文气象预报工作

做好水文气象预报工作对于汛期的防汛调度十分重要，比如采用预泄或延泄措施，要依据预报有无大洪水发生来确定；提前预泄或蓄水，也应根据预报的预见期，结合当时库

水位及下游允许泄量来确定。

汛期水库水位应按规定的防洪限制水位进行控制。为了减少弃水，可根据水情预报条件、洪水传播时间和泄洪能力大小，使水库水位稍高于当时防洪限制水位，通过兴利用水逐渐消落，但要确有把握在下次洪水到来前将库水位消落到防洪限制水位。对于没有预报条件、洪水传播时间短和泄洪能力小的水库，不宜这样运行。

思　考　题

1. 水库有哪些类型？水库的作用有哪些？
2. 水库蓄水之后对环境有哪些影响？环境状况对水库的功能和寿命有何影响？
3. 水库管理的工作内容包括哪些？
4. 水库调度包括哪几方面？对水库调度工作有何要求？
5. 水库控制运用指标有哪些？这些指标在水库控制运用中有何意义和作用？
6. 水库兴利控制运用的目的是什么？
7. 什么是兴利调度图？
8. 年调节兴利调度图包括哪些内容？各有何意义？
9. 多年调节水库兴利调度图与年调节兴利调度图有何异同？
10. 什么是防洪控制运用？年度防洪控制运用计划编制中主要做哪些工作？
11. 什么是防洪调度方式？其中包含哪几种调度方式？
12. 在确定防洪限制水位时应考虑哪些因素？
13. 防洪限制水位的确定方法有哪些？
14. 防洪调度图包括哪些内容？
15. 防洪调度图有几种形式？不同形式的防洪调度图各自的作用是什么？如何应用？
16. 水库泥沙淤积与冲刷有哪些不同类型？
17. 什么是溯源冲刷？什么是沿程冲刷？什么是壅水冲刷？
18. 什么是异重流？
19. 水库淤积的防治措施有哪些？
20. 水沙调度的方式有哪几种？
21. 泄洪排沙泄量如何计算？
22. 异重流排沙泄量如何计算？

第3章　土石坝的养护和修理

学习要求：掌握土石坝的病害类型，检查方法及养护内容，对土石坝裂缝、渗漏及滑坡的处理方法和措施有较好的理解；熟悉土石坝护坡的修理内容，溢洪道的管理方法。

3.1　概　　述

土石坝，也称当地材料坝，泛指由土料、石料或混合料，经抛填、碾压等方法修筑而成的挡水建筑物。

3.1.1　土石坝的工作特点

土石坝所用材料为松散颗粒，土粒间的联结强度低，抗剪能力小，颗粒间孔隙较大，因此易受到渗流、冲刷、沉降、冰冻、地震等的影响。

在运用过程中常常会因渗流而产生渗透破坏和蓄水的大量损失；因沉降导致坝顶高程不足和产生裂缝；因抗剪能力小、边坡不够平缓、渗流等而产生滑坡；因土粒间联结力小，抗冲能力低，在风浪、降雨等作用下而造成坝坡的冲蚀、侵蚀和护坡的破坏；因气温的剧烈变化而引起坝体土料冻胀和干缩。

故要求土石坝有稳定的坝身、合理的防渗体和排水体、坚固的护坡及适当的坝顶构造，并应在水库的运用过程中加强监测和维护。

3.1.2　土石坝的失事

我国现有运行的土石坝中许多存在不同程度的缺陷和病害，严重的则导致大坝失事。促使病害产生并影响土石坝安全的因素很多，主要有以下几点：

（1）运用过程中，长期受到水的渗透、冲刷、气蚀和磨损等物理作用和侵蚀、腐蚀等化学作用。

（2）由于勘测、规划、设计和施工的原因使土石坝结构本身存在一些不足和缺陷。

（3）工程管理不当及人为因素。

（4）遭遇不可预见的自然因素和非常因素的作用。

虽然大坝失事原因是多方面的，但若能加强管理，及时摸清和消除工程中存在的缺陷和隐患，就可避免一些事故的发生，或减轻事故破坏程度。

3.1.3　土石坝的病害类型

据1981年水利电力部对全国1000件土石坝工程事故原因调查分析显示：其中裂缝占25.3%，渗漏占26.4%，管涌占5.3%，滑坡、坍塌占10.9%，护坡破坏占6.5%，冲刷破坏占11.2%，气蚀破坏占3%，闸门启闭失灵占4.8%，白蚁钻洞及其他事项占6.6%。可见，土石坝的病害类型主要是裂缝、渗漏、滑坡、护坡损坏等几种。

3.2 土石坝的检查和养护

土石坝的各种病害都有一个发展过程，针对可能出现病害的形式和部位，加以检查，如能在病害初期能及时发现，并采取措施进行处理和养护，就可防止轻微缺陷的进一步发展和各种不利因素对土石坝的过大损害，保证土石坝的安全，延长土石坝的使用年限。大量的工程管理经验表明，工程缺陷的破坏主要是检查、观察发现的。

3.2.1 土石坝的检查

土石坝的检查从广义上来说包括经常检查、定期检查和特别检查。

3.2.1.1 经常检查

经常检查即日常检查，是用直观方法或简单的工具，经常对土石坝的表面进行检查和观察，了解建筑物是否完整，有无异常现象，是土石坝养护维修的基础。经常检查由工程管理单位的职能科（股）组织有关专职人员进行，在初期蓄水期每周至少1次，稳定运行期每月至少2次，老化期每月至少1次。

1. 检查范围和内容

根据《土石坝安全监测技术规范》，检查内容有：

（1）检查坝体有无裂缝。对于坝体与岸坡接头部位、河谷形状突变部位、坝基有压缩性过大的软土部位、填土质量较差的部位、坝体与刚性建筑物接合部位、分段施工接头处或施工导流合龙部位及坝体不同土料分区部位等应特别注意检查、观察，发现坝体产生裂缝后，应对裂缝进行编号，测量裂缝所在桩号，裂缝的宽度、方向、错距及其发展情况。对横向裂缝应检查其是否已贯穿上下游坝面，形成漏水通道。对于平等坝轴线的纵向裂缝，应进一步检查判断其发生滑坡的可能性。

（2）检查下游坝坡和坝脚处有无散浸和集中渗漏现象；坝体与两岸接触部位、坝体与刚性建筑物连接部位、坝基渗流出逸处、坝下埋管出口附近有无异常渗漏、管涌、流土和沼泽化现象。

（3）检查坝坡有无滑坡、上部坍塌、下部塌陷和隆起现象。

（4）检查护坡是否完好，有无草皮缺损，有无松动、塌陷、垫层流失及石块架空和翻起，坝面有无冲沟等。

（5）检查坝顶排水是否通畅，路面有无坑洼，防浪墙有无裂缝、沉陷、变形、倾斜等损坏，坝轴线有无位移，测桩有无损坏等情况。

（6）检查坝体及周围排水系统是否通畅，导渗降压设施有无异常或破损现象。

（7）检查土石坝的测压管设备、量水设备，并对水质、水位、环境污染源等进行检查观测。

（8）检查坝体有无害虫害兽、兽洞、白蚁穴道和兽害活动迹象。

（9）检查近坝水面有无冒泡、变浑、漩涡等异常现象。

2. 检查方法

经常检查工作主要用目测巡视的方法，即通过眼看、耳听、手摸等直观方法并辅以简单工具进行。应有专人负责，认真填写有关检查记录，并存档。对发现的异常现象应及时上报，并研究分析，提出妥善的处理措施。

3.2.1.2　定期检查

定期检查是在每年汛前汛后、第一次高水位、冻害地区的冰冻期，对土石坝进行较全面或专项的检查，上级部门可视情况抽查或复查。

1. 检查内容

定期检查的检查内容与经常检查内容大致相同，可参照经常检查内容进行。

2. 检查方法

与经常检查一样，做好全方位的目测巡视，落实“五定”要求，即定制度、定人员、定时间、定部位和定任务。同时在定期检查时常常要借助工具和一些仪器进行。

(1) 槽探、井探及注水检查法。槽探一般开挖成长条状，深度在 10m 以内，主要可用来检查坝体隐患。井探多由人工开挖成圆形断面，深度在 40m 以内，可用于探查坝体深层的洞穴、管涌、裂缝等隐患。这两种方法直观可靠，是常用的勘探隐患方法，但较费工费时，易破坏坝体局部结构。注水检查是在坝体的测压孔或新钻孔内注水试验，根据算得渗透系数值判断坝体内部是否存在裂缝或其他渗水途径等，可配合前两种方法使用。

(2) 甚低频电磁检查法。甚低频电磁的工作频率为 15～35kHz，发射功率为 20～1000kW，其波长长、功率大、穿透力强，具有传播距离远、衰减小、场强稳定等特点。多用于大坝基础破碎带或石灰喀斯特溶洞的渗水隐患检查。

(3) 同位素检查法。主要有同位素示踪测速法、同位素稀释法和同位素示踪吸附法 3 种。其主要是在坝体渗漏区孔内投入适当的同位素剂，在下游或附近监测同位素的到达情况，通过分析可确定渗流速度、流向、渗漏系数等，以检查坝体渗漏途径和渗流量。

3.2.1.3　特别检查

特别检查是当土石坝发生比较严重的险情或破坏现象，或发生特大洪水、3 年一遇暴雨、7 级以上大风、5 级以上地震，以及第一次最高水位、库水位日降落 0.5m 以上等非常运用情况下，由工程管理单位组织专门力量进行的巡查，必要时可邀请上级主管部门和设计、施工等单位共同进行。特别检查应结合观测资料进行分析研究，判断外界因素对土石坝状态和性能的影响，并对水库的管理运用提出结论性报告。

另外，土石坝还有安全鉴定工作要做。安全鉴定在水库建成的初蓄期和稳定运行期每隔 3～5 年进行 1 次，老化期每隔 6～10 年进行 1 次。按照工程分级管理的原则，由上级主管部门组织管理、设计、施工、科研等单位及有关专业人员共同参加的鉴定工作，应对土石坝的安全情况做出鉴定报告，评价工程建筑物的运行状态，如需处理应提出措施。

3.2.2　土石坝的养护

根据 SL 210—98《土石坝养护修理规程》，对土石坝坝顶、坝端、坝坡、排水设施、观测设施、坝基和坝区进行养护。

3.2.2.1　坝顶及坝端的养护

坝顶养护应做到坝顶平整无积水、无杂草、无弃物，防浪墙、坝肩、踏步平整，轮廓鲜明，坝端无裂缝、无坑凹、无堆积物。如坝顶出现坑洼和雨淋沟缺，应及时用相同材料填平，并保持一定的排水坡度。对经主管部门批准通行车辆的坝顶如有损坏，应按原路面要求及时修复，不能及时修复的，应用土或石料临时填平。坝顶的杂草、

弃物应及时清除。

防浪墙、坝肩和踏步出现局部破损，应及时修补或更换。

坝端出现局部裂缝、坑凹应及时填补，发现堆积物应及时清除。

3.2.2.2 坝坡的养护

坝坡养护应做到坡面平整，无雨淋沟缺，无荆棘杂草滋生；护坡砌块应完好，砌缝紧密，填粒密实，无松动、塌陷、脱落、风化、冻毁或架空现象。

（1）砌块石护坡的养护。及时填补、揳紧个别脱落或松动的护坡石料；及时更换风化或冻毁的块石，并嵌砌紧密；块石塌陷，垫层被淘刷时，应先翻出块石，恢复坝体和垫层后，再将块石嵌砌紧密。

（2）混凝土或浆砌块石护坡的养护。及时填补伸缩缝内流失的填料，填补时应将缝内杂物清洗干净。护坡局部发生侵蚀剥落、裂缝或破碎时，应及时采用水泥砂浆表面抹补、喷浆或填塞处理，处理时表面应清洗干净：破碎面较大，且垫层被淘刷，砌体有架空现象时，应用石料作临时性填塞，适当时进行彻底整修。排水孔如不通畅，应及时进行疏通或补设。

（3）堆石护坡或碎石护坡的养护。对于堆石护坡或碎石护坡，如遇石料有松动，造成厚薄不均时，应及时进行平整。

（4）草皮护坡的养护。应经常修整、清除杂草，保持完整美观．草皮干枯时，及时洒水养护；出现雨淋沟缺时，应及时还原坝坡，补植草皮。

（5）严寒地区护坡的养护。在冰冻期间，应积极防止冰凌对护坡的破坏。可根据具体情况，采用打冰道或在护坡临水处铺设塑料薄膜等办法减少冰压力。有条件的地区，可采用机械破冰法、动水破冰法或水位调节法破碎坝前冰盖。

3.2.2.3 排水设施的养护

各种排水、导渗设施应达到无断裂、损坏、阻塞、失效，使排水通畅。

必须及时清除排水沟（管）内的淤泥、杂物及冰塞，以保持通畅。

对排水沟（管）局部的松动、裂缝和损坏，应及时用水泥砂浆修补。

排水沟（管）的基础如被冲刷破坏，应先恢复基础，后修复排水沟（管）。修复时，应使用与基础同样的土料，恢复到原来断面，并应严格夯实。排水沟（管）如设有反滤层时，也应按设计标准恢复。

随时检查修补滤水坝趾或导渗设施周边山坡的截水沟，防止山坡浑水淤塞坝趾导渗排水设施。

减压井应经常清理疏通，保持排水通畅，如周围有积水渗入井内，应将积水排干，填平坑洼，保持井周无积水。

3.2.2.4 观测设施的养护

各种观测设施应保持完整，无变形、损坏、堵塞现象。

经常检查各种变形观测设施的保护装置是否完好，标志是否明显，随时清除观测障碍物。观测设施如有损坏，应及时修复，并应重新进行校正。

测压管口及其他保护装置，应随时加盖上锁，如有损坏应及时修复或更换。

水位观测尺若受到碰撞破坏，应及时修复，并重新校正。

量水堰板上的附着物和量水堰上下游的淤泥或堵塞物，应及时清除。

3.2.2.5　坝基和坝区的养护

对坝基和坝区管理范围内一切违反大坝管理规定的行为和事件，应立即制止并纠正。

设置在坝基和坝区范围内的排水、观测设施和绿化区，应保持完整、美观，无损坏现象。

发现坝区范围内有白蚁活动迹象时，应及时进行治理。

发现坝基范围内有新的渗漏逸出点时，不要盲目处理，应设置观测设施进行观测，待弄清原因后再进行处理。

3.3　土石坝的裂缝处理

土石坝坝体裂缝是一种较为常见的病害现象，大多发生在蓄水运用期间，对坝体存在着潜在的危险。例如，细小的横向裂缝有可能发展成坝体的集中渗漏通道；部分纵向裂缝则可能是坝体滑坡的征兆；有的内部裂缝，在蓄水期突然产生严重渗漏，威胁大坝安全；有的裂缝虽未造成大坝失事，但影响正常蓄水，长期不能发挥水库效益。因此，对土石坝的裂缝，应予以足够重视。

3.3.1　土石坝裂缝类型及成因

土石坝的裂缝有的在坝体表面就可以看到，有的隐藏在坝体内部．要开挖检查或借助检测仪器才能发现。裂缝的宽度，窄的不到 1mm，宽的可达几百毫米，甚至更大；裂缝的长度，短的不足 1m，长的达数 10m，甚至更长；裂缝的深度，有的不到 1m，有的深达坝基；裂缝的走向，有平行坝轴线的纵缝，有垂直坝轴线的横缝，也有与水平面大致平行的水面缝，还有倾斜的裂缝。

土石坝裂缝的成因主要是由于坝基承载力不均匀，坝体材料不一致，施工质量差，设计不合理所致。

土石坝的裂缝，按照裂缝出现在土坝中的部位可分为表面裂缝和内部裂缝；按照裂缝走向可分为横向裂缝、纵向裂缝、水平裂缝和龟纹裂缝；按照裂缝的成因又可分为沉陷裂缝、滑坡裂缝、干缩裂缝、冰冻裂缝、振动裂缝。各种裂缝的特征如表 3.1 所示。

表 3.1　　裂缝分类及特征表

分类	裂缝名称	裂缝特征
按裂缝部位	表面裂缝	裂缝暴露在坝体表面，缝口较宽，一般沿深度变窄而逐渐消失
	内部裂缝	裂缝隐藏在坝体内部，水平裂缝常呈透镜状，垂直裂缝多为上宽下窄的形状
按裂缝走向	横向裂缝	裂缝走向与坝轴线垂直或斜交，一般出现在坝顶，严重的发展到坝坡，近似铅直或稍有倾斜，防浪墙及坝肩砌石常随缝开裂
	纵向裂缝	裂缝走向与坝轴线平行或接近平行，多出现在坝顶及坝坡上部，也有的出现在铺盖上，一般较横缝长
	水平裂缝	裂缝水平或接近水平，常发生在坝体内部，多呈中间裂缝较宽，四周裂缝较窄的透镜状
	龟纹裂缝	裂缝呈龟纹状，没有固定的方向，纹理分布均匀，一般与土石坝表面垂直，缝口较窄，其深度 10～20cm，很少超过 1m

续表

分类	裂缝名称	裂缝特征
按裂缝成因	沉陷裂缝	多发生在坝体与岸坡接合段。河床与台地接合段、土石坝合龙段、坝体分区期填土交界处、坝下埋管的部位以及坝体与溢洪道边墙接触的部位
	滑坡裂缝	裂缝中段大致平行坝轴线，缝两端逐渐向坝脚延伸，在平面上略呈弧形，缝较长，多出现在坝顶、坝肩、背水面及排水不畅的坝坡下部。在水位骤降或地震情况下，迎水面也可能出现。形成过程短促，缝口有明显错动，下部土体移动，有离开坝体倾向
	干缩裂缝	多出现在坝体表面，密集交错，没有固定方向，分布均匀，有些呈龟纹裂缝形状，降雨后裂缝变窄或消失；也有的出现在防渗体内部，其形状呈薄透镜状
	冰冻裂缝	发生在冰冻影响深度内，表层呈破碎、脱空现象，缝宽及缝深随气温而异
	振动裂缝	在经受强烈振动或烈度较大的地震以后发生纵、横向裂缝，横向裂缝的缝口随时间延长，逐渐变小或弥合；纵向裂缝口没有变化。防浪墙多出现裂缝，严重的可使坝顶防浪墙及灯柱倾倒

横向裂缝和纵向裂缝如图 3.1 所示，内部裂缝如图 3.2 所示。

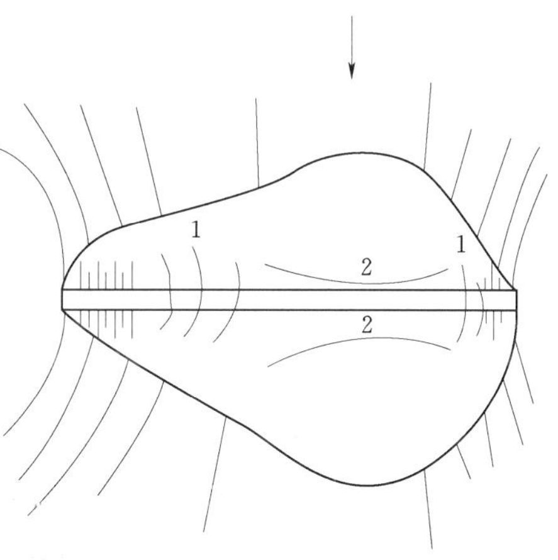

图 3.1 横向裂缝和纵向裂缝

1—横向裂缝；2—纵向裂缝

3.3.2 土石坝裂缝的检查

对裂缝的检查与探测，首先应借助观测资料的整理分析，根据上面提及的裂缝常见部位，对这些部位的坝体变形（垂直和水平位移），测压管水位，土体中应力及孔隙水压力变化，水流渗出后的浑浊度等进行鉴别。只有初步确定裂缝出现的位置后，再用探测方法弄清裂缝确切位置、大小、走向，为确定裂缝处理方案提供依据。

通常在裂缝附近会产生下列异常情况：①沿坝轴线方向同一高程位置的填土高度、土质等基本相同，而其中个别测点的沉降值比其他测点明显减小，则该点可能存在内部裂

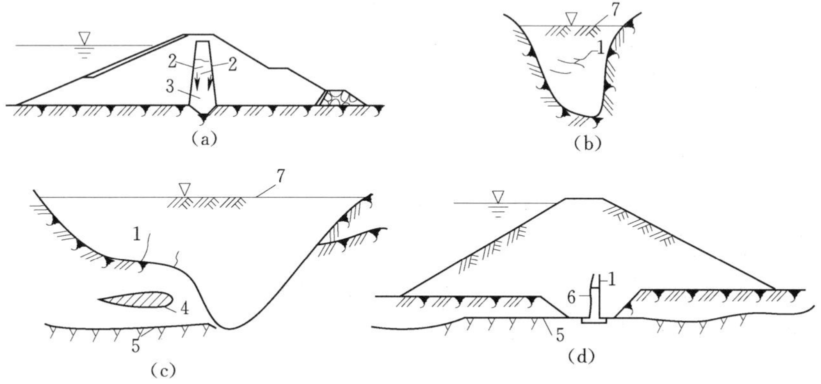

图 3.2 内部裂缝示意图

1—裂缝；2—坝壳；3—黏土心墙；4—软弱夹层；5—岩基；6—混凝土截水墙；7—坝顶

缝；②垂直坝段各排测压管的浸润线高度，在正常情况下，除靠岸坡的两侧略高外，其他大致相同，若其中发现个别坝段浸润线明显抬高，则测点附近可能出现横向裂缝；③在通过坝体的渗水有明显清浑交替出现的位置，可能出现贯穿裂缝或管涌通道；④坝面有刚性防浪墙拉裂等异常现象的坝段，同时坝身有明显塌坑处，说明该处有横向裂缝；⑤短距离内沉降差较大的坝段；⑥土压力及孔隙水压力不正常的位置。

对于可能存在的裂缝部位可采用土坝隐患探测的方法，即有损探测和无损探测的方法进行检查，但有损探测对坝身有一定的损坏。有损探测又分为人工破损探测和同位素探测。无损探测是指电法探测。

1. 人工破损探测

对表面有明显征兆，沉降差特别大，坝顶防浪墙被拉裂的部位，可采用探坑、探槽和探井的方法探测。探坑、探槽和探井是指人工开挖一定数量的坑、槽和井来实际描述坝内隐患情况。该法直观、可靠，易弄清裂缝位置、大小、走向及深度，但受到深度限制，目前国内探坑、探槽的深度不超过 10m，探井深度可达到 40m。

2. 同位素探测

此法是利用大坝已有的测压管，投入放射性示踪剂模拟天然渗透水流运动状态，用核探测技术观测其运动规律和踪迹。通过现场实际观测可以取得渗透水流的流速、流向和途径。在给定水力坡降和有效孔隙率时，可以计算相应的渗透水流速度和渗透系数。在给定的宽度和厚度的基础上，可以计算渗流量。同位素探测法也称放射性示踪法、单孔示踪法、单孔稀释法和单孔定向法等。

3. 电法探测

电法探测是一种无损伤探测的方法，在土坝表面布设电极，通过电测仪器观测人工或天然电场的强度。分析这些电场的特点和变化规律，以达到探测工程隐患的目的。

土石坝坝体是具有一定几何形状的人工地质体，同一坝段，坝体横断面尺寸沿大坝纵向方向通常是一致的，筑坝材料也相对均匀。因此，坝体几何形状对人工电场影响在各个坝段基本相同，一旦有隐患存在，必然会破坏坝体的整体性和均匀性，引起人工电场的异常变化和隐患测点与其他测点视电阻率的差异，这就是电法探测土石坝隐患的机理。

电法探测适用于土坝裂缝、集中渗流、管涌通道、基础漏水、绕坝渗流、接触渗流、软土夹层及白蚁洞穴等隐患探测，它比传统的人工破坏探测速度快，费用低，目前已广泛运用。电法探测的方法较多，有自然电场法、直流电阻率法、直流激发极法和甚低频电磁法。

以上列举的裂缝探测方法有些较直观、清楚，有些只能大体确定裂缝位置，究竟采用何种方法，应视当地具体条件和设备情况而定。

3.3.3 土石坝裂缝的预防

土石坝裂缝的防治首先在于防。而土坝裂缝的预防措施，可归纳为设计、施工和管理三个方面。即在设计时提出裂缝可能产生的部位，在施工中采取必要的措施，在管理上加强养护，正确运用。

1. 设计阶段

由前述裂缝的成因可知，大多数裂缝均由坝体或坝基的不均匀沉陷引起，故设计中，

应考虑如何减小坝体的不均匀沉陷。如坝基中的软土层应预先挖除；湿陷性黄土应预先浸水，事先沉陷；坝体两端的山坡和台地应按具体条件开挖成较缓的边坡，切忌有倒坡和峭壁存在；与坝接触的刚性建筑物（如坝下涵洞、溢洪道、截水墙等），应使其接触面有一定的正坡，减少坝体的不均匀沉陷，有利于坝体与刚性建筑物的结合；土石坝与其他建筑物或岸坡的接合处应适当加厚黏土防渗体，防止裂缝贯穿防渗体；对坝体应根据土壤特性和碾压条件，选择合适的含水量和填筑标准。

2. 施工阶段

施工必须按设计提出的要求进行，严格把握好清基、筑坝的土质和含水量、填筑层厚、碾压标准等各项施工质量，妥善处理划块填筑的接缝，施工停歇期较长时黏性土的填筑 面应铺设临时砂土或松土保护层，复填时应清除保护层、刨松填筑面，注意新老面的结合，防止填筑面的干缩。

3. 管理运行阶段

在运行管理期间，首先应按日常维护工作的具体要求进行养护，其次需特别注意库水位的升降速度，即首次蓄水应逐年分期提高库水位，以防止因突然增加荷载和湿陷产生裂缝；正常供水期要限制库水位的下降速度，防止因库水位骤降而导致迎水坡产生滑坡裂缝。

3.3.4 土石坝裂缝的处理

裂缝处理前，首先应根据观测资料、裂缝特征和部位，结合现场探测结果，分析裂缝类型、产生原因，然后按照不同情况，采取针对性措施，适时进行加固和处理。

各种裂缝对土石坝都有不同的影响，危害最大的是贯穿坝体的横向裂缝、内部裂缝及滑坡裂缝，一旦发现，应认真监视，及时处理。对缝深小于 0.5m、缝宽小于 0.5mm 的表面干缩裂缝，或缝深不大于 1m 的纵向裂缝，也可不予处理，但要封闭缝口；有些正在发展中的、暂时不致发生险情的裂缝，可观测一段时间，待裂缝趋于稳定后再进行处理，但要作临时防护措施，防止雨水及冰冻影响。

非滑坡性裂缝处理方法主要有开挖回填、灌浆和两者相结合 3 种方法。

3.3.4.1 开挖回填

开挖回填是处理裂缝比较彻底的方法，适用于处理深度不超过 3m 的裂缝，或允许放空水库进行修补加固防渗部位的裂缝。

1. 裂缝的开挖

为探清裂缝的范围和深度，在开挖前可先向缝内灌入少量石灰水，然后沿缝挖槽。缝的开挖长度应超过裂缝两端 1m，深度超过裂缝尽头 0.5m，开挖的坑槽底部的宽度至 0.5m，边坡应满足稳定及新旧回填土结合的要求。坑槽开挖应做好安全防护工作，防止坑槽进水、土壤干裂或冻裂，挖出的土料要远离坑口堆放。

对贯穿坝体的横向裂缝，开挖时顺缝抽槽，先挖成梯形或阶梯形（每阶以 1.5m 高度为宜，回填时逐级消除阶梯，保持梯形断面），并沿裂缝方向每隔 5～6m 做一道结合槽，结合槽垂直裂缝方向，槽宽 1.5～2.0m，并注意新老土结合，以免造成集中渗流。

2. 处理方法

（1）梯形楔入法。适用于裂缝不太深的非防渗部位，如图 3.3（a）所示。

(2) 梯形加盖法。适用于裂缝不太深的防渗斜墙和均质土坝迎水坡的裂缝，如图 3.3 (b) 所示。

(3) 梯形十字法。适用于处理坝体和坝端的横向裂缝，如图 3.3 (c) 所示。

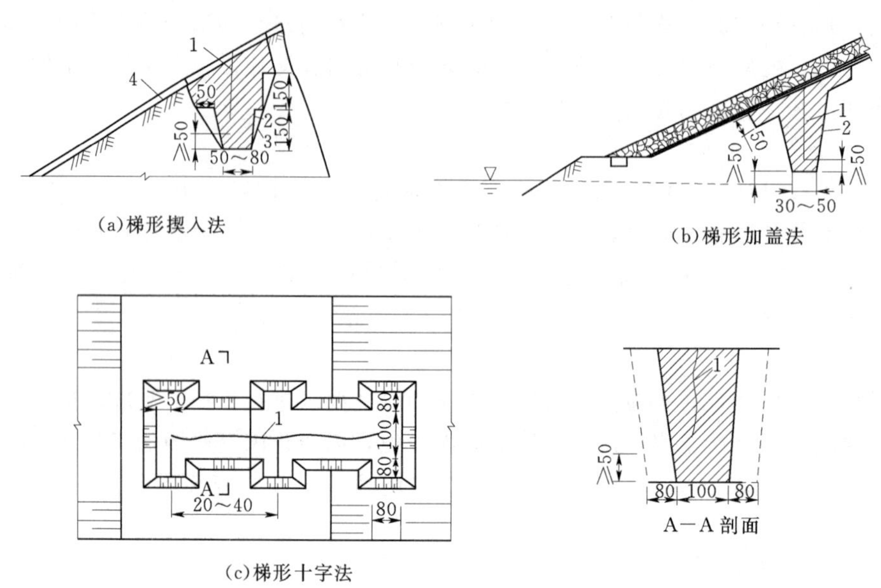

图 3.3 土石坝裂缝的开挖回填处理（单位：cm）

1—裂缝；2—开挖线；3—回填时削坡线；4—草皮护坡

3. 土料的回填

回填的土料要符合坝体土料的设计要求。对沉陷裂缝要选择塑性较大的土料，含水量大于最优含水量的 1%～2%。回填前，如果坝体土料偏干，则应将表面湿润，土体过湿或冰冻，则应清除后再进行回填，便于新老土的结合。回填时应分层夯实。土层厚度以 0.1～0.2m 为宜。要特别注意坑槽边角处的夯实质量，要求压实厚度为填土厚度的 2/3。回填后，坝顶或坝坡应覆盖 30～50cm 的砂性土保护层。

对于缝宽大于 lcm，缝深超过 2m 的纵向裂缝亦需开挖回填处理。但应注意，如缝是由于不均匀沉降引起，当坝体继续产生不均匀沉降时，应先把缝的位置记录下来，采用泥浆封口的临时措施，待沉降趋于稳定时，再开挖处理，因为这类缝在开挖回填处理中还会被破坏，故应采取必要的安全措施以防人身安全事故发生。当挖槽工作量大时，可采用打井机具沿缝挖井。小型土坝采用此方法比较切实可行，井的直径一般为 120cm，两个井圈搭接 30cm，在具体施工中应先打单数井，回填坝体：之后打双数井，分层夯实。浙江省温岭县用冲抓钻打井处理土坝裂缝就取得了成效。

3.3.4.2 灌浆法

灌浆法就是在裂缝部位用较低压力或浆液自重把浆液灌入坝体内，充填密实裂缝和孔隙，以达到加固坝体的目的。试验证明，合适的浆液对坝体中的裂缝、孔隙或洞穴均有良好的充填作用，同时在灌浆压力作用下对坝内土体有压密作用，使缝隙被压密或闭合。

灌浆的浆液应具有良好的灌入性、流动性、析水性、收缩性和稳定性，以保证良好的

灌浆效果，并使浆液灌入后能迅速析水固结，收缩性小，与坝体紧密结合，具有足够的强度，并可避免因发生沉淀而堵塞裂缝入口及输浆管路。一般可采用纯黏土浆，制浆材料宜采用粉粒含量在50%～70%的黏性土，浆液配比按水与固体的质量比为1：1～1：2。但在灌注浸润线以下部位的裂缝时宜采用黏土水泥混合浆液，浆液中水泥掺量为干料的10%～30%，以加速浆液的凝固和提高早期强度。在灌注渗透流速较大部位的裂缝时，为了能及时堵塞通道，可掺入适量的砂、木屑、玻璃纤维等材料。

灌浆孔的布置应根据裂缝的分布和深度来决定，对坝体表面裂缝，每条裂缝上均应布孔，孔位宜布置在长裂缝的两端和转弯处、裂缝密集处、缝宽突变处及裂缝交错处，并注意与导渗或观测设备之间应有不小于3.0m的距离，以防止串浆。对于坝体内部裂缝，可根据裂缝的分布范围、裂缝的大小、灌浆压力和坝体的结构等综合考虑灌浆孔的布置，一般应在坝顶上游侧布置1～2排，必要时可增加排数口孔距可根据裂缝大小和灌浆压力来决定，一般为3～6m。布孔时．孔距应由疏至密，逐渐加密。孔深应超过缝深1～2m。

灌浆压力一定要控制适当。一般情况下，应首选重力灌浆和低压灌浆。

灌浆技术发展很快，近年来已广泛应用到土质堤坝除险加固及裂缝和渗漏的处理。实践中已总结出20字的有效经验，即浆料选择“粉黏结合”，浆液浓度“先稀后浓”，孔序布置“先疏后密”，灌浆压力“有限控制”，灌浆次数“少灌多复”。

3.3.4.3 开挖回填与灌浆处理相结合

此法是在裂缝的上部采用开挖回填，裂缝的下部采用灌浆处理，一般是先开挖约2m深后立即回填。回填时预埋灌浆管，然后在回填面上进行灌浆。适用于中等深度的裂缝，或水库水位较高不宜全部开挖回填的部位，或全部采用开挖回填有困难的裂缝。

3.4 土石坝的渗漏处理

土石坝的坝体和坝基，一般都具有一定的透水性。因此，水库蓄水后在蓄水后出渗漏现象总是不可避免的。对于不引起土体渗透破坏的渗漏通常称为正常渗漏；相反，引起土体渗透破坏的渗漏称为异常渗漏。正常渗漏的特征为渗漏量较小，水质清澈，不含土颗粒；异常渗漏的特征为渗流量较大、比较集中，水质浑浊，透明度低。工程实践中需要处理的是异常渗漏，故本节只对此种情况进行介绍。

3.4.1 土石坝渗漏的种类和成因

按土石坝异常渗漏的部位可分为坝体渗漏、坝基渗漏、接触渗漏和绕坝渗漏。

3.4.1.1 坝体渗漏

水库蓄水后，水将从土石坝上游坡渗入坝体，并流向坝体下游，渗漏的逸出点均在背水坡面，其逸出现象有散浸和集中渗漏两种。

散浸出现在背水坡上，最初渗漏部位的坡面呈现湿润状态，随着土体的饱和软化，在坡面上会出现细小的水滴和水流。散浸现象特征为土湿而软，颜色变深，面积大，冒水泡，阳光照射有反光现象，有些地方青草丛生，或坝坡面的草皮比其他地方旺盛。需进一步鉴别时，可用钢筋轻易地插入该处，拔出钢筋时若带有泥浆，散浸处坝坡水温比一般雨水温度低，且散浸处的测压管水位高，这表明此处渗漏是确凿无疑的。

集中渗漏是指渗水沿渗流通道、薄弱带或贯穿性裂缝呈集中水股形式流出，对坝体的危害较大。集中渗漏既会发生在坝体中，也可能发生在坝基中。

坝体渗漏的主要原因有以下几方面。

(1) 设计考虑不周。坝体过于单薄，边坡太陡，防渗体断面不足，或下游反滤排水体设计不当，致使浸润线逸出点高于下游排水体；复式断面土坝的黏土防渗体与下游坝体之间缺乏良好的过渡层，使防渗体遭到破坏；埋于坝体的涵管，由于本身强度不够，或涵管上部荷载分布不均，涵管分缝止水不当致使涵管断裂漏水，水流通过裂缝沿管壁或坝体薄弱部位流出；对下游可能出现的洪水倒灌没有采取防护措施，致使下游滤水体被淤塞失效。

(2) 施工不按规程。土石坝在分层、分段和分期填筑时，不按设计要求和施工规范、程序去做，土层铺填太厚，碾压不实；分散填筑时，土层厚薄不一，相邻两段的接合部分出现少压和漏压的松土层；没有根据施工季节采取相应措施，在冬季施工中，对冻土层处理不彻底，把冻土块填在坝内，而雨季及晴天的土体含水量缺乏有效控制；填筑土料及排水体不按设计要求，随意取土，随意填筑，致使层间材料铺设错乱，造成上游防渗不牢，下游止水失效，使浸润线抬高，渗水从排水体上部逸出。

(3) 其他方面原因。由于白蚁、獾、蛇、鼠等动物在坝身打洞营巢，会造成坝体集中渗漏；由于地震等引起的坝体或防渗体的贯穿性横向裂缝也会造成坝体渗漏。

3.4.1.2　坝基渗漏

上游水流通过坝基的透水层，从下游坝脚或坝脚以外覆盖层的薄弱部位逸出，造成坝后管涌、流土和沼泽化。

管涌为在土体渗透水压力的作用下，土体中的细颗粒在粗颗粒孔隙中被渗水推动和带出坝体以外的现象。

流土则为土体表层所有颗粒同时被渗水顶托而移动流失的现象。流土开始时坝脚下土体隆起，出现泉眼，并进一步发展，土体隆起松动，最后整块土掀翻被抬起。管涌和流土都属于土体渗透破坏形式，在水库处于高水位时易发生。

坝基渗漏的主要原因有以下几方面：

(1) 勘测设计问题。坝址的地质勘探工作做得不够细致，地基结构没完全了解，致使设计未采取有效的防渗措施；坝前水平防渗铺盖的长度和厚度不足，垂直防渗深度未达到不透水层或未全部截断坝基渗水；黏土铺盖与强透水地基之间未铺设有效的过滤层，或铺盖以下的土体为湿陷性黄土，不均匀沉陷大，使铺盖破坏而漏水；对天然铺盖了解不够清楚，薄弱部位未作补强处理。

(2) 施工管理原因。水平铺盖或垂直防渗设施施工质量差，未达到设计要求；坝基或两岸岩基上部的风化层及破碎带未作处理，或截水槽未按要求做到新鲜基岩上；由于施工管理不善，在坝前任意挖坑取土，破坏了天然铺盖。

没有控制水库最低水位，使坝前黏土铺盖裸露暴晒而开裂，或不当的人类活动，破坏了防渗设施；对坝后减压井、排水沟缺乏必要的维修，使其失去了排水减压作用，导致下游逐渐出现沼泽化，甚至形成管涌；在坝后任意取土挖坑，缩短了渗径长度，影响地基渗透稳定。

3.4.1.3 接触渗漏

接触渗漏是指渗水从坝体、坝基、岸坡的接触面或坝体与刚性建筑物的接触面通过，在坝后相应部位逸出。

接触渗漏的主要原因有以下几方面：

(1) 坝基底部基础清理不彻底；坝与地基接触面未做结合槽或结合槽尺寸过小；截水槽下游反滤层未达到要求，施工质量差。

(2) 土石坝的两岸山坡没有很好清基，与山坡的接合面过陡，坝体与山坡接合处回填土夯压不实；坝体防渗体与山坡接触面没有作必要的防止坝体沉陷和延长渗径处理。

(3) 土石坝与混凝土建筑物接合处未做截水环、刺墙，防渗长度不够，施工回填夯压不实；坝下涵管分缝，止水不当，一旦出现不均匀沉陷，会造成涵管断裂漏水，产生集中渗流和接触冲刷。

3.4.1.4 绕坝渗漏

绕坝渗漏是指渗水通过土坝两端山体的岩石裂缝、溶洞和生物洞穴及未挖除的岸坡堆积层等，从山体下游岸坡逸出。

绕坝渗漏的主要原因有：两岸的山体岩石破碎，节理发育，或有断层通过，而又未做处理或处理不彻底，山体较单薄，且有砂砾和卵石透水层；因施工取土或其他原因破坏了岸坡的天然防渗覆盖层，两岸的山体有溶洞以及生物洞穴或植物根系腐烂后形成的孔洞等。

3.4.2 土石坝渗漏检查及分析

3.4.2.1 检查内容

检查内容主要包括坝体浸润线、渗流量和水质等。通过对上述内容的检查来分析判断是否存在异常渗漏，以便采取措施加以防护。

3.4.2.2 异常渗漏的识别方法

(1) 查看下游坝面是否有散浸现象。根据散浸特征来识别，有散浸说明浸润线抬高，逸出点高于排水设施的顶点，可能导致渗透破坏或滑坡。

(2) 查看坝身、坝基或两岸山体中是否有集中渗流。根据集中渗流特征来识别。发现后要观测渗水量的变化情况和水的浑浊程度。要注意观察库水位上升期和高水位期。

(3) 查看坝后渗水水质情况，是否带出红、黄的松软黏状铁质沉淀物，是否由清变浊，或下游坝脚后是否有地基表面翻水冒砂，这是产生管涌等渗透破坏的明显特征。

(4) 查看渗流量和测压管水位是否有异常变化。若在相同库水位时浸润线和渗流量没有变化，或渗流量有逐年减小的趋势，则属正常渗水。若渗流量随时间增大，或者是库水位达到某一高度后浸润线抬高和渗流量突然增大，或突然减少和中断，超出正常变化规律，则是异常渗水的信号，应注意检查坝体上游面在该水位附近坝体有无裂缝和孔洞、有无裂隙和断层及其他情况，并监测渗漏量的变化。

3.4.3 土石坝渗漏处理及加固措施

坝体发至渗漏后，应仔细检查观测，对资料进行分析、整理，找出渗漏原因，并根据具体情况，有针对性地采取相应的措施。处理土石坝渗漏的原则是“上堵下排”或“上截下排”。在上游采取防渗措施，堵截渗漏途径；在下游采取导渗排水措施，将坝体内的渗水导出以增加渗透稳定和坝坡稳定。

3.4.3.1　坝体渗漏处理

1. 斜墙法

斜墙法即在上游坝坡补做或加固原有防渗斜墙，堵截渗流，防止坝身渗漏。此法适用于大坝施工质量差，造成了严重管涌、管涌塌坑、斜墙被击穿、浸润线及其逸出点抬高、坝身普遍渗水等情况。具体按照所用材料的不同，分为黏土斜墙、沥青混凝土斜墙及土工膜防渗斜墙。

（1）黏土防渗斜墙。修筑黏土斜墙时，一般应放空水库，揭开护坡，铲去表土，再挖松 10～15cm，并清除坝身含水量过大的土体，然后填筑与原斜墙相同的黏土，分层夯实，使新旧土层结合良好。斜墙底部应修筑截水槽，深入坝基至相对不透水层。对黏土防渗斜墙的具体要求为：①所用土料的渗透系数应为坝身土料渗透系数的 1%以下；②斜墙顶部厚度（垂直于斜墙坡面）应不小于 0.5～1.0m，底部厚度应根据土料容许水力坡降而定，一般不得小于作用水头的 1/10，最小不得少于 2m；③斜墙上游面应铺设保护层，用砂砾或非黏性土料自坝底铺到坝顶。厚度应大于当地冰冻层深度，一般为 1.5～2.0m。下游面通常按反滤要求铺设反滤层。

如果坝身渗漏不太严重，且主要是施工质量较差引起的，则不必另做新斜墙，只需降低水位，使渗漏部分全部露出水面，将原坝上游土料翻筑夯实即可。

当水库不能放空，无法补做新斜墙时，可采用水中抛土法处理，即用船载运黏土至漏水处，从水面均匀地投下，使黏土自由沉积在上游坝坡，从而堵塞渗漏孔道，不过效果没有填筑斜墙好。

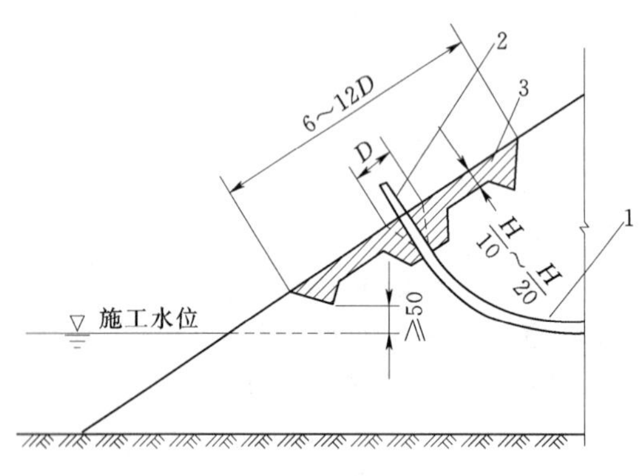

图 3.4　漏水喇叭口处理示意图（单位：cm）
D—漏水喇叭口直径；H—设计水头；1—漏水通道；
2—预埋灌浆管；3—黏土铺盖（夯实）

对于坝体上游坡形成塌坑或漏水喇叭口，而在其他坝段质量尚好的情况下，可用黏土铺盖进行局部处理，注意在漏水口处预埋灌浆管，最后采用压力灌浆充填漏水孔道，如图 3.4 所示。

（2）沥青混凝土斜墙。在缺乏合适的黏土土料，而有一定数量的合适沥青材料时，可在上游坝坡加筑沥青混凝土斜墙。沥青混凝土几乎不透水，同时能适应坝体变形，不致开裂，抗震性能好，工程量小（因其厚度约为黏土斜墙厚度的 1/40～1/20），投资省，工期短。我国在修筑沥青混凝土斜墙方面已积累了相当丰富的经验，故近年来，用沥青混凝土做斜墙处理坝身渗漏已受到广泛的重视。

（3）土工膜防渗斜墙。土工膜的基本原料是橡胶、沥青和塑料。当对土工膜有强度要求时，可将抗拉强度较高的绵纶布、尼龙布等作为加筋材料，与土工膜热压形成复合土工膜，成品土工膜的厚度一般为 0.5～3.0mm；它具有质量轻，运输量小，铺设方便的特点，而且具有柔性好，适应坝体变形，耐腐蚀，不怕鼠、獾、白蚁破坏等优点。土工膜防

渗墙与其他材料防渗斜墙相比，其施工简便，设备少，易于操作，节省造价，而且施工质量容易保证。

土工膜与坝基、岸坡、涵洞的连接以及土工膜本身的接缝处理是整体防渗效果的关键，沿迎水坡坝面与坝基、岸坡接触边线开挖梯形沟槽，然后埋入土工膜，用黏土回填；土工膜与坝内输水涵管连接，可在涵管与土坝迎水坡相接段，增加一个混凝土截水环，由于迎水坡面倾斜，可将土工膜用沥青黏在斜面上，然后回填保护层土料；土工膜本身的连接方式常有搭接、焊接、黏结等，其中焊接和黏结的防渗效果较好。

近年来，土工膜材料品种不断更新，应用领域逐渐扩大，施工工艺亦越来越先进，已从低坝向高坝发展。

2. 灌浆法

均质土石坝或心墙坝由于施工质量差，坝体渗漏严重，无法采用斜墙法或水中倒土法进行处理时，可从坝顶钻孔采用劈裂灌浆法或常规灌浆法进行处理，在坝内形成一道灌浆帷幕，阻断渗水通道。灌浆法的主要优点是水库不需要放空，可在正常运用条件下施工，工程量小，设备简单，技术要求不复杂，造价低，易于就地取材。适用于均质土石坝，或者是心墙坝中较深的裂缝处理。具体施工方法及要求可参考施工技术等课程。

如某均质坝，坝高 37m，因坝体压实质量差而造成渗漏，经研究分析，采用坝体灌浆处理：灌纯黏土浆，灌浆孔一排，孔距 2m，采用分段灌注，每段 5m。第一段灌浆压力为 70～100kPa，以后深度每增加 1m，压力提高 10kPa，但控制最高压力不超过 300kPa，灌浆期间水库最大水头为 27.5m。经过处理后渗流量减少 73%～86%，坝体浸润线也明显下降，如图 3.5 所示。

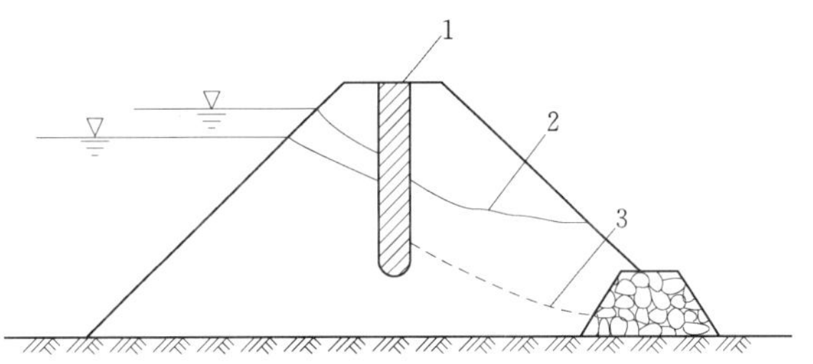

图 3.5 某土坝灌浆前后浸润线

1—灌浆帷幕；2—灌浆前实测浸润线；3—灌浆后实测浸润线

3. 防渗墙法

防渗墙法即用一定的机具，按照相应的方式造孔，然后在孔内填筑具体的防渗材料，最后在地基或坝体内形成一道防渗体，以达到防渗的目的。具体包括：混凝土防渗墙、黏土防渗墙两种。此法可在不降低库水位时施工，防渗效果比灌浆法更可靠。

4. 导渗法

上面几种均为坝身渗漏的“上堵”措施，目的是截流减渗。而导渗则为“下排”措施，主要针对已经进入坝体的渗水，通过改善和加强坝体排渗能力，使渗水在不致引起渗透破坏的条件下，安全通畅地排出坝外。按具体不同情况，可采用以下几种形式。

（1）导渗沟法。当坝体散浸不严重，不致引起坝坡失稳时，可在下游坝坡上采用导渗沟法处理。导渗沟在平面上可布置成垂直坝轴线的沟或人字形沟（一般为 45°角），也可布置成两者结合的 Y 形沟，如图 3.6 所示。3 种形式相比，渗漏不十分严重的坝体，常用 I 形导渗沟；当坝坡、岸坡散漫面积分布较广，且逸出点较高时，可采用 Y 形导渗沟；而当散浸相对较严重，且面积较大的坝坡及岸坡，则需用 W 形导渗沟。

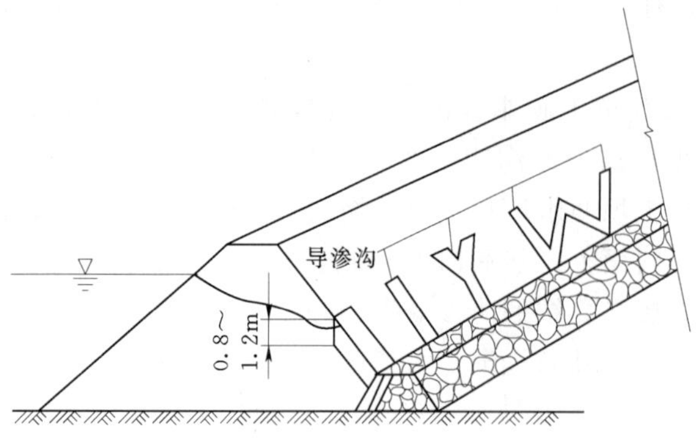

图 3.6　导渗沟平面形状示意图

几种导渗沟的具体做法和要求为：①导渗沟一般深 0.8～1.2m、宽仅 0.5～1.0m，沟内按反滤层要求填砂、卵石、碎石或片石；②导渗沟的间距可视渗漏的严重程度，以能保持坝坡干燥为准，一般为 3～10m；③严格控制滤料质量，不得含有泥土或杂质，不同粒径的滤料要严格分层填筑，其细部构造和滤料分层填筑的步骤如图 3.7 所示；④为避免坝坡崩塌，不应采用平行坝轴线的纵向或类似纵向（如 T 形）导渗沟；⑤为使坝坡保持整齐美观，免受冲刷，导渗沟可做成暗沟。

（2）导渗砂槽法。对局部浸润线逸出点较高和坝坡渗漏较严重，而坝坡又较缓，且具有褥垫式滤水设施的坝段，可用导渗砂槽处理。它具有较好的导渗性能，对降低坝体浸润线效果亦比较明显。其形状如图 3.8 所示。

（3）导渗培厚法。当坝体散浸严重，出现大面积渗漏，渗水又在排水设施以上出逸，坝身单薄，坝坡较陡，且要求在处理坝面渗水的同时增加下游坝坡稳定性时，可采用导渗培厚法。

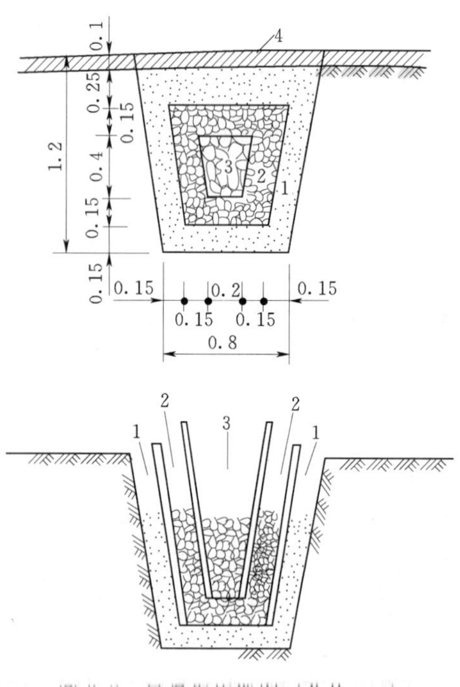

图 3.7　导渗沟构造图（单位：m）

1—砂；2—卵石或碎石；3—片石；4—护坡

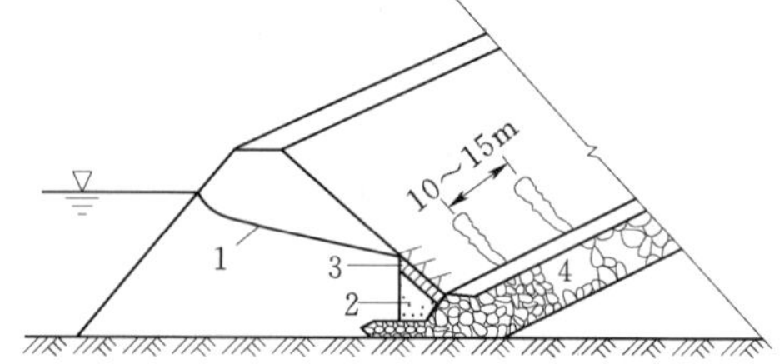

图 3.8　导渗砂槽示意图

1—浸润线；2—砂；3—回填土；4—滤水体

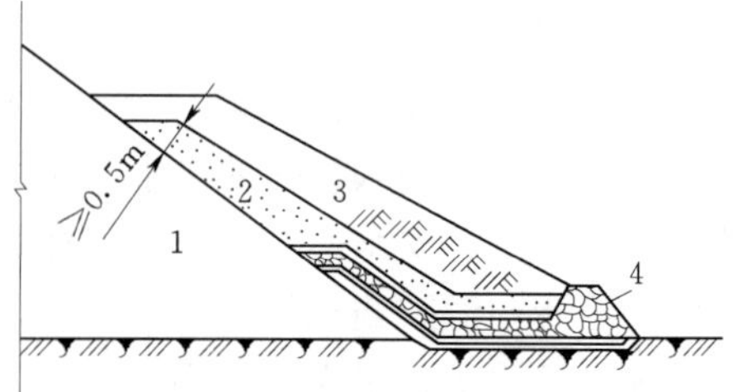

图 3.9　导渗培厚法示意图

1—原坝体；2—砂壳；3—培厚填体；4—排水棱体

导渗培厚即在下游坝坡贴一层砂壳，再培厚坝身断面，如图 3.9 所示。这样，一可导渗排水；二可增加坝坡稳定。不过，需要注意新老排水设施的连接，确保排水设备有效和畅通，达到导渗培厚的目的。

3.4.3.2 坝基渗漏处理

坝基渗漏处理的原则，仍可归纳为“上堵下排”。即在上游采取水平防渗（如黏土铺盖）和垂直防渗（如截水槽、防渗墙等）两种措施，阻止或减少渗流通过坝基：在下游用导渗措施（如排水沟、减压井等）把已经进入坝基的渗流安全排走，不致引起渗透破坏。

下面分别介绍坝基渗漏常用的防渗、导渗措施。

1. 黏土截水槽

黏土截水槽，是在透水地基中沿坝轴线方向开挖一条槽形断面的沟槽，槽内填以黏土夯实而成，是坝基防渗的可靠措施之一，如图 3.10 所示。尤其对于均质坝或斜墙坝，当不透水层埋置较浅（10～15m 以内）、坝身质量较好时，应优先考虑这一方案。不过当不透水层埋置较深，而施工时又不便放空水库时，切忌采用，因为其施工排水困难，投资增大，不经济。

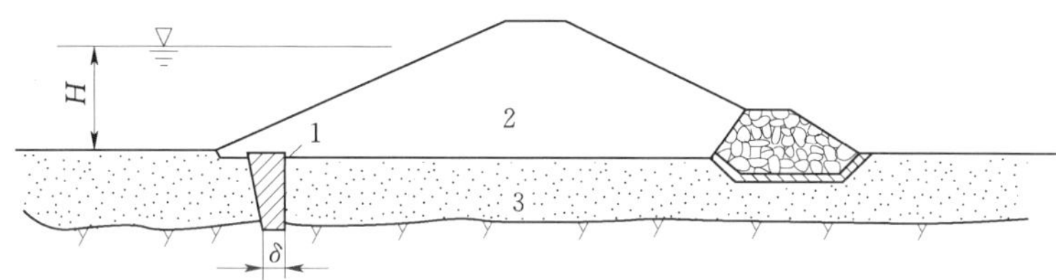

图 3.10　黏土截水槽

1—黏土截水槽；2—坝体；3—透水层

2. 混凝土防渗墙

如果覆盖层较厚，地基透水层较深，修建黏土截水槽困难大，则可考虑采用混凝土防渗墙。其优点是不必放空水库，施工速度快，节省材料，防渗效果好。

混凝土防渗墙即在透水地基中用冲击钻造孔，钻孔连续套接，孔内浇注混凝土，形成的封闭防渗的墙体。其上部应插入坝内防渗体，下部和两侧应嵌入基岩，如图 3.11 所示。

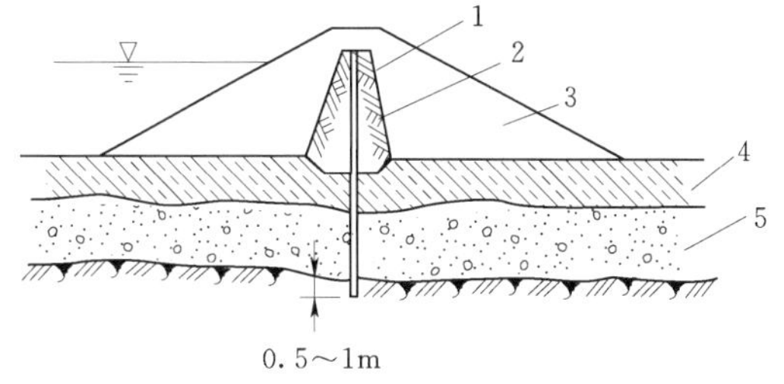

图 3.11　混凝土防渗墙的一般布置图

1—防渗墙；2—黏土心墙；3—坝壳；4—覆盖层；5—透水层

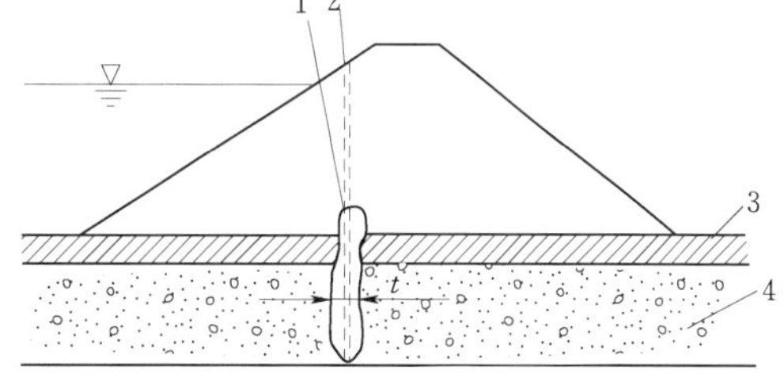

图 3.12　灌浆帷幕示意图

1—帷幕体；2—钻孔；3—覆盖层；4—透水层

3. 灌浆帷幕

所谓灌浆帷幕是在透水地基中每隔一定距离用钻机钻孔（达基岩下 2～5m），然后在钻孔中用一定压力把浆液压入坝基透水层中，使浆液填充地基土中孔隙，使之胶结成不透水的防渗帷幕。如图 3.12 所示。当坝基透水层厚度较大，修筑截水槽不经济；或透水层中有较大的漂石、孤石，修建防渗墙较困难时，可优先采用灌浆帷幕。另外当坝基中局部地方进行防渗处理时，利用灌浆帷幕亦较灵活方便。

灌注的浆液一般有黏土浆、水泥浆、水泥黏土浆、化学灌浆等。在砂砾石地基中，多采用水泥黏土浆，其水泥含量为水泥黏土总质量的 10%～30%，浆液浓度范围多为干料：水＝1：1～1：3。最优配比可具体进行试验确定。对于砂土地基，切忌盲目采用黏土浆及水泥浆（因砂的过滤作用，会析出浆料颗粒阻塞浆路）而只有当砂砾的最小粒径在 4mm 以上时，才能采用。对于中砂、细砂和粉砂层，可酌情采用化学灌浆，但其造价较高。

4. 砂浆板桩

砂浆板桩，就是用人力或机械把 20～60 号的工字钢打入坝基内，一组（7～10 根）由打桩机在前面打，一组由拔桩机在后面拔，工字钢腹板上焊一条直径 32mm 的灌浆管，在拔桩的同时开动泥浆泵，把水泥砂浆经灌浆管注入地基内，以充填工字钢拔出后所留下的孔隙。待工字钢全部拔出并灌浆后，整个坝基防渗砂浆板桩即告完成，如图 3.13 所示。

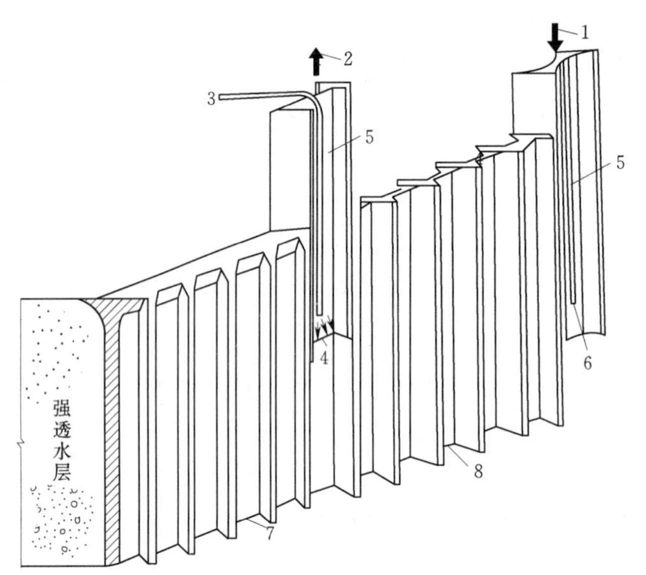

图 3.13　砂浆板桩施工示意图

1—打桩；2—拔桩；3—接泥浆泵；4—灌注砂浆板桩；5—灌浆管；6—栓塞；7—已灌注好的板桩；8—已打入的工字钢

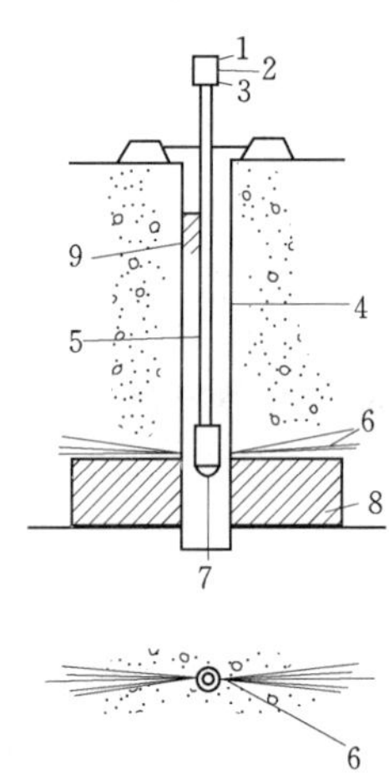

图 3.14　高压定向喷射灌浆原理示意图

1、2、3—水、气、浆管；4—钻孔；5—喷射灌浆管；6—水气射流切割缝槽；7—喷浆口；8—形成的防渗墙；9—回浆

5. 高压定向喷射灌浆

所谓高压喷射灌浆是以置入地基的灌浆管上很小的喷嘴中，喷射出高压或超高压的高速喷流体，利用喷流体的高度集中、力量强大的动能冲击和切割土体，同时导入具有固化作用的浆液与冲切下来的土体就地混合。随着喷嘴的运动和浆液的凝固，在地基中形成质地均匀、连续密实的板墙或桩柱等固结体，达到防渗和加固地基的目的，如图 3.14 所示。

6. 黏土铺盖

黏土铺盖是常用的一种水平防渗措施，是利用黏土在坝上游地基面分层碾压而成的防渗层；其作用是覆盖渗漏部位，延长渗径，减小坝基渗透坡降，保证坝基稳定，如图 3.15 所示。黏土铺盖特点是施工简单，造价低廉，易于群众性施工，但需在放空水库的情况下进行，同时，要求坝区附近有足够合乎要求的土料。另外，采用铺盖防渗虽可以防止坝基渗透变形并减少渗漏量。但却不能完全杜绝渗漏。故黏土铺盖一般在不严格要求控制渗流量、地基各向渗透性比较均匀、透水地基较深，且坝体质量尚好。采用其他防渗措施不经济的情况下采用。

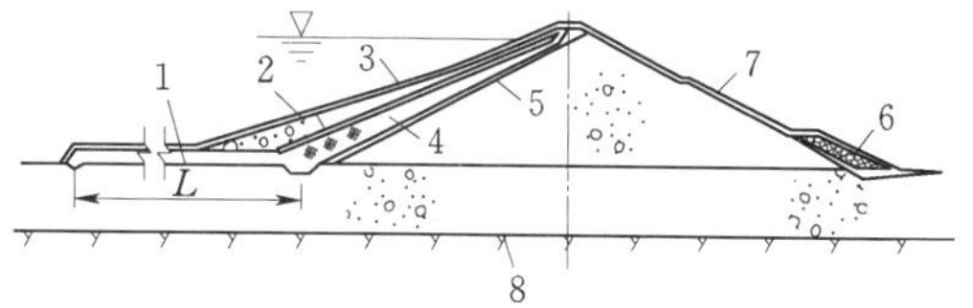

图 3.15　防渗铺盖示意图

1—防渗铺盖；2—保护层；3—护坡；4—黏土斜墙；5—反滤层；6—排水体；7—草皮护坡；8—基岩

7. 排渗沟

排渗沟是坝基下游排渗的措施之一，常设在坝下游靠近坝趾处，且平行于坝轴线，如图 3.16 所示。其目的是：一方面有计划地收集坝身和坝基的渗水，排向下游，以免下游坡脚积水；另一方面当下游有不厚的弱透水层时，尚可利用排水沟排水减压。

对一般均质透水层沟只需深入坝基 1～1.5m；对双层结构地基，且表层弱透水层不太厚时，应挖穿弱透水层，沟内按反滤材料设保护层；当弱透水层较厚时，不宜考虑其导渗减压作用。

在只起排渗作用时，排渗沟的断面，据渗流量确定；若兼起排水减压作用时，应做专门计算。

为了方便检查，排渗沟一般布置成明沟；但有时为防止地表水流入沟内造成淤塞，亦可做成暗沟，但工程量较大。

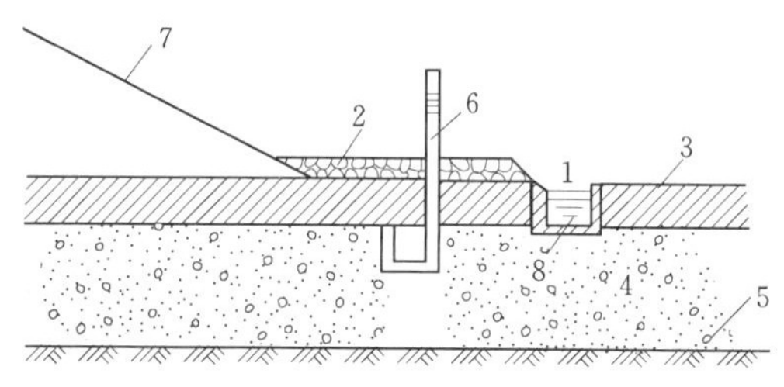

图 3.16　排渗沟示意图

1—排渗沟；2—透水盖重；3—弱透水层；4—透水层；5—不透水层；6—测压管；7—下游坝坡；8—反滤层

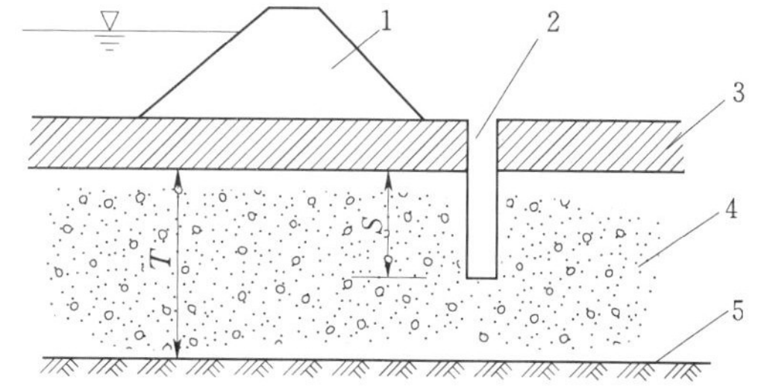

图 3.17　减压井位置示意图

1—坝体；2—减压井；3—弱透水层；4—强透水层；5—不透水层

8. 减压井

减压井是利用造孔机具，在坝址下游坝基内，沿纵向每隔一定距离造孔，并使孔穿过弱透水层，深入强透水层一定深度而形成，如图 3.17 所示。

减压井的结构是在钻孔内下入井管（包括导管、花管、沉淀管），管下端周围填以反滤料，上端接横向排水管与排水沟相连，如图 3.18 所示。这样可把地基深层的承压水导出地面，以降低浸润线，防止坝基渗透变形，避免下游地区沼泽化。当坝基弱透水层覆盖较厚，开挖排水沟不经济，而且施工也较困难时，可采用减压井。减压井是保证覆盖层较厚的砂砾石地基渗流稳定的重要措施。

减压井虽然有良好的排渗降压效果，但施工复杂，管理、养护要求高，并随时间的推移，容易出现淤堵失效的现象，所以，一般仅适用于下列情况。

(1) 上游铺盖长度不够或天然铺盖遭破坏，渗透逸出坡降升高，同时坝基为复式透水地基，用一般导渗措施不易施工，或其他措施处理无效。

(2) 不能放空水库，采用“上堵”措施有困难，且在运用上允许在安全控制地基渗流条件下，损失部分水量。

(3) 原有减压井群中部分失效，或减压井间距过大，致使渗透压力亦过大，需要插补。

(4) 在施工、管理运用和技术经济方面，都比其他措施优越。

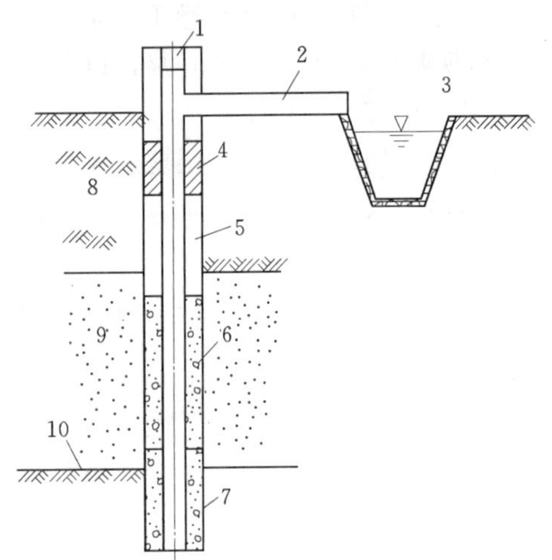

图 3.18　减压井结构示意图

1—井帽；2—出水管；3—排水沟；4—黏土或混凝土封闭；5—导管；6—有孔花管；7—沉淀管；8—弱透水层；9—透水层；10—不透水层

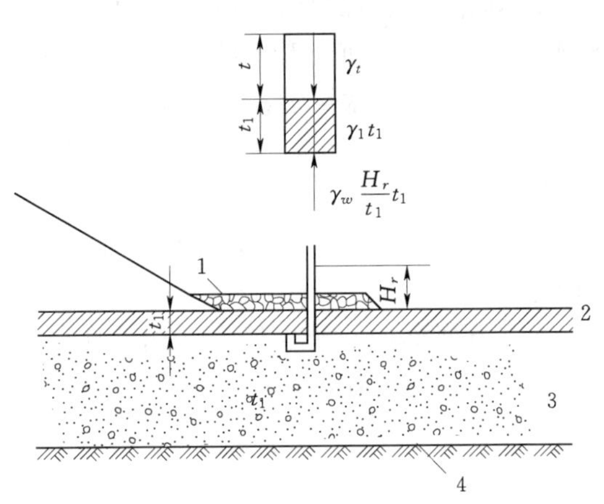

图 3.19　透水盖重示意图

1—透水盖重；2—弱透水层；3—透水层；4—不透水层

9. 透水盖重

透水盖重是在坝体下游渗流出逸地段的适当范围内，先铺设反滤料垫层，然后填以石料或土料盖重，它既能使覆盖层土体中的渗水导出又能给覆盖层土体一定的压重，抵抗渗压水头，故又称之压渗，如图 3.19 所示。

常见的压渗型式有以下两种。

(1) 石料压渗台。主要适用于石料较多的地区、压渗面积不大和局部的临时紧急救护，如图 3.20 (a) 所示。如果坝后有夹带泥沙的水流倒灌，则压渗台上面需用水泥砂浆勾缝。

(2) 土料压渗台。适用于缺乏石料、压渗面积较大、要求单位面积压渗质量较大的情

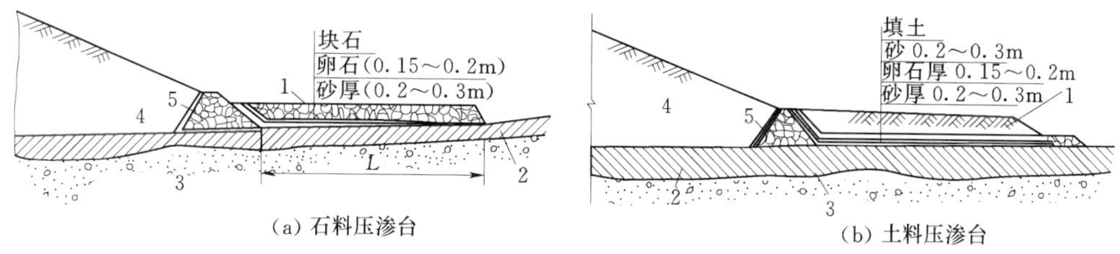

(a) 石料压渗台　　(b) 土料压渗台

图 3.20　压渗台示意图

1—压渗台；2—覆盖层；3—透水层；4—坝体；5—滤水体

况，需注意在滤料垫层中每隔 3～5m 加设一道垂直于坝轴线的排水管，以保证原坝脚滤水体排出通畅，如图 3.20（b）所示。

透水盖重简单易行，是处理坝基渗漏中较常采用的一种下排措施，主要适用于坝基不透水层较薄、渗漏严重、有冒水翻砂现象，或坝后长期渗漏积水、大面积沼泽化，甚至发生管涌和流土破坏的情况。

10. 垂直铺塑防渗

垂直铺塑技术是运用专门开沟造槽的机械，开出一定宽度和深度的沟槽，在沟槽内垂查铺设土工膜，再用土回填沟槽，形成以土工膜为主体的垂直防渗墙。

此技术是由山东省水科院开发的，已成功应用于基础渗漏处理。例如，山东省东营市重河水库和新疆大海子水库坝基防渗，还有江苏省骆马湖大堤的堤基防渗。

土工膜具有良好的隔水性和适应变形的能力，垂直铺膜不受紫外线和人畜的破坏，使用寿命长。目前开挖的槽宽可做到仅 20cm，深度达 12m。但在砂基中开槽，槽壁容易塌落，对铺膜来说槽宽仍偏大，深度偏小，有待于进一步改进。

3.4.3.3　绕坝渗漏处理

绕坝渗漏的处理原则仍为“上堵下排”。具体处理时应首先观测渗漏现象，查清渗漏部位，分析渗漏原因，研究渗漏与库水位及降雨量的关系；了解水文地质条件，调查施工接头处理措施和质量控制等方面的情况，然后对症下药，以堵为主，结合下排，一般采取的具体措施如下。

(1) 截水墙。对于心墙坝，当岸坡存在强透水层引起绕坝渗漏时，可在坝端开挖深槽切断强透水层，回填黏土形成黏土截水墙，或做混凝土防渗齿墙，防止绕坝渗漏，如图 3.21 所示。这种方法比较可靠，但要注意，截水墙必须和坝身心墙连接。

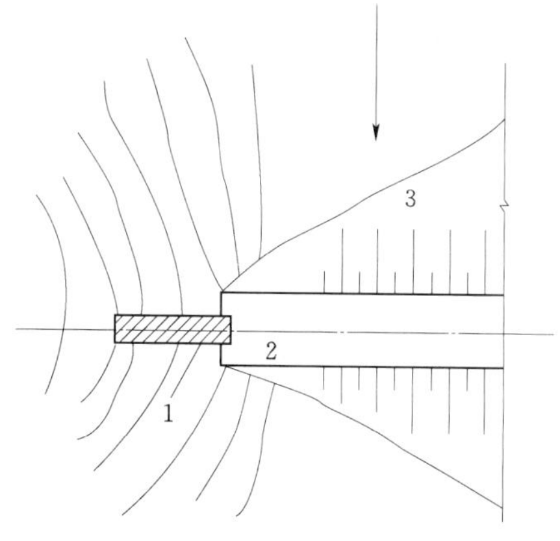

图 3.21　坝端截水墙示意图

1—坝端截水墙；2—坝顶；3—上游坝坡

(2) 防渗斜墙。对于均质坝和斜墙坝，当坝端岸坡岩石异常破碎造成大面积渗漏时，而岸坡地形平缓，且有大量黏土可供使用，则可沿岸坡做黏土防渗斜墙防止绕坝渗漏。具体要求斜墙下端做截水槽嵌入不透水层，若开挖工程量大无法达到不透水层，亦可做铺盖与斜墙连接。如水库放空困难，水下部分也可采用水中抛土或浑水放淤的办法处理。另外，在斜墙顶上应沿山腰开挖排水沟，把雨水截住，以免冲刷斜墙。

(3) 黏土铺盖。即在坝肩上游的岸坡上用黏土进行铺盖以延长渗径，防止绕渗的措施。具体适用于坝肩岩石节理裂隙细小、风化较微，且山坡单薄透水性大的情况。而对于较陡的山坡，在水位变化较少的部位，可采用砂浆抹面；在水位变化较频繁的部位，或者裂缝较大的地段，可用混凝土、钢筋混凝土或浆砌石材料，结合护坡，在渗漏岩层段的上游面作衬砌防渗。

(4) 灌浆帷幕。当坝端岩石裂隙发育、绕渗严重时，可采用灌浆帷幕进行绕渗处理，具体方法与坝基的灌浆帷幕处理相同。注意坝肩两岸的灌浆帷幕应与坝基的灌浆帷幕形成一道完整的防渗帷幕。

(5) 堵塞回填。对于动物洞穴和根茎腐烂的孔洞所引起的绕渗，开挖后可以将洞穴回填黏土并夯实，或向洞穴灌注水泥砂浆或用混凝土堵塞洞穴。

(6) 下游导渗排水。即在下游岸坡绕渗出逸处，铺设排水反滤层，保护土料不致流失，防止渗透破坏。当下游岸坡岩石渗流较小，可沿渗水坡面以及下游坝坡与山坡接触处铺设反滤层，导出渗水，当下游岸坡岩石地下水位较高、渗水严重时，可沿岸边山坡或坡脚处打基岩排水孔，引出渗水；当下游岸坡岩石裂隙发育密集，可在坝脚山坡岩石中打排水平洞，切穿裂缝，集中排出渗水。

3.4.3.4　岩溶地区的渗漏处理

在岩溶发育地区筑坝，易造成严重渗漏。渗漏会带走溶洞或裂隙中的充填物，使渗漏进一步发展，库水大量流失，危及坝体和坝基安全。岩溶的处理措施包括地表处理和地下处理两种，地表处理主要有黏土或混凝土铺盖、喷水泥砂浆或混凝土等措施，地下处理主要有开挖回填、堵塞溶洞及灌浆等措施。

3.5　土石坝的滑坡处理

土石坝坝坡局部（有时附带部分地基）失去稳定，发生滑动，上部坍塌，下部隆起外移，这种现象称为滑坡。土坝滑坡，有的是突然发生的，有的是先出现裂缝然后产生的，如能及时发现，并积极采取适当的处理措施，其危害性往往可以减轻，否则，就可能造成重大损失。

3.5.1　土石坝滑坡的类型

土石坝滑坡按其性质可分为剪切性滑坡、塑流性滑坡和液化性滑坡三种，如图3.22所示。

1. 剪切性滑坡

剪切性滑坡多发生在坝基和坝体除高塑性以外的黏性土中。主要原因是坝坡坡度太陡，填土压密程度较差，渗透水压力较大造成的，当坝受到较大的外荷作用使滑动体上的滑动力矩超过阻滑力矩时，在坝坡或坝顶开始出现一条平行于坝轴线的裂缝，随后裂缝不断延长和加宽，两端逐渐弯曲延伸（在上游坡时曲向上游，在下游坡时曲向下游）。与此同时，滑坡体下部出现带状或椭圆形隆起，末端向坝趾方向滑动，先慢后快，直至滑动力矩与阻滑力矩达到平衡时滑动终止。目前土石坝中出现的滑坡绝大多数属于这一类型，如

图 3.22（a）所示。

2. 塑流性滑坡

塑流性滑坡主要发生在含水量较大的高塑性黏土填筑的坝体。高塑性黏土在一定的荷载作用下会产生蠕动或塑性流动，在土的剪应力低于土的抗剪强度情况下，剪应变仍不断增加，使坝坡出现连续位移和变形，其过程为缓慢的塑性流动，这种现象称为塑流性滑坡。这种滑坡的滑动体上部通常不出现明显的纵缝，而是坡面上的位移量连续增加，滑动体下部也可能有隆起现象，如图 3.22（b）所示。

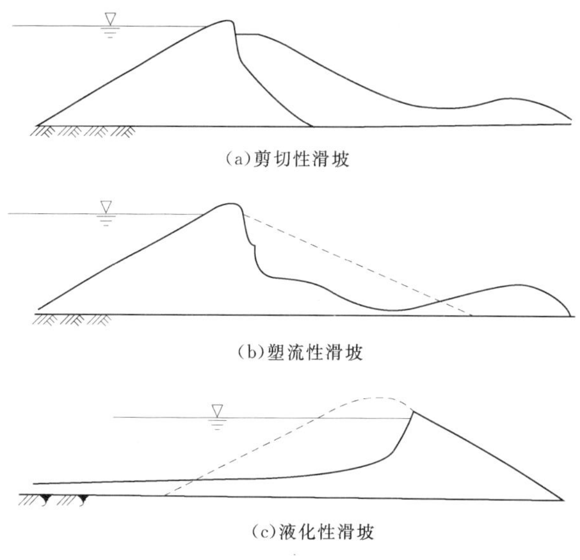

图 3.22 土石坝滑坡类型

3. 液化性滑坡

液化性滑坡多发生在坝体或坝基土层为均匀的中细砂或粉砂的情况下。当水库蓄水后坝体在饱和状态下突然受到震动（如地震、爆破及机械振动等）时，砂的体积急剧收缩，坝体水分无法析出，使砂粒处于悬浮状态，从而使坝体向坝趾方向急剧流泻，其过程类似流体向地势低的地方流散，故称为液化性滑坡，如图 3.22（c）所示。这类滑坡时间很短促，顷刻之间坝体液化流散，很难观测、预报及抢护。

由于滑坡裂缝与前述的沉陷裂缝在处理方法及程序上有别，因此须严加区别，以便正确处理，一般可按表 3.2 加以鉴别。

表 3.2　沉陷纵向裂缝和滑坡裂缝区别

裂缝型式 / 内容	沉陷纵向裂缝	滑坡裂缝
外形	直线或接近直线，垂直向下延伸	两端弯曲、中间近似为直线的弧形曲线
裂缝宽度	缝宽度小，几毫米到几十毫米，错距小于 30cm	缝宽可达 1m 以上，错距可达数米
发展时间	裂缝随土体固结逐渐减缓	开始发展缓慢，当滑体失稳后突然加快
发展结果	随时间加长，缝宽缝深不断加大	滑体脱离原位，滑动力（距）与阻滑力（距）平衡，滑体静止
缝口特征	缝口少见有擦痕	缝口可见擦痕及错距，缝口可见稀泥
处理方法	开挖回填或灌浆处理	先堆石固脚，止滑后再进行处理

3.5.2 土石坝滑坡的原因

土石坝滑坡的原因是多方面的，主要与下列因素有关。

1. 筑坝的土料组成

不同的土料其力学指标（主要指内摩擦角和黏聚力）不同，其阻止滑动体滑动的抗滑力也就不相同。另外，不同的土料其颗粒组成不同，其碾压密实度也不尽相同，因而土的抗剪强度也不相同，抗剪强度低的上层可能会引起滑坡。

2. 土石坝的结构形式

土石坝的结构形式是指土坝上下游坝坡、防渗体与排水设施的布置等，如坝坡太陡，势必造成滑动面上的滑动力（矩）大于抗滑力（矩），而防渗体或排水设施布置不当或失效，会引起坝体浸润线过高，下游坝坡大面积渗水，造成渗透压力过大。增大滑动力（矩），导致土石坝滑坡。

3. 土石坝的施工质量

在土石坝施工中，由于铺土太厚，碾压不实或土料含水量不符合要求，使碾压后的坝体干容重达不到设计标准，会使填筑土体的抗剪强度不能满足稳定要求；在冬季施工时，没有采取适当措施，形成冻土层，或者将冻土带进坝体，在解冻后或蓄水后，库水入渗形成软弱夹层；合龙段的边坡及两岸与土坝连接段的岸坡太陡，以及土埂加高培厚的新旧坝体之间结合处理不好等都可能引起滑坡。

4. 管理因素

在水库运行管理中，水库的库水位降落速度太快，土体孔隙中的水不能及时排出，形成较大的渗透压力。在坝坡稳定分析时，水位以下的上游坝壳土体按浮容重计算滑动力。当水位骤降后，将会使水位降落区的土体由浮容量变为饱和容重，因此，滑动力增大可能使上游坝坡发生滑动。

坝后排水设施堵塞或失效，造成坝体浸润线抬高，会引起下游坝坡滑坡。

5. 其他因素

持续的降雨使坝坡土体饱和，风浪淘刷使护坡破坏，地震及不当人为因素等均会影响土坝稳定。

3.5.3　土石坝滑坡的预防与处理

3.5.3.1　滑坡的预防

预防滑坡主要方法是保证土石坝有合理的断面和良好的质量。对于已建成的水库，要认真执行管理运用制度，避免运用不当而造成滑坡。

对土石坝稳定有怀疑时，应进行稳定校核。如发现土石坝在高水位或其他不利情况（如地震等）下有可能滑坡时，则应及早采取预防措施。一般可采取在坝脚压重或放缓边坡，或采取防渗、导渗措施以降低浸润线和坝基渗透压力。在特殊情况下，可采取有针对性的专门措施，或将土石坝局部翻修改建。

此外，当土石坝加高时，一般应在培厚的基础上加高，如图 3.23 所示。只有通过稳定分析，认为确无问题时，才能直接加高坝顶。

3.5.3.2　滑坡的抢护

当发现滑坡征兆后，应根据情况进行判断。滑坡抢护的基本原则是：上部减载，下部压重，即在主裂缝部位进行削坡，而在坝脚部位进行压坡。具体的抢护措施应根据滑动情况、出现的部位、发生的原因等因素而定。

（1）迎水坡由于库水位骤降而引起滑坡。

1）有条件的应立即停止水库泄水。

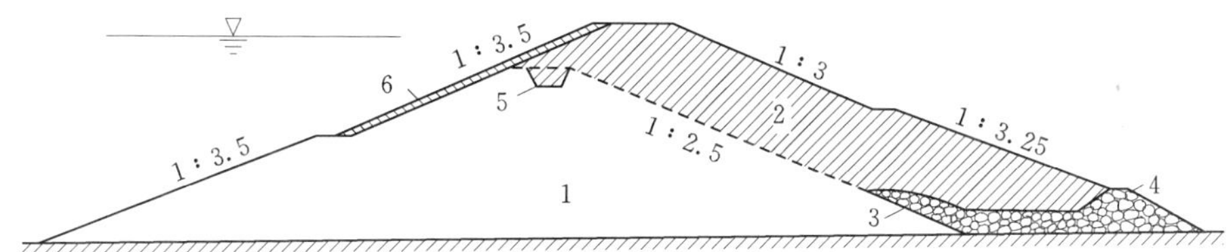

图 3.23 土石坝加高示意图

1—原有坝体；2—培厚加高坝体；3—原有滤水体；4—延水及新建滤水体；5—结合槽；6—块石护坡

2）在保证土石坝有足够的挡水断面的前提下，将主裂缝部位进行削坡。

3）在滑动体坡脚部分抛砂石料或砂袋等，作临时压重固脚。

（2）背水坡由于渗漏而引起滑坡。

1）尽可能降低库水位，但应控制水位降落速度，以免水位骤降而影响上游坡的安全。

2）沿滑动体和附近的坡面上开沟导渗，使渗透水能够很快排出。

3）若滑动裂缝达到坝脚，应该首先采取压重固脚的措施。如坡脚有渊潭和水塘，应先抛砂石将其填平，然后在滑动体下半部用砂石料压脚。

4）对迎水坡进行防渗处理。

3.5.3.3 滑坡的处理

当滑坡稳定后，应根据情况，研究分析，进行彻底的处理，其措施有以下几种。

（1）开挖回填。松动了的土体已形成贯穿裂缝面，如不处理就不可能恢复到未滑动前的紧密结合状，因此，应尽可能将滑动体全部开挖，再用原开挖土或与坝体相同的土料分层回填夯实。如滑动体方量很大，全部开挖确有困难，可以将松土部分挖掉，然后回填夯实。对松土开挖，可先将裂缝两侧松土挖掉，开挖至缝底以下 0.5m，其边坡不陡于 1：1，挖坑两端的边坡不陡于 1：3，并做好结合槽，以利于防渗。回填土应分层填土夯实。开挖回填前，应洒水湿润，将表层刨毛或耙松，再填土夯实，以利结合。对地基淤泥层（或其他高压缩性土层）尚未清除或清除不彻底而引起的滑坡，应在坝趾处挖穿淤层，回填透水料（背水坡脚），做成固脚齿槽，同时采取压重固脚的措施，如图 3.24 所示。

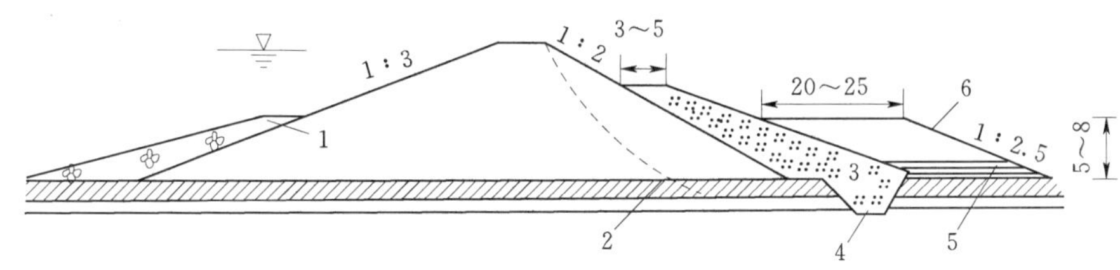

图 3.24 淤泥地基滑坡综合处理示意图（单位：m）

1—上游抛石固脚；2—淤泥；3—透水料；4—固脚齿槽；5—双向反滤层；6—固压台

（2）放缓坝坡。对设计坝坡陡于土体的稳定边坡所引起的滑坡，在处理时．应考虑放缓坝坡，并将原有排水体接到新坝趾。如滑坡时浸润线逸出坡面．则新旧土体之间应设置反滤排水层。放缓坝坡必须通过稳定计算，在没有试验资料确定计算指标时，也可参照滑坡后的稳定边坡来确定放缓的坝坡，如图 3.25 所示。

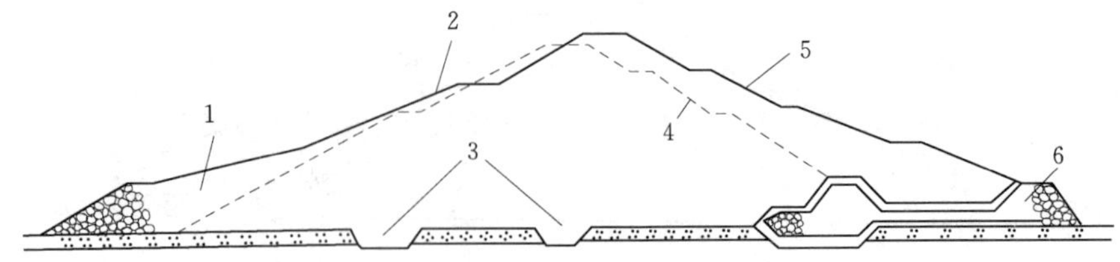

图 3.25　水库滑坡处理示意图

1—砌石压脚；2—放缓坝坡；3—原截水槽；4—原坝坡；5—处理后坝坡；6—新做排水体

（3）压重固脚。严重滑坡时，滑坡体底部往往滑出坝趾以外，在这种情况下就需要在滑坡段下部采用压重固脚的措施，以增加抗滑力。一般采用固压台，如同时起排水作用时，也有称为压浸台。压重固脚的材料最好用砂石料。在砂石料缺乏的地区，也可用风化土料，但应夯压到设计要求的密实度。有排水要求的，要同时考虑排水体的设施。固压台的尺寸，应根据使用材料和压实程度，通过试验和计算确定。对于中小型水库，当坝高小于 30m 时，压坡体高度一般可采用滑坡体高度的 1/2～2/3。固压台如用石料，其厚度一般为 3～5m（或 1/3 压坡体高度）；如用土料，其厚度应比石料大 0.5～1.0 倍。其压坡体的坡度，可放缓至 1∶4。

（4）加强防渗。在水库蓄水后产生滑坡时，一般都需解决防渗问题。如原来坝体没有防渗斜墙，在高水头作用下，产生渗透破坏，引起背水坡滑坡，或者由于水位骤降引起迎水坡滑坡，使防渗斜墙受到破坏，均应根据具体情况降低库水位或放空水库，彻底修复防渗斜墙。对由于浸润线过高而逸出坡面或者由于大面积散浸引起的滑坡，除结合下游导渗设施外，还应考虑加强防渗，如进行坝身灌浆、加强防渗斜墙等。

（5）排水处理。对于由于渗漏引起的背水坡滑坡，当采用压重固脚时，新旧土体以及新土体与地基间的接合面应设置反滤排水层并与原排水体相连接。对由于排水体堵塞而引起的滑坡，在处理时应重新翻修原排水体，使其恢复作用。对因减压井堵塞引起地基渗流破坏而造成的滑坡，应对减压井进行维修，恢复其效能。

（6）综合措施。确定安全合理的剖面结构，选择能适应各种工作条件的稳定坝坡和采取完善可靠的防渗、排水措施，使在不同运用条件下土体内孔隙水压力减小，这是防止和处理滑坡的有效方法。如有些水库会出现水位骤降，则应在上游设置排水，使水位下降时孔隙水压力由平行于坝坡方向变成垂直于坝基方向，以增加上游坡的稳定性，如图 3.26 所示。

3.5.3.4　滑坡处理中应注意的几个问题

（1）造成滑坡的原因不同，采取的处理措施也有所区别，但任何一种滑坡，都需要采取综合性的处理措施，如开挖回填、放缓坝坡、压重固脚和防渗排水等，而非单一方法所能解决。在处理时，一定要严格掌握施工质量，确保工程安全。

（2）在滑坡处理中，特别是在抢护工程中，一定要在确保人身安全的情况下进行工作。

（3）对滑坡性的裂缝，原则上不应采取灌浆方法处理，因为浆液中的水分将降低滑坡体与坝体之间的抗剪强度，对滑坡稳定不利，而且灌浆压力也会加速滑坡体下滑。如必须

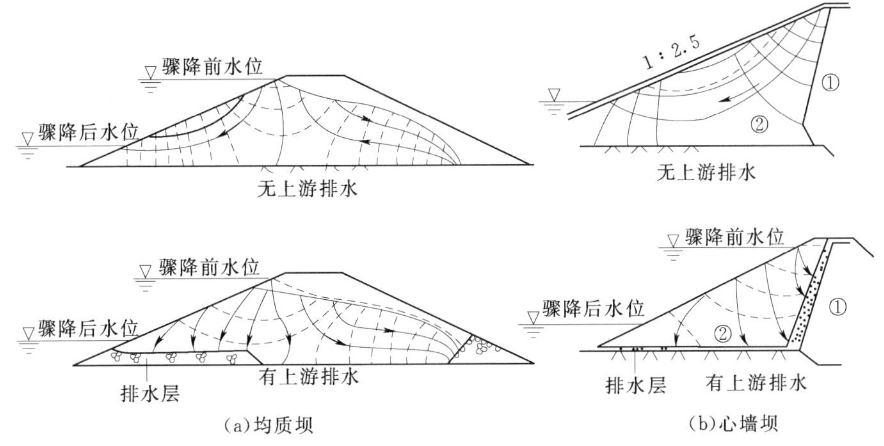

图 3.26 库水位下降时坝体内流网图

①—不透水料；②—中等不透水料

采用时，一定要有充分论证，确保坝体的稳定。

(4) 滑坡体上部与下部的开挖与回填，应该符合"上部减载"与"下部压重"的原则。开挖部位的回填，要在做好压重固脚以后进行。其下部开挖，要分段进行，切忌全面同时开挖，以免引起再次滑坡。

(5) 不宜采用打桩固脚的方法处理滑坡，因为桩的阻滑作用很小，不能抵挡滑坡体的推力，而且打桩振动反而会助长滑坡的发展。

3.6 土石坝护坡的修理

我国已建土石坝护坡的形式，多数的迎水坡为干砌块石护坡，背水坡为草皮或干砌石护坡。少数土石坝迎水坡有用浆砌块石、混凝土预制板、沥青渣油混凝土和抛石等形式护坡。

3.6.1 土石坝护坡破坏的类型及原因

常见护坡破坏的类型有：脱落破坏、塌陷破坏、崩塌破坏、滑动破坏、挤压破坏、鼓胀破坏、溶蚀破坏等。

护坡的破坏原因是多方面的，观察和归纳后主要有以下几个方面的原因。

(1) 由于护坡块石设计标准偏低或施工用料选择不严，块石质量不够，粒径小，厚度薄。有的选用石料风化严重。在风浪的冲击下，护坡产生脱落，垫层被淘刷，上部护坡因失去支撑而产生崩塌和滑移，如图 3.27 所示。

(2) 护坡的底端和护坡的转折处未设基脚，结构不合理或深度不够，在风浪作用下基脚被淘刷，护坡会失去支撑而产生滑移破坏，如图 3.28 所示。

(3) 砌筑质量差。砌筑块石时，块石上下竖向缝口没有错开，出现通缝，这样砌筑就失去了块石互相连锁的作用。块石砌筑的缝隙较大，底部架空，搭接不牢。受到风浪淘刷，块石极易松动脱出，遭到破坏。

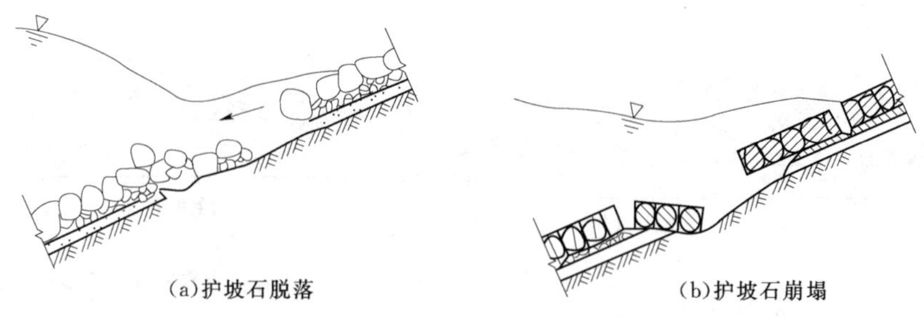

图 3.27　护坡在风浪作用下的破坏形式

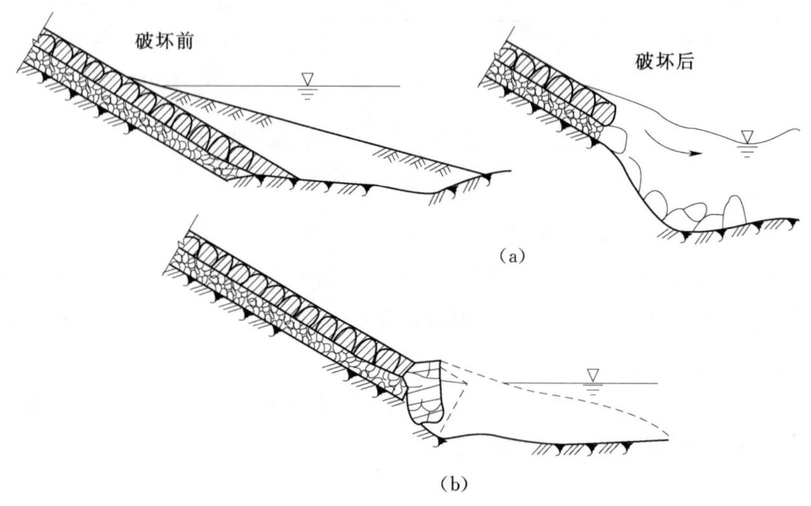

图 3.28　护坡基脚淘刷破坏图

(4) 没有垫层或垫层级配不好。护坡垫层材料选择不严格，未按反滤原则设计施工。级配不好，层间系数大（ D50/d50>10），起不到反滤作用。在风浪作用下，细粒在层间流失，护坡被淘空，引起护坡破坏。

(5) 在严寒地区，冻胀使护坡拱起，冻土融化，坝土松软，使护坡架空；水库表面冰盖与护坡冻结在一起，冰温升降对护坡产生推拉力，使护坡破坏。

(6) 在土石坝运用中，水位骤降和遭遇地震，均易造成护坡滑坡的险情。

3.6.2　土石坝护坡的检查

土石坝护坡的检查项目主要包括以下几个方面。

(1) 靠近护坡处的水质是否变浑，护坡下面的垫层是否流失，垫层下面的土体是否松软、滑动和淘刷。

(2) 坝面排水沟是否畅通，坝坡表面雨水有无集中流动冲刷，排水沟有无冲刷破坏，雨水能否从排水沟排出。

(3) 护坡表面是否风化剥落、松动、裂缝、隆起、塌陷、架空和冲走，有无杂草、灌木丛、雨淋沟、空隙、兽洞或蚁穴。

3.6.3　土石坝护坡的抢护和修理

土石坝护坡的抢护和修理分为临时紧急抢护和永久加固修理两类。

3.6.3.1 临时紧急抢护

当护坡受到风浪或冰凌破坏时，为了防止险情继续恶化，破坏区不断扩大，应该采取临时紧急抢护措施。临时抢护措施通常有砂袋压盖、抛石和铅丝石笼抢护等几种。

(1) 砂袋压盖。适用于风浪不大，护坡局部松动脱落，垫层尚未被淘刷的情况，此时可在破坏部位用砂袋压盖两层，压盖范围应超出破坏区 0.5～1.0m 范围。

(2) 抛石抢护。适用于风浪较大，护坡已冲掉和坍塌的情况，这时应先抛填 0.3～0.5m 厚的卵石或碎石垫层，然后抛石，石块大小应足以抵抗风浪的冲击和淘刷。

(3) 铅丝石笼抢护。适用于风浪很大，护坡破坏严重的情况。装好的石笼用设备或人力移至破坏部位，石笼间用铅丝扎牢，并填以石块，以增强其整体性和抵抗风浪的能力。

3.6.3.2 永久加固修理

永久加固修理的方法通常有局部翻砌，框格加固，砾石混凝土，砂浆灌注，全面浆砌块石，或混凝土护坡。

(1) 局部翻砌。这种方法适用于原有设计比较合理，只是由于土石坝施工质量差，护坡产生不均匀沉陷，或由于风浪冲击，局部遭到破坏，可按原设计恢复的情况。在翻砌前，先按坝原断面填筑土料和滤水料的垫层，再进行块石砌筑。要求做到：①在砌筑块石时，须预先试行安放，以测试块石应锤击修凿的部位。修凿的程度，要求达到接缝紧密，块石间能有较大的缝隙，一般称“三角缝”。②块石应立砌，其间互相锁定牢固，不应平砌或块石大面向上，底部架空。③砌筑的竖向缝必须错开，不应有直缝。④砌石缝的底部如有较大空隙，应用碎石填满塞紧，要做到底实上紧，避免垫层砂砾料由石缝被风浪吸出，造成护坡塌陷破坏。⑤防止护坡因块石松动，淘刷垫层，而使整体护坡向下滑动。为此，有的在迎水坡上顺轴线方向设置浆砌石齿墙的阻滑设施，如图 3.29 所示。实践证明，采取了这一措施，效果显著。

(2) 浆砌石（或混凝土）框格。由于河、库面较宽，风程较大，或因严寒地区结冰的推力，护坡大面积破坏，需全部进行翻砌，仍解决不了浪击冰推破坏时，可利用原护坡较小的块石浆砌框格，起到固架作用，中间再砌较大块石。框格型式可筑成正方形或菱形。框格大小，视风浪和冰情而定。如风浪淘刷或冰凌撞击破坏较严重，可将框格网缩小，或将框格带适当加宽。反之，可以将框格放大，以减少工程量和水泥的消耗。在采用框格网加固护坡时，为避免框格带受坝体不均匀沉陷裂缝，应留伸缩缝。在严寒地区，框格带的深度应大于当地最大冻层的厚度，以免土体冻胀，框格带产生裂缝，破坏框架作用。河南省某水库，曾采用正方形浆砌块石框格加固护坡。浆砌石带框格宽 1m，框格内干砌块石长宽各 2m。经过两次 6～7 级风浪淘刷，均未破坏，如图 3.30 所示。

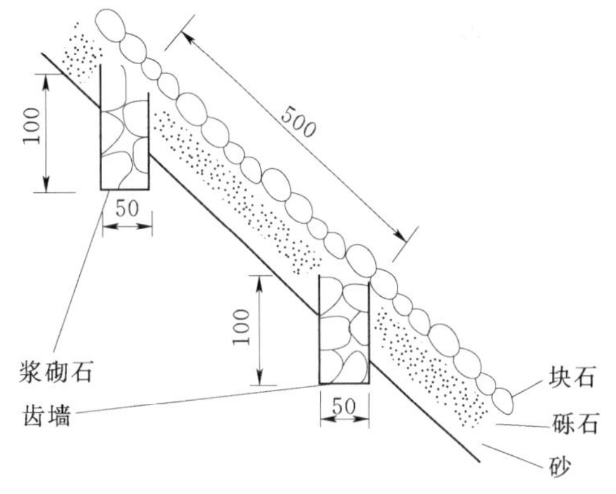

图 3.29 浆砌石齿墙护坡示意图（单位：cm）

(3) 砾石混凝土或砂浆灌注。在原有护坡的块石缝隙内灌注砾石混凝土或砂浆，将块石胶结起来，连成整体，可以增强抗风浪和冰推的能力，减免对护坡的破坏。当前，有的护坡垫层厚度和级配符合要求，但块石普遍偏小；有的护坡块石大小符合要求，但垫层厚度和级配不合规定，经常遭遇风浪或冰冻，破坏了护坡。如更换块石或垫层，工程量都很大，采用上述浆砌框格加固，又不能避免破坏，可考虑采用这种措施加固护坡。一般处理范围，可在水位变化的区域内进行，通过实践，效果较好。具体的方法，先将坡面的脏物、杂草等清除干净，用水冲洗石缝，保证块石与混凝土或水泥浆结合牢固。在初凝前，将灌注的缝隙表面用水泥砂浆勾成平缝。为了排除护坡内渗水，一般在一定的面积内应留细缝或小孔作为渗水排除通道。灌缝混凝土应选用适合石缝大小的砾石作骨料，混凝土标号不宜过高，以节约水泥。如遇石缝较小，可改用砂浆灌入，一般使用 M8 的砂浆，水灰比为 0.6，水泥与砂料比为 1∶4，如图 3.31 所示。

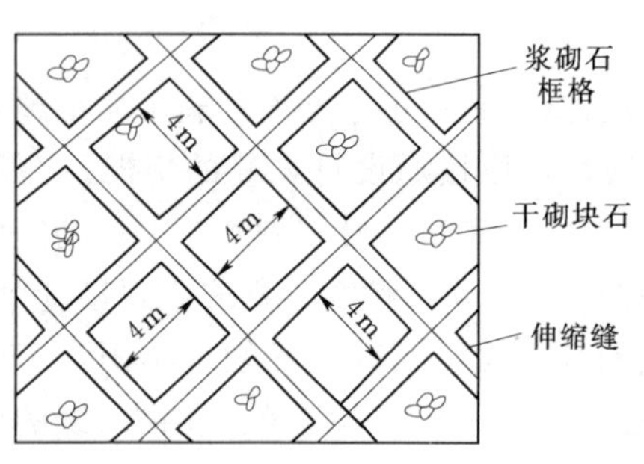

图 3.30　浆砌石框格护坡示意图

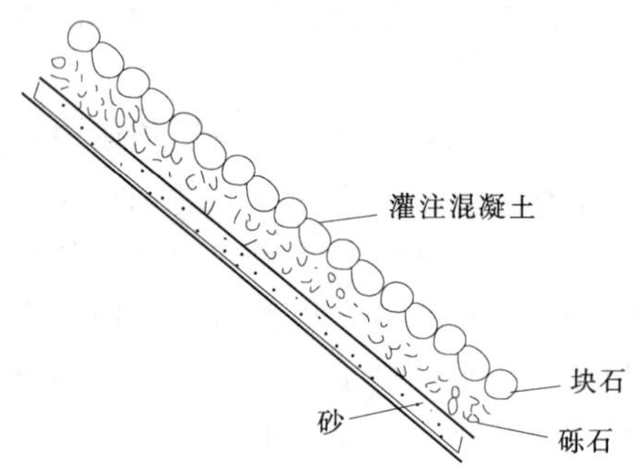

图 3.31　干砌石灌注混凝土护坡示意图

(4) 全面浆砌块石。当采用混凝土或砂浆灌注石缝加固，不能抗御风浪淘刷和结冰挤压时，可利用原有护坡的块石进行全面浆砌。如广东省某水库干砌石护坡，最后采取了这一加固措施，解决了风浪的淘刷。在砌筑前，将原有的块石洗干净，以利于块石与砂浆紧密结合。砌筑块石时，必须保护好下边垫层，防止水泥砂浆灌入。一般采用 M5 的砂浆，勾缝为 M8 的砂浆，并一律采用块石立砌。为适应土石坝边坡不均匀沉陷和有利于维修工作，应分块砌筑，并设置伸缩缝。一般分块的面积以 5～6m^2 为宜，并应留一个排水孔或排水缝以利于排除土体内渗水。

(5) 块石混凝土护坡。使用这种加固方法，可以利用原护坡块石，就地分块浇筑混凝土护坡，也有用预制混凝土板护坡的，并做好接缝处理和排水孔（缝）。采用这种护坡，比全面浆砌方法的优点是能抗御较大风浪的淘刷，耐冻性强，可就地使用块石。但也有缺点，如需要较多的水泥、砂、碎石，工程造价高，工期较长。在我国沿海附近地区的土石坝护坡，遭受飓风袭击，如采用浆砌块石护坡，仍遭受破坏时，常采用这一加固措施。

3.7　溢洪道的养护与修理

3.7.1　溢洪道的日常养护

溢洪道的安全泄洪是确保水库安全的关键。对大多数水库的溢洪道，泄水机会并不多，宣泄大流量的机会则更少，有的几年或十几年才遇上一次。但由于大洪水出现的随机

性，溢洪道得做好每年过大洪水的准备，这就要求我们把工作的重点放在日常养护上，保证溢洪道能正常工作。

（1）检查水库的集水面积、库容、地形地质条件和水、沙量等规划设计基本资料，按设计要求的防洪标准，验算溢洪道的过流尺寸。当过流尺寸不满足要求时，应采取各种措施予以解决。

（2）检查开挖断面尺寸，检查溢洪道的宽度和深度是否已经达到设计标准；观测汛期过水时是否达到设计的过水能力，每年汛后检查观测各组成部分有无淤积或坍塌堵塞现象；还应注意检查拦鱼栅和交通桥等建筑物对溢洪道过水能力的影响等。通过检查，发现问题应及时采取措施。

（3）应经常检查溢洪道建筑物结构完好情况，要检查溢洪道的闸墩、底板、胸墙、消力池等结构有无裂缝和渗水现象，陡坡段底板有无被冲刷、淘空、气蚀等现象，发现问题应及时采取措施进行处理。

（4）应注意检查溢洪道消能效果。溢洪道消能效果好坏，关系到工程的安全。消力池消能应注意观察水跃产生情况。鼻坎挑流要注意观察水流是否冲刷坝脚，冲坑深度是否继续扩大。

（5）做好控制闸门的日常养护，确保闸门正常工作。

（6）严禁在溢洪道周围爆破、取土、修建无关建筑。注意清除溢洪道周围的漂浮物，禁止在溢洪道上堆放重物。

3.7.2 溢洪道的损坏及修理

本节着重讲述溢洪道因高速水流引起的损坏及修理。对于其他的损坏，可根据损坏的原因，采用前面所讲的有关措施和方法加以处理。

3.7.2.1 动水压力引起的底板掀起及修理

溢洪道的泄槽段的高速水流，不仅冲击泄槽段的边墙，造成边墙冲毁，威胁溢洪道本身的安全。而且由于泄槽段内流速大，流态混乱，再加上底板表面不平整，有缝隙，缝中进入动水，使底板下浮托力过大而掀起破坏。例如，黄河刘家峡水库溢洪道，全长870m，进口堰宽42m，最大泄量3900m^3/s，泄槽段宽30m，流速25～35 m/s。溢洪道位于基岩上，底板混凝土厚度0.4～1.5m，溢洪道建成后，当渠内流量只有设计流量的50%时，厚1m多的混凝土底板即被冲坏，有的整个冲翻，有的底板被掀起后，翻滚到下游数十米处。分析损坏原因认为是施工时混凝土块体间不平整，横向接缝中未设止水，高速水流的巨大动水压力通过接缝窜入底板以下，加上排水系统不良，引起极大的浮托力，使底板掀起。后采取的处理措施是重新浇筑底板，设止水，底板下设排水，底板与基岩间加设锚筋，并严格控制底板的平整度。

3.7.2.2 弯道水流的影响及处理

有些溢洪道因地形条件的限制，泄槽段陡坡建在弯道上，高速水流进入弯道，水流因受到惯性力和离心力的作用，互相折冲撞击，形成冲击波，使弯道外侧水位明显高于内侧，形成横向高差，弯道半径尺愈小、流速愈大，则横向水面坡降也愈大。有的工程由此产生水流漫过外侧翼墙顶，使墙背填料冲刷、翼墙向外倾倒，甚至出现更为严重的事故。安徽省屯仓水库，溢洪道净宽20m，设计流量302m^3/s，陡坡建于弯道上。1975年8月遇到特大暴雨，溢洪道泄量达 $670m^3/s$，结果由于弯道水流的影响，在闸后 90～120m 陡坡处冲成一个深约 15m 的大坑，内弯翼墙被冲走约 30m，外弯翼墙被冲走约 140m。

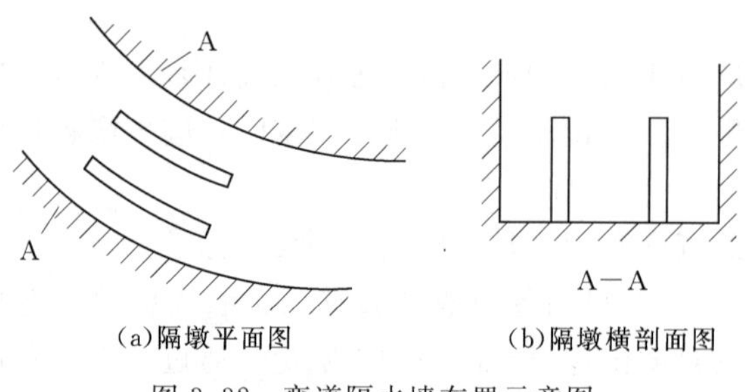

图 3.32　弯道隔水墙布置示意图

减小弯道水流影响的措施一般有两种：一是将弯道外侧的渠底抬高，造成一个横向坡度，使水体产生横向的重力分力，与弯道水流的离心力相平衡，从而减小边墙对水流的影响。另一种是在进弯道时设置分流隔墩，使集中的水面横比降由隔墩分散，如图 3.32 所示。

3.7.2.3　地基土掏空破坏及处理

当泄槽底板下为软基时，由于底板接缝处地基土被高速水流引起的负压吸空，或者板下排水管周围的反滤层失效，土壤颗粒随水流经排水管排出，均容易造成地基被掏空，造成底板开裂等破坏。对此种破坏的处理，前者应做好接缝处反滤，并增设止水，后者应对排水管周围的反滤层重新翻修。

3.7.2.4　排水系统失效的处理

泄槽段底板下设置排水系统是消除浮托力、渗透压力的有效措施。排水系统能否正常工作，在很大程度上决定底板是否安全可靠。山西省漳泽水库，溢洪道净宽 40m，设计泄量为 $1055m^3/s$，溢洪道全长 314m，混凝土底板厚度为 0.2～1.0m，底板建于土基上，排水系统为板下式排水管网，1975 年 7 月 18 日溢洪道第一次过水，由于地下排水管路被堵，当流量达 $60m^3/s$ 时，底板 1 块被冲走，4 块断裂，如图 3.33 所示。

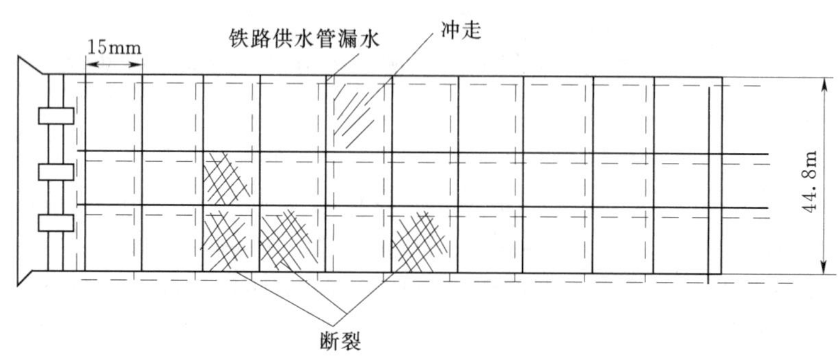

图 3.33　漳泽水库溢洪道破坏情况示意图

排水系统失效一般需翻修重做。

3.7.2.5　泄槽底板下滑的处理

泄槽底板可能因摩擦系数小、底板下扬压力大、底板自重轻等原因，在高速水流作用下向下滑动。为防止土基上底板下滑，可在每块底板端做一段横向齿墙，齿墙深度约 0.4～0.5m，若底板自重不够，可在板下设置钢筋混凝土桩，即在底板上钻孔，并深入地基 1～2m。然后浇筑钢筋混凝土成桩，并使桩顶与底板连接。岩基上的底板，自重较轻，可用锚筋加固。锚筋可用 20mm 以上的粗钢筋，埋入深度 1～2m，上端应很好地嵌固在底

板内。

3.7.2.6 气蚀的处理

泄槽段气蚀的产生主要是边界条件不良所致，如底板、翼墙表面不平整，弯道不符合流线形状，底板纵坡由缓变陡处处理不合理等均容易产生气蚀。对气蚀的处理，一方面可通过改善边界条件，尽量防止气蚀产生；另一方面需对产生气蚀的部位进行修补，修补的方法可参见混凝土坝修理有关内容。

许多管理单位总结了工程运用中的经验教训，把在高速水流下保证底板结构安全的措施归结为4个方面，即“封、排、压、光”。“封”要求截断渗流，用防渗帷幕、齿墙、止水等防渗措施隔离渗流；“排”要做好排水系统，将未截住的渗流妥善排出；“压”利用底板自重压住浮托力和脉动压力，使其不飘起；“光”要求底板表面光滑平整，彻底清除施工时残留的钢筋头等不平整因素。以上4个方面是相辅相成、互相配合的。

3.7.3 加大溢洪道泄洪能力的措施

溢洪道泄洪能力不足，是导致许多水库垮坝的一个重要原因。根据1979年编制的《全国水库垮坝登记册》的资料统计，在垮坝的总数中，漫坝占51.5%，其中因泄洪能力不足，漫坝失事的占42%。造成溢洪道泄洪能力不足的主要原因如下。

（1）原始资料不可靠。有的水库集雨面积的计算值远小于实际来水面积；有的水库降雨资料不准，与实际不符；有的水库容积关系曲线不对，实际的库容比设计的小等。

（2）水库的设计防洪标准偏低，设计洪水偏小。

（3）溢洪道开挖断面不足，未达到设计要求的宽度和高程等。

（4）溢洪道控制段前淤积及设置拦鱼设施等碍洪设施。

（5）在计算中未考虑溢洪道控制段前较长引水渠的水头损失。

溢洪道的泄洪能力主要取决于控制段。因溢洪道控制段的大多水流是堰流，因此可用堰流公式分析溢洪道的泄洪能力。

要加大溢洪道泄洪能力，可采取以下措施。

1. 加高大坝

通过加高大坝，抬高上游库水位，增大堰顶水头。这种措施应以满足大坝本身安全和经济合理为前提。

2. 改建和增设溢洪道

通过改建溢洪道可增大溢洪道的泄洪能力，具体措施如下。

（1）降低溢洪道底板高程。这种方法会降低水库效益。但若降低溢洪道底板高程不多就能满足泄洪能力时，在降低的高度上设置闸，在洪水来临前将闸门移走，保证泄洪，洪水后期，关闭闸门，使库水回升，可减小或避免水库效益的降低。

（2）加宽溢洪道。当溢洪道岸坡不高，加宽溢洪道所需开挖量不很大时，可以采用。

（3）增大流量系数。不同堰型的流量系数不同，同种堰型的形状不同，流量系数也不一样。宽顶堰的流量系数一般为0.32～0.385，实用堰的流量系数一般为0.42～0.44。因此，当所需增加的泄洪能力的幅度不大，扩宽或增建溢洪道有困难时，可将宽顶堰改为流量系数较大的曲线形实用堰，以增大泄洪能力。

（4）提高侧收缩系数。改善闸墩和边墩的头部平面形状可提高侧收缩系数，从而增加泄洪能力。在有条件的情况下，也可增设新的溢洪道。

3. 加强溢洪道日常管理

减小闸前泥沙淤积，及时清除拦鱼等妨碍泄洪的设施，可增加溢洪道的泄洪能力。

思　考　题

1. 土石坝通常都存在哪些病害？
2. 土石坝日常检查都进行哪些内容？
3. 土石坝非常时期检查都有哪些内容？
4. 土石坝的养护有哪些要求？
5. 土石坝一般都会发生哪些裂缝？
6. 在土石坝的裂缝应该如何处理？
7. 土石坝都会发生哪些漏水？
8. 土石坝的渗漏如何处理？
9. 土石坝一般存在哪些滑坡？有何表现特征？
10. 如何判断土石坝坝坡是否会滑坡？
11. 土石坝的滑坡如何预防？对发生的滑坡应如何处理？
12. 土石坝护坡常会发生哪些破坏？受风浪或冰凌破坏时，应如何紧急抢护？
13. 溢洪道由哪些部分组成？各有什么工作特点？
14. 溢洪道检查的内容有哪些？
15. 溢洪道日常养护的工作内容主要有哪些？
16. 溢洪道的常见病害有哪些？举例说明其处理措施。
17. 加大溢洪道的泄水能力可以采取哪些措施？

第4章　混凝土坝及浆砌石坝的养护与修理

学习要求：掌握混凝土坝及浆砌石坝的检查与养护；了解其裂缝类型及特征，掌握混凝土坝及浆砌石坝的裂缝产生原因及处理措施；掌握混凝土坝及浆砌石坝渗漏产生的原因、危害及处理措施；掌握混凝土坝及浆砌石坝抗滑稳定性不足的原因及处理措施。

4.1　概　　述

4.1.1　混凝土坝与浆砌石坝的类型及特点

混凝土坝和浆砌石坝是水利枢纽工程中常见的挡水建筑物，按照结构和传力特点可分为重力坝（包括空腹重力坝、宽缝重力坝、大头坝）、拱坝、连拱坝等。当今利用混凝土或砌石材料发展起来的新坝型还有碾压混凝土坝和面板堆石坝等。

混凝土坝和浆砌石坝具有共同的优点：工程量较土石坝小；雨季也可施工，施工期允许坝顶过水，其抗冲刷、抗渗漏性能好；施工工艺已趋成熟。此外，混凝土坝可通过坝顶溢流，浆砌石坝能就地取材，节约水泥和钢材用量，节省施工模板和脚手架，只需少量施工机械，受温度影响较小，发热量低，施工期无温控设备，施工技术简单。因此，混凝土坝和浆砌石坝在我国水利水电工程建设中被广泛采用。

4.1.2　混凝土坝及浆砌石坝的主要病害类型

混凝土坝及浆砌石坝的主要病害类型有：

（1）坝的抗滑稳定性不够。对于挡水建筑物的大坝来说，必须同时满足强度和稳定两方面的要求。一般重力坝，其强度条件容易得到满足，而抗滑稳定性则往往成为设计控制条件，特别当坝基存在软弱夹层，而在设计施工阶段又没有充分考虑其对大坝稳定的影响，则大坝运行时很可能出现坝体失稳，这是大坝最危险的病害。

（2）裂缝及渗漏。混凝土坝和浆砌石坝在运行中，受到各种荷载作用和地基变形的影响，坝体中比较容易产生裂缝，削弱了坝体的整体稳定和强度，缩短了渗径甚至是直接产生集中渗漏，不仅增大裂缝部位的扬压力，而且对大坝造成侵蚀，对大坝的安全和使用寿命造成危害。另外，当水库在蓄水投入运行后，水流在上下游水位差的作用下，会在坝基和两岸山岩内发生绕坝渗流，当基础存在一定缺陷，施工处理不彻底时，则会因运行期间渗透性不能满足要求而产生严重的渗漏现象，若不及时处理，同样会危及大坝安全。

（3）剥蚀破坏。剥蚀破坏是混凝土结构表面发生麻面、露石、起皮、松软和剥落等老化病害的统称。根据不同的破坏机理，可将剥蚀分为冻融剥蚀、冲磨和空蚀、钢筋锈蚀、水质侵蚀和风化剥蚀等。

4.2　混凝土坝和浆砌石坝的检查与养护

混凝土坝和浆砌石坝的检查与养护，能保障其安全运行，延长使用寿命。因此，应制定相应的检查与养护制度，由大坝管理单位指定有专业经验的技术人员来完成，并做好记录与存档，若发现异常迹象或变化，应及时报告处理，主要工作内容如下。

4.2.1　运用前的检查和养护

建筑物在运用前，必须根据设计文件和有关竣工验收规定，进行全面检查，特别是水下工程，必须在蓄水前处理完毕。

(1) 建筑物的结构、形状、基础处理以及仪器埋设等，凡不符合设计要求的，应采取相应的补救措施。所有在施工中出现的缺陷，如混凝土因振捣不密实、温差过大、施工缝处理不良等而引起的蜂窝、麻面、孔洞以及裂缝渗漏等，应根据其严重程度和对建筑物安全运行的影响情况，分别进行表面处理或堵漏、补强处理。

(2) 施工用的模板、排架及机械设备等应全部拆除收存，遗留在表面的螺栓及其他铁件，除个别情况因运用需要保留外，均应进行割除，如在泄流面上的，还应进行表面修整。要保留的铁件宜涂油漆或沥青保护，防止锈蚀。

(3) 泄流面上及泄洪孔洞进口附近如有砂石、混凝土块、铁件或其他杂物堆积，必须彻底清除。

(4) 泄水建筑物出口明渠的陡坡、消力池和尾水渠的边坡，如有危石应将其清除；两岸较高的风化岩边坡或土坡，凡有崩坍危险并威胁建筑物安全的，应及时处理。

4.2.2　运用中的经常性检查与养护

混凝土坝和浆砌石坝的日常检查与养护，主要包括以下内容：

(1) 大坝外观巡查、维护。保持坝体表面清洁完整，无杂草、积水和杂物，检查坝面混凝土脱落情况，大坝伸缩缝是否有错动现象，伸缩缝充填物是否老化脱落，有无其他新产生的裂缝和渗漏情况，一旦发现，做好笔录并及时汇报处理。

(2) 大坝变形及渗流观测巡查。大坝变形观测和渗流观测能很好监测大坝的稳定性和安全性，定期对大坝进行变形观测和渗流观测，及时分析观测数据，如有自动观测设施，应该经常检查监测数据，发现异常情况，应及时汇报处理。

(3) 大坝排水系统检查、维护。保持坝基排水系统和坝面排水系统完整、通畅，量水设施完好无损，集水井和集水廊道的淤积物应及时清除，发现新增加的渗漏溢出点要注意观察，并做好记录，注意观察排水系统的排水量变化情况。

(4) 大坝泄水建筑物巡查、维护。对大坝泄水洞（孔）、溢流坝段等表面混凝土进行检查，保证表面混凝土光滑平整，无脱落剥蚀现象；保证进口闸门、启闭机无锈蚀和变形，启闭操作灵活到位；保证泄水建筑物进口进流顺畅，及时清理漂浮物和障碍物，出口消能充分，水流流态稳定，对坝基和两岸无淘刷冲蚀发生。

(5) 大坝观测设施巡查、维护。经常检查大坝观测设施，确保完好无损，工作正常；对大坝变形观测设施宜加封保护装置，对渗流和水位等自动化观测设备，应经常检查避雷装置和电源装置，确保工作状态稳定可靠；经常检查自动观测数据，是否出现过大数据变

动或偏差，如有异常，及时报告处理。

（6）严禁坝体及上部结构超载运行。兼做公路的坝顶，应设置路标和限荷标示牌，禁止超过设计标准的车辆通过坝顶及其交通桥。

（7）严禁在大坝附近爆破、炸鱼、采石、取土、打井、毁林开荒等危害大坝安全和破坏水土保持的活动。

4.3　混凝土坝和浆砌石坝的裂缝处理

4.3.1　裂缝的类型及特征

裂缝是混凝土坝和浆砌石坝中常见的病害，如图4.1所示，其产生的根本原因是坝体温度变化、地基不均匀沉陷及其他因素引起的应力和变形超过了混凝土强度或砂浆与石料的胶结强度和坝体抵抗变形的能力。在混凝土坝和浆砌石坝中，裂缝按产生的具体原因不同，可分成以下4类。

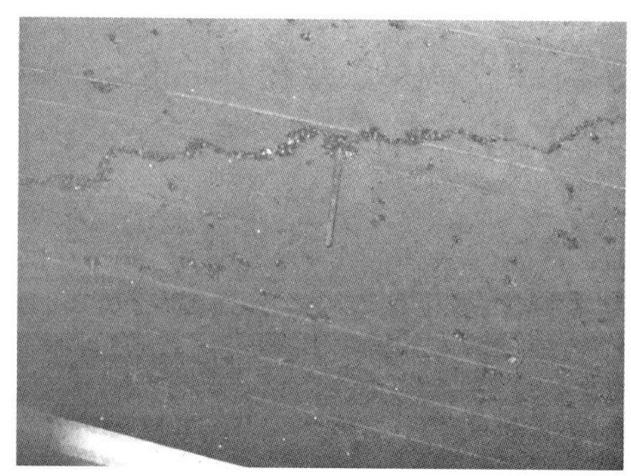

(a)大坝裂缝　　(b)仪器检测

图4.1　大坝裂缝及检测

4.3.1.1　变形裂缝

坝体由于温度和湿度变化引起收缩和膨胀变形以及基础和上部荷载不均匀引起不均匀沉降变形而导致裂缝。这种裂缝是由于变形要求得不到满足而产生应力，当这种应力超过坝体材料的极限允许应力值时就产生裂缝。变形裂缝产生后，往往因变形得到部分或全部满足而产生应力松弛。尽管混凝土和浆砌石材料强度高，但其韧性差，不能很好地适应变形要求，因而易产生裂缝。混凝土坝和浆砌石坝中产生的裂缝，多属于变形裂缝。

变形裂缝又可进一步分为以下几种。

（1）温度变形裂缝。温度变形裂缝在混凝土坝中十分突出，在施工时，混凝土在入仓温度及其水化热升温的作用下，混凝土内部温度上升很快，坝体混凝土凝固后，混凝土内部的温度逐步降低，其体积也要发生收缩变形。当混凝土因降温变形受到岩基或老混凝土垫层的约束时，将会在坝体内靠近约束处产生约束裂缝。这类裂缝常在混凝土浇筑后2～3个月或更长时间出现，裂缝较深，有时是贯穿性的，破坏了坝体的整体性。

（2）干缩裂缝。在混凝土坝浇筑后，随着表层水分散失，温度降低，表层产生因体积收缩导致的裂缝，称为干缩裂缝。裂缝为表面性的，宽度较小，多在0.05～0.2mm，其走向纵横交错，成龟裂状，没有规律性。

（3）塑性裂缝。混凝土坝浇筑以后，硬化初期尚处于一定的塑性状态时，因骨料自重下沉导致塑性变形而产生的裂缝称为塑性裂缝。裂缝出现在结构表面，形状不规则且长短不一，互不连贯。

（4）沉陷裂缝。沉陷裂缝是由不均匀沉陷产生的。混凝土坝和浆砌石坝中的沉陷裂缝，往往发生于存在断裂破碎带、软弱夹层或节理发育、风化不一的基础中，坝基础受力后产生不均匀沉陷，坝体材料受剪切破坏而产生裂缝。另外，当相邻坝段荷载悬殊，而基础又未作必要加固处理时，也易产生沉陷裂缝。沉陷裂缝两侧坝体常有垂直方向和水平方向的错动，多数为上下游贯通，坝顶至坝基贯通，缝宽较大，随气温变化略有变化。水库蓄水后，沉陷裂缝还可能继续发展。因此，沉陷裂缝的存在会严重影响大坝的安全和正常运用。

4.3.1.2 施工裂缝

混凝土坝和浆砌石坝中的有些裂缝，是由施工过程中的一些因素引起的，如混凝土振捣不实，分块浇筑新旧混凝土接缝处理不好等，均会留下施工裂缝。裂缝一般为深层或贯穿性的，走向与工作缝面一致。竖直施工缝开裂往往较大，一般大于0.5mm；水平施工缝开裂较小。

4.3.1.3 荷载裂缝

荷载裂缝是由坝体内主应力引起的，所以有时称应力裂缝。大坝在施工和运行期间，在外荷载的作用下，坝体结构内应力超过一定的数值，沿垂直或大致垂直主应力方向会产生裂缝。荷载裂缝常属于深层或贯穿性裂缝，缝宽沿长度方向和深度方向变化较大，受温度变化的影响较小。

4.3.1.4 碱骨料反应裂缝

在混凝土坝中，由于使用了不适当的骨料，致使骨料中某些矿物质与混凝土微孔中的碱溶液发生化学反应引起体积膨胀而导致的裂缝。裂缝无一定走向，大多呈龟裂状，缝宽较小。

4.3.2 裂缝的原因

（1）设计方面的原因主要有：

1）由于设计考虑不周，如断面过于单薄、孔洞面积所占比例过大，或配筋不够以及钢筋布置不当等，致使结构强度不足，建筑物抗裂性能降低。

2）分缝分块不当，块长或分缝间距过大、错缝分块时搭接长度不够。

3）温度控制不当，造成温差过大，使温度应力超过允许值。

4）基础处理不善，引起基础不均匀沉陷或扬压力增大而使建筑物发生裂缝。

5）设计不当或模型试验不符合实际情况，泄水时水流引起建筑物振动开裂。

（2）施工方面的原因主要有：

1）混凝土养护不当，使混凝土水分消失过快引起干缩。

2）基础处理、分缝分块、温度控制或配筋等未按设计要求施工。

3）在浇筑混凝土时，施工质量控制不严，使混凝土的均匀性、密实性和抗裂性差。

4）模板强度不够，或振捣不慎，使模板发生变形或位移。

5）施工安排不当，如上下层混凝土施工间歇期不够或太长，以及拆除模板过早等。

6）施工缝处理不善，或出现冷缝时未按工作缝要求进行处理。

7）混凝土凝结过程中，在外界温度骤降时，没有做好保温措施，使混凝土表面剧烈收缩。

8）使用了收缩性较大的水泥，或含碱量大于0.6%的水泥并掺有碱性反应的骨料；或者含有大量碳酸氢离子的水，使混凝土产生过度收缩或膨胀。

（3）运用管理方面的原因主要有：

1）建筑物的运用没有按规定执行，在超设计荷载下使用，使建筑物承受的应力大于容许应力。

2）维护不善，或者冰冻期间未做好防护措施等而引起裂缝。

（4）其他方面的原因有：

1）由于地震、爆破、冰凌、台风和超标准洪水等引起建筑物的振动，或超设计荷载作用而发生裂缝。

2）含有碳酸气（或亚硫酸气）的空气，或含有大量碳酸氢离子的水，均对混凝土有侵蚀作用，产生碳酸盐类，而收缩引起裂缝。

3）尚未硬化的混凝土的沉降收缩作用而引起裂缝。

4.3.3 裂缝处理原则

（1）对于影响坝体强度的裂缝（例如荷载裂缝），修补方法与修补材料应主要考虑恢复坝体的强度，使其满足安全稳定的要求，裂缝修补应与整个大坝的加固补强措施一起综合考虑。

（2）对于不影响坝体强度而只影响坝体耐久性的渗漏性表层裂缝，处理时主要考虑防渗的要求，做好表层防护防渗处理。

（3）因坝基不均匀沉陷引起裂缝，应先加固地基；拱坝因坝肩岩体不稳而引起裂缝，则应在提高坝肩岩体的稳定性后，再进行裂缝处理。

（4）受气温变化影响较大的裂缝（常称活缝），应在低温季节开度较大的情况下进行处理。采取的处理措施应使裂缝在处理后仍有一定伸缩余地，故宜用弹性材料修补。

（5）不受气温影响的稳定性裂缝（常称死缝），一般可以用高强度的固性修补材料作永久性处理。

4.3.4 裂缝处理措施

混凝土坝和浆砌石坝中的裂缝处理，常采用表层处理、填充处理、灌浆处理、加厚补强坝体4种措施。

4.3.4.1 裂缝的表层处理

坝体表层出现的细微裂缝，缝宽一般小于0.3mm，且在坝面分布范围较大，只影响耐久性而不影响坝体安全性，对此可采用表层处理。处理方法主要有表面喷涂、表面贴补、表面喷浆（混凝土）等。

1. *表层喷涂*

（1）环氧树脂等有机材料喷刷。先用钢丝刷或风沙枪清除表面附着物或污垢，并凿毛、冲洗干净；对凹处先涂刷一层树脂基液，再用树脂砂浆抹平；最后在整个施工面喷涂或涂刷 2～3 遍，第一次喷涂采用稀释涂料，涂膜总厚度应大于 1mm。喷涂材料主要有：环氧树脂类、聚酯树脂类、聚氨酯类、改性沥青类等。该处理方法施工速度快，工作效率高，适合大面积表面微细裂缝处理或碳化防护处理。

（2）普通水泥砂浆涂抹。先将裂缝附近混凝土凿毛并清洗干净，用标号不低于 425 号的水泥和中细砂以 1∶1～1∶2 的灰砂比拌成砂浆涂抹。涂抹的总厚度一般为 1～2cm。在竖面或顶部，一次涂抹过厚往往会因自重而脱落，因此宜分次涂抹，最后压实抹面收光。3～4h 后即进行养护，防止收浆过程中发生干裂或受冻。

（3）防水速凝灰浆（或砂浆）涂抹。对有渗漏的裂缝，普通水泥砂浆难以涂抹时，可采用防水速凝灰浆（或砂浆）涂抹，也可用防水速凝灰浆（或砂浆）封堵塞后，再用普通水泥砂浆涂抹。防水速凝灰浆（或砂浆）是在灰浆（或砂浆）内加入防水剂（同时又是速凝剂），以达到速凝和提高防水性能的目的。防水剂市场有销售，也可自行配制，其配合比如表 4.1 所示。

表 4.1　防水剂配合比（质量比）

序号	材料名称	化学名称	分子式	配合比	材料颜色
1	胆矾	硫酸铜	$CuSO_4 \cdot 5H_2O$	1	水蓝色
2	红矾	重铬酸钾	$K_2Cr_2O_7$	1	橙红色
3	绿矾	硫酸亚铁	$FeSO_4 \cdot 12H_2O$	1	绿色
4	明矾	硫酸铝钾	$KAi(SO_4)_2 \cdot 12H_2O$	1	白色
5	蓝矾	硫酸铬钾	$KCr(SO_4)_2 \cdot 12H_2O$	1	紫色
6	水玻璃	偏硅酸钾	K_2SiO_2	400	无色
7	水		H_2O	40	

配制时将水加热至 100℃，然后把表 4.1 中编号 1～5 种材料（或其中 2～4 种，但总质量应达到取 5 种的质量，并使每种质量相等）加入水中，继续加热，不断搅拌，待全部溶解后，降温至 30～40℃，再注入水玻璃内，并搅拌均匀，0.5h 后即可使用。不用时应在非金属容器内密封保存。防水剂灰浆和砂浆的配合比如表 4.2 所示。

表 4.2　防水剂灰浆（或砂浆）配合比（质量比）

名称	水泥	砂	防水剂	水	初凝时间（min）
速凝灰浆	100		69	44～52	2
中凝灰浆	100		20～28	40～52	6
速凝砂浆	100	220	45～58	15～28	1
中凝砂浆	100	220	20～28	40～52	3

配制防水速凝灰浆（或砂浆）时，应先将防水剂（或水玻璃）按质量比稀释，再注入水泥或水泥与砂的拌和物内并迅速拌匀。配制的灰浆（或砂浆）有速凝的特点，为便于操作，初凝时间不宜选择过短，表中初凝时间仅供参考；在涂抹前应进行试拌，以掌握凝固时间。一次拌量不宜过多，随拌随用，避免浪费。

（4）环氧树脂砂浆等涂抹。当涂抹的坝体表面有抗冲刷或有耐磨要求时，或者需要提

高修补强度或柔性时，宜用环氧树脂砂浆等涂抹。环氧砂浆通常在普通砂浆中加环氧树脂、固化剂、增塑剂、稀释剂而配成，其优点是强度比普通砂浆高，弹模低，极限拉伸大，其缺点是热膨胀系数大，当温度剧烈变化时能使环氧砂浆与老混凝土脱开。为了提高涂抹层的耐久性，环氧砂浆宜用在温度变化小，日光不易照射的部位。

环氧砂浆的一种配方如表 4.3 所示，涂抹工艺与普通水泥砂浆相同。

表 4.3　环氧砂浆配方（质量比）

材料名称	比例（质量）	备 注	材料名称	比例（质量）	备 注
6101 号环氧树脂	100	主剂	石棉粉	10	填料
600 号聚酰胺树脂	15	固化剂	水泥	200	填料
邻苯二甲酸二丁酯	10	增塑剂	砂	400	细骨料
690 号环氧丙烷苯基醚	10	稀释剂			

2. 表面贴补

表面贴补是在混凝土裂缝处用黏结剂贴补有一定强度和防渗性能的片材，一般在裂缝条数不多的情况下采用。贴补片材有橡皮、塑料带、紫铜片和玻璃丝布，并用环氧材料作黏结剂。裂缝的贴补可根据其干湿情况，采用不同固化剂配制的环氧黏结剂。对于渗水漏水的裂缝，应先用防水速凝灰浆等封堵材料封堵后，再进行贴补处理。以下介绍橡皮和玻璃丝布的贴补方法。

（1）橡皮贴补。将裂缝两侧表面凿成宽 14～16cm、深 1.5～2cm 的槽，要求槽面平整无油污灰尘。橡皮按需要尺寸裁剪（若长度不够，可将橡皮搭接部位切成斜面，锉毛后用胶水接长），厚度以 3～5mm 为宜，并将表面锉毛或放在工业用浓硫酸中浸 1～2min，取出后立即用清水冲洗干净，晾干待用。

在处理好的混凝土表面刷上一层环氧基液，再铺一层厚 5mm 的环氧砂浆，顺裂缝划开宽 5mm 的环氧砂浆，填以石棉线，然后将粘贴面刷有一层环氧基液的橡皮从裂缝的一端开始铺贴在刚涂抹好的环氧砂浆上。铺贴时要用力均匀压紧，直至环氧砂浆从橡皮边缘挤出为止，如图 4.2 所示。为使橡皮不致翘起，需用包有塑料薄膜的木板将橡皮压紧；为防止橡皮老化，应在橡皮表面刷一层环氧基液，再抹一层环氧砂浆保护。

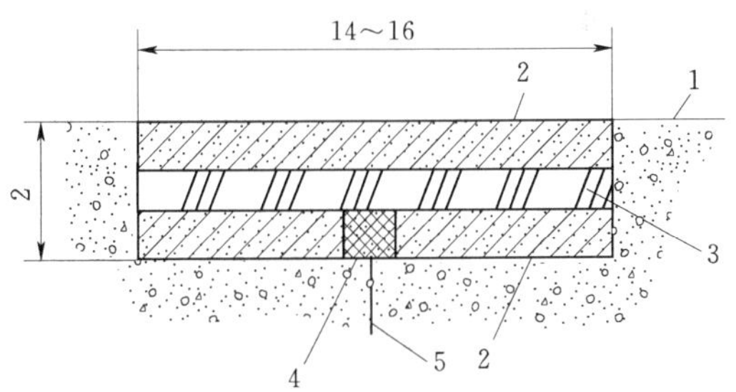

图 4.2　橡皮贴补示意图（单位：cm）
1—原混凝土面；2—环氧砂浆；3—橡皮；
4—石棉线；5—裂缝

（2）玻璃丝布贴补。玻璃丝布的品种较多，贴补常用的是中碱无捻玻璃丝布，其特点为强度高、耐水性好、气泡易排除和施工较方便。玻璃丝布的厚度以 0.2～0.4mm 为宜，因厚度越大对胶液的浸润力越差。玻璃丝布表面的油蜡在使用前必须除去，以提高粘结力。处理油蜡的方法一般是将其放入皂液里（或用高温和化学等方法）煮沸 0.5～1h，然后取出用清水漂净，晒干待用。

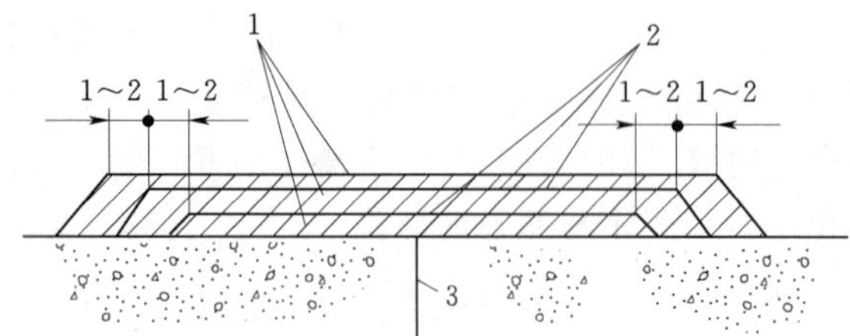

图 4.3　玻璃丝布贴补示意图（单位：cm）
1—玻璃丝布；2—环氧基液；3—裂缝

粘贴前要将混凝土表面凿毛整平并清洗干净，如表面不平整时，可用环氧胶或环氧砂浆抹平。粘贴时先在粘贴面上均匀刷一层环氧基液，其厚度小于 1mm，并使粘贴表面均为基液所浸润，不能有气泡产生。再将事先裁剪好的玻璃丝布拉直，由一端向另一端铺设，刷平贴实，使环氧基液渗出玻璃丝布，不存留气泡。若玻璃丝布内存有气泡，可用刀将丝布划破，排除气泡，然后用刷子刷平贴紧，最后在玻璃丝布上再刷一道环氧基液。按同样方法可贴第二层、第三层玻璃丝布。上层玻璃丝布应比下层稍宽 1～2cm，以便压边，如图 4.3 所示。玻璃丝布的层数视情况而定，一般粘贴 2～3 层即可。环氧玻璃丝布又称玻璃钢，具有强度高、抗冲耐磨和抗气蚀性好的特点，适用于高速水流区及一般的裂缝修补。

3. *表面喷浆（混凝土）*

如大坝表面裂缝分布范围大，为了保证施工质量，加快施工进度，常用喷浆（混凝土）方法。施工工艺是先将修补坝面进行凿毛处理，用喷射机械将配好的砂浆喷射坝面，形成一层保护层。当需要提高喷浆强度时，可以采用钢丝网喷浆。砂浆采用 425～525 号硅酸盐水泥为宜，每立方米砂浆中水泥用量不低于 500kg，水灰比控制在 0.40～0.50 为宜，砂料选用偏粗中砂，这样既节约水泥，又减小收缩。喷射压力控制在 0.1～0.3MPa，施工自下向上，分层喷射，每层喷射间隔时间为 20～30min，总厚度为 5～10cm。为了保证修补效果，应最后进行收浆抹面，并注意湿润养护 7d。详细施工工艺参见 DL/T 5181—2003《水电水利工程锚喷支护施工规范》和 SL 377—2007《水利水电工程锚喷支护技术规范》。

4.3.4.2　裂缝的填充处理

坝体表层出现明显的、宽度大于 0.3mm 的裂缝，且裂缝条数不多，裂缝深度较大时，宜采用填充处理。具体做法是沿着裂缝凿成 U 形或 V 形槽，槽顶宽约 10cm，将槽清洗干净后填充密封材料，如图 4.4 所示。填充材料可用水泥砂浆、环氧砂浆、弹性环氧砂浆、聚合物水泥砂浆等。如果凿开后发现钢筋混凝土结构中顺缝钢筋已经锈蚀，则将混凝土凿除到能充分处理已锈的钢筋部分，再将钢筋除锈，然后在钢筋上涂以防锈涂料，并先在槽中填充嵌缝材料。

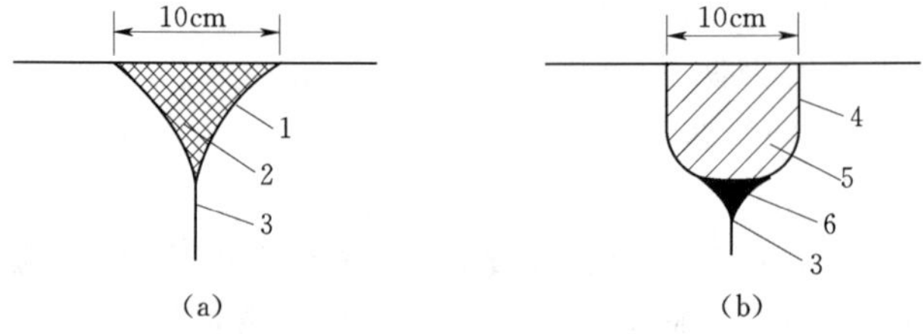

图 4.4　裂缝填充修补示意图
1—V 形凿槽；2—填充材料；3—裂缝；4—U 形凿槽；5—弹性填充材料；6—槽底塑料片材

在对坝体活缝进行填充处理时，宜凿成 U 形槽，槽底垫上一层与混凝土不粘的材料

（一般用塑料片材），再填充弹性嵌缝材料，使其与槽两侧粘结。底槽因有塑料垫层，嵌缝材料与槽底混凝土不粘结，而其沿槽的整个宽度可以自由变形，裂缝发生张拉变形时，不会被拉开。此外，应注意在使用普通水泥砂浆作填充材料时，应先湿润槽壁，而使用其他填充材料时，则宜保持槽内干燥。但无论采用何种嵌补材料，槽内均不能有渗水现象出现。否则，必须先用速凝灰（砂）浆堵漏，或者先进行导渗，使凿槽内无渗水现象，再进行填充处理。

4.3.4.3 裂缝的灌浆处理

坝体出现深层裂缝，对坝体的整体稳定性和防渗有影响时，应采用灌浆法进行修补处理。灌浆修补法属裂缝内部处理法，是用压力设备将浆液压入坝体裂缝及内部缺陷中，填充其空隙，浆液凝结、硬化后，起到补强加固、防渗堵漏、恢复坝体整体稳定性的作用。此外，灌浆处理还可以用来对大坝基础进行防渗的加固处理。由于灌浆处理对深层裂缝和缺陷处理效果好，在水利工程维护管理中得到了广泛的应用。下面仅就坝体裂缝灌浆处理技术作介绍。

1. 灌浆材料（浆材）

裂缝灌浆处理的目的有两个：一是补强加固；二是防渗堵漏。补强加固要求浆材固化后有较高的强度，能恢复坝体的整体性，因此宜采用环氧树脂、甲基丙烯酸酯、聚酯树脂、聚氨酯等化学材料。防渗堵漏要求浆材的抗渗性能好，而不一定要求较高的强度，因此一般选用可溶性聚氨酯（LW）、丙烯酰胺（Am－9）、水泥和水玻璃等。此外，选用灌浆材料还应掌握两条原则：一是材料的可灌性。不管是补强加固还是防渗堵漏，所选材料必须能够灌入裂缝，充填饱满，而且灌入后能够凝结固化，以达到补强加固和防渗堵漏的目的。二是浆材的耐久性。首先是所选用的材料在使用时要求性能稳定，不易起化学变化，不易被侵蚀或溶蚀破坏，另外所选材料与裂缝混凝土有足够的粘结强度，不易脱开，这条原则对活缝来说尤为重要。

灌浆材料品种繁多，常用的浆材有水泥类浆材、环氧类浆材、丙烯酰胺类浆材、聚氨酯类浆材、甲基丙烯酸酯类浆材等。

（1）水泥类浆材。水泥类灌浆材料有普通水泥浆材、超细水泥浆材、硅粉水泥浆材、膨胀水泥浆材等四种。

水泥类浆材配方的水灰比为 0.5∶1～1∶1。普通水泥浆材宜采用 525 号硅酸盐水泥；超细水泥浆材用比表面积约大于 8000cm^2/g 的水泥；硅粉水泥浆材硅粉掺量约为 7%～10%；膨胀水泥浆材可用膨胀水泥，也可用硅酸盐水泥掺膨胀剂配制成膨胀水泥浆材，膨胀剂 UEA 掺量为 10%～12%。

（2）环氧类浆材。环氧类浆材是由环氧树脂（主剂）、固化剂（间苯二胺、乙二胺）、稀释剂（丙酮、苯、甲苯、二甲苯、环氧丙烷苯基醚、环氧丙烷丁基醚等）、增塑剂（邻苯二甲酸二丁酯等）组成，其典型配方如表 4.4 所示。

表 4.4　环氧类浆材配方（质量比）

材料名称		环氧树脂 6101	邻苯二甲酸二丁酯	二甲苯	环氧氯丙烷	乙二胺	间苯二胺
配方	1	100	10	90	20	15	
	2	100	10	60	20		17
	3	100	10	60		10	

（3）丙烯酰胺类浆材。丙烯酰胺类浆材是化学浆材中出现较早的一种，在美国商品名称为 Am－9，我国称其为丙凝。丙凝浆材具有黏度低，可灌性好，凝结时间可调节，抗渗性好等特点，其常用配方如表 4.5 所示。表中所列质量分数仅仅是化学材料部分，它只占全部浆材的 10％，其余的 90％的水量未列入表中。丙烯酰胺类浆材在聚合前有一定毒性，操作人员应佩戴橡胶手套进行操作，切不可大意。

表 4.5　　丙烯酰胺类浆材常用配方

材料名称		作用	质量分数（%）
甲液	丙烯酰胺	主剂	9.5
	N－N 甲撑双丙烯酰胺	交联剂	0.5
	β－二甲氨基丙腈	促进剂	0.1～0.4
	或三乙醇胺	促进剂	0～0.4
	或硫酸亚铁	促进剂	0～0.01
	铁氰化钾	阻聚剂	0～0.01
乙液	过硫酸胺	引发剂	0.5

（4）甲基丙烯酸酯类浆材。甲基丙烯酸酯浆材通常简称甲凝。这类材料的主要特点是黏度低，可灌性好，力学强度高，多用于混凝土裂缝补强。甲凝浆材由主剂和引发剂、促进剂、除氧剂、阻聚剂等改性剂组成，其典型配方如表 4.6 所示。

表 4.6　　甲基丙烯酸酯类浆材配方

材料名称	作用	用量	材料名称	作用	用量
甲基丙烯酸甲酯	主剂	100	对甲苯亚磺酸	除氧剂	0.5～1.0
过氧化苯甲酰	引发剂	1～1.5	焦性没食子酸	阻聚剂	0 ～0.1
二甲基苯胺	促进剂	0.5～1.5			

注　计量单位液体为 L，固体为 kg。

（5）聚氨酯类浆材。聚氨酯类浆材是一种防渗堵漏效果较好，固结效能较高的分子化学灌浆材料。国内有氰凝、SK 型聚氨酯浆材、LW 和 HW 水溶性聚氨酯浆材等；国外有日本的塔斯（TACCS）和海索尔（HYSOL－OH）等。

聚氨酯类浆材分油溶性和水溶性两类，而水溶性聚氨酯又分高强度（HW）和低强度（LW）两种。

2. *灌浆施工工艺*

大坝裂缝灌浆处理工序大致分为以下几项。

（1）钻孔埋管。钻孔埋管是压力灌浆施工的第一步，其施工质量的好坏将影响到整个工程的灌浆进程和处理质量。钻孔可使用机钻、风钻、电锤钻。孔位可定为骑缝孔或斜钻孔两种。孔径可根据实际情况选定，但不宜太大，以免出浆过多。孔距则根据裂缝的宽窄而定，大致为 50～150cm。钻孔埋管前一定要仔细清洗孔壁，同时压水（或压气）检查裂缝的走向、串通情况，然后才埋管。遇到与裂缝不通的死孔，可以另行处理，不必埋管，以减少无效劳动。

(2) 嵌缝止浆。裂缝灌浆之前一般都要做嵌缝止浆，以防止加压灌浆时浆液流失，并保证裂缝中浆液充填饱满。嵌缝方法基本与前述的裂缝填充法相同。

(3) 压水或压气检查。压水或压气检查的目的为：①在钻孔洗孔之后，检查钻孔是否与裂缝串通，通则有效，不通则需重新钻孔；②在埋管之后检查埋管是否与裂缝串通，出现问题及时处理；③表面嵌缝以后，通过压水（或压气）检查嵌缝的质量如何，发现漏水（漏气）现象及时修补，压水检查时的进水速度和数量还可以作为灌浆控制的参考；④在灌浆完成之后，通过检查孔进行压水（或压气）检查，以确定灌浆效果，如检查孔仍能进水（或进气），说明裂缝还未充填饱满，可利用检查孔进行补充灌浆。

(4) 灌浆。灌浆是关键性的工序，在灌浆过程中应特别注意施工工艺。灌浆方式有双液法和单液法两种。凝胶时间短的浆材多使用双液法，浆液在孔口混合后马上进入裂缝迅速凝固；凝胶时间长的浆材多用单液法，一般使用注浆泵或压浆罐进行。灌浆压力一般为0.2～0.6MPa，可根据进浆速度、进浆量和边界条件选定，压力不宜太高，以防止施工破坏。注浆次序对于垂直裂缝应由下而上，对于水平裂缝应由一端向另一端灌注，或由中间向两端灌注。应尽量排除裂缝中的水（气），以保证浆液充填密实饱满。浆液的稀稠度应根据裂缝的宽窄及时调整，裂缝太宽需要浓浆时，可在浆液中加入填料，以节约浆材用量。裂缝灌浆，一般选择冬季气温最低、裂缝开度大的时候进行。水泥灌浆施工可参照DL/T 5148—2001《水工建筑物水泥灌浆施工技术规范》的规定执行。

4.3.4.4 加厚补强坝体

由于坝体单薄，本身强度不足而出现较多应力裂缝和沉陷裂缝时，宜采用加厚坝体的方法进行处理，既可封缝堵漏，又可加强坝体的整体稳定性和改善坝体的应力状态。坝体一般在上游加厚，其尺寸应由应力核算确定。对浆砌石坝，在施工处理时，应特别注意新老砌体的结合，若在其间设置混凝土防渗墙，则效果更好。

例如，四川省威远县团结水库，其挡水建筑物为坝高22m的浆砌条石拱坝。1966年10月建成，1967年5月蓄水至21m高时，发现在坝身高度6.8m和10.4m（从坝基算起）两处产生了水平裂缝，缝长分别为10m和5m，缝口有压碎现象，漏水较严重。同年6月16日放空水库进行检查，又发现坝体中部有一竖直裂缝，从坝顶向下，长7.6m，缝宽5mm，而且在其右侧8m处还另有一竖直裂缝，长5m，缝口稍窄。此外，还有几条微小裂缝分布于坝顶。

经检查分析，坝体水平裂缝产生的原因主要是：坝体纵剖面处宽度突然缩窄，造成应力集中；石料质量差，裂缝处条石标号仅为100号左右；砂浆质量差，裂缝部位曾用过不合格的水泥，而且砂浆拌和时未严格控制质量。水平裂缝是由于坝体应力超过了砌体的抗剪强度而引起的应力裂缝，而竖直裂缝则是水库放空时，因坝身回弹而被拉裂。像这样坝体有严重的应力裂缝，其处理方法不仅仅是单纯对裂缝进行修补，而应从增强坝体整体强度和稳定性，改善坝体应力条件入手。故该坝裂缝处理采用了加厚坝体和填塞封闭裂缝的处理方法。在原坝上游面沿水平裂缝凿槽填塞混凝土，然后在上游面加筑混凝土防渗墙及浆砌石加厚坝体；竖直裂缝在凿槽后以高标号水泥砂浆填塞封闭。裂缝处理后，1969年重新蓄水，1973年蓄满，除坝身3.2m高处有少量浸水外，没有再出现裂缝和漏水情况。

加厚坝体的处理费用较高，故选择加固方案时要周全考虑，非常必要时才采用这种方法。

4.4　混凝土坝和浆砌石坝的渗漏处理

4.4.1　混凝土坝和浆砌石坝的渗漏类型

（1）坝基渗漏。坝基渗漏会增加坝底扬压力，从而影响坝身稳定，而且会损失水库水量，降低水库效益。

（2）坝体渗漏。坝体渗漏将使建筑物内部产生较大的渗透压力，甚至影响建筑物的稳定；如果水具有侵蚀性，还会产生侵蚀破坏，降低混凝土强度；在寒冷地区，渗漏水在出水处冻结成冰，也会使建筑物受到冻融破坏。

4.4.2　混凝土坝和浆砌石坝渗漏原因及危害

混凝土建筑物产生渗漏的原因是多方面的，即使最密实的混凝土，其本身仍存有气孔和小孔隙，在水压力作用下也具有一定的渗透性。一般水工混凝土由于设计或施工上的缺陷，或在运用中遭受意外破坏，都容易导致建筑物发生渗漏。一般有以下几种情况：

（1）由于勘探工作做得不细，地基中留有隐患未能发现和处理，坝基岩石裂缝处理不当或不彻底，以及帷幕灌浆质量不好都会产生坝基渗漏。

（2）由于设计考虑不周，在某种应力作用下，坝体因地基出现不均匀沉陷或超标准荷载作用产生贯通坝体的裂缝而引起渗漏。

（3）坝体在砌筑过程中，施工质量控制不好，振捣不实，产生局部缝隙；施工分缝不当或处理不好，留下施工缝；砌筑时砌缝中砂浆不够饱满，或施工时砂浆不够饱满，存在较多孔隙；施工时砂浆过稀，干缩后形成裂缝，造成坝体与坝基接触不良等。这些因施工质量差产生的缝隙均易导致渗漏。

（4）设计、施工中采取的防渗措施不良，或运用期间由于物理、化学因素的作用，使原来的防渗措施失效或遭受破坏而引起渗漏。如帷幕破坏、伸缩缝止水结构破坏或沥青老化、混凝土受侵蚀后抗渗性能降低，预制混凝土涵管接头处理不好，混凝土与基岩接触不良等。

（5）大坝在运用过程中，由于物理和化学等因素的作用引起的帷幕损坏，坝体接缝止水老化破坏，混凝土受环境水侵蚀造成抗渗性能降低，以及强烈地震造成的破坏等，都可产生渗漏。

坝体及坝基渗漏的主要危害：①产生较大的渗透压力，甚至影响坝体的稳定；②坝基和绕坝的长期渗漏，可能使地基产生渗透变形，严重时将危及大坝安全；③影响水库蓄水和水库效益发挥；④长期穿坝渗漏会逐渐造成混凝土溶蚀，严重的溶蚀破坏会因降低坝体混凝土强度而危及大坝安全；⑤在严寒地区，渗漏溢出处易产生冻融破坏。

因此，对大坝渗漏必须加强检测，严格控制；发现渗漏，及时查明原因，分析危害性，并进行相应的处理。

4.4.3　混凝土坝和浆砌石坝渗漏处理措施

渗漏处理的基本原则是：“上截下排、以截为主，以排为辅”，根据渗漏的部位、危害程度以及修补条件等实际情况制定处理措施。

对于建筑物本身渗漏的处理，以上游面封堵为主；对于基础渗漏的处理，以截为主，辅之以排；对于接触渗漏或绕坝渗漏的处理，应先封堵，以排补救。

4.4.3.1 混凝土坝坝体渗漏处理

1. 混凝土坝坝体裂缝渗漏的处理

根据裂缝发生的原因及其对结构影响的程度、渗漏量的大小和集中分散情况，分别采取以下措施。

(1) 表面处理。坝体裂缝渗漏按裂缝所在位置可采取表面涂抹、表面贴补、凿槽嵌补等表面处理方法。对于渗漏量较大，但是渗透压力不影响建筑物正常运用的渗水裂缝，在漏水出口进行处理时，应采取以下导渗措施：

1) 埋管导渗。沿漏水裂缝在混凝土表面凿槽，并在裂缝渗漏集中部位埋设引水铁管(其数量视渗漏的情况而定)，然后用旧棉絮沿裂缝填塞，使漏水集中从引水管排出，再用快凝灰浆或防水快凝砂浆迅速回填封闭槽口，最后把引水管封堵，如图4.5所示。

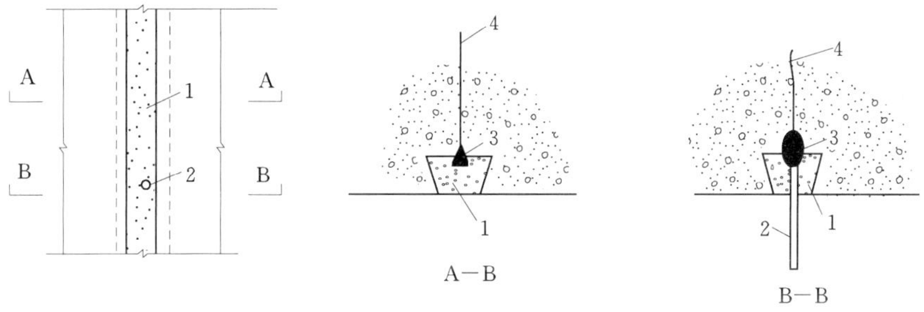

图4.5 埋管导渗示意图

1—沿裂缝凿出的槽内填快凝灰浆；2—引水管；3—塞进的棉絮；4—向内延伸的裂缝

2) 钻孔导渗。用风钻在漏水裂缝一侧（水平缝则在缝的下方）钻斜孔，穿过裂缝面，使漏水从钻孔中导出，然后封闭裂缝，最后灌浆填塞导渗孔。

(2) 内部处理。内部处理与上节所介绍的裂缝内部处理的方法相同，采用灌浆充填漏水通道，达到堵漏的目的。需要注意的是，有时为了灌浆的顺利进行或保证灌浆的可靠性，须先在裂缝上游面采取表面处理堵漏或在裂缝下游面采取导渗并封闭裂缝的措施。

(3) 结构处理结合表面处理。对于影响建筑物整体性或破坏结构强度的渗水裂缝，除了内部处理外，有的还要采取结构处理与表面处理结合的措施，以达到防渗、结构补强或恢复整体性的要求。结构补强措施多种多样。必须通过专门验算和进行技术经济比较选定。

2. 混凝土坝坝体散渗或集中渗漏的处理

混凝土坝由于蜂窝、空洞、不密实及抗渗指标不够等缺陷，从而引起坝体散渗或集中渗漏时，可根据渗漏的部位、程度和施工条件等情况，采取下列某一种或某几种方法相结合进行处理。

(1) 灌浆处理。灌浆处理主要用于建筑物内部密实性差、裂缝孔隙比较集中的部位。可用水泥灌浆，也可用化学灌浆。

(2) 表面涂抹。对大面积的细微散渗及水头较小的部位，可采取表面涂抹处理，对面积较小的散渗可采取表面贴补处理。

(3) 构筑防渗层。防渗层适用于大面积的散渗情况。防渗层一般做在坝体迎水面，结构一般有水泥浆及砂浆防渗层等形式。水泥浆及砂浆防渗层，一般在坝的迎水面应抹 5 层，总厚度 12～14mm。

(4) 增设防渗面板。当坝体本身质量差、抗渗等级低、大面积渗漏严重时，可在上游坝面增设防渗面板。防渗面板一般用混凝土材料，施工时需先放空水库，然后在原坝体布置锚筋并将原坝体凿毛、刷洗干净，最后浇筑混凝土。锚筋一般采用直径 12mm 的钢筋，每平方米一根，混凝土强度等级一般不低于 C15。

混凝土防渗面板的两端和底部都应深入基岩 1～1.5m，根据经验，一般混凝土防渗面板底部厚度为上游水深的 1/15～1/60，顶部厚度不少于 30cm。为防止面板产生温度裂缝，应设伸缩缝，分块进行浇筑，伸缩缝间距不宜过大，一般为 15～20m，缝间设止水。

(5) 堵塞孔洞。当坝体存在集中渗流孔洞时，若渗流流速不大，可先将孔洞内稍微扩大并凿毛，然后将快凝胶泥塞入孔洞中堵漏，若一次不能堵截，可分几次进行，直到堵截住为止。当渗流流速较大时，可先在洞中揳入棉絮或麻丝，以降低流速和漏水量，然后再行堵塞。

(6) 回填混凝土。对于局部混凝土疏松，或由蜂窝、空洞而造成的渗漏，可先将质量差的混凝土全部凿除，再用现浇混凝土回填。

4.4.3.2 浆砌石坝体渗漏的处理

浆砌石坝产生渗漏原因有：上游防渗部分施工质量不好；砌缝砂浆存在较多孔隙；砌筑石料本身抗渗指标较低等，这些都会引起坝体渗漏。通常采用以下方法进行处理。

1. 重新勾缝

当坝体石料质量较好，仅局部地方由于施工质量差，砌缝中砂浆不够饱满，有孔隙，或者砂浆干缩产生裂缝而造成渗漏时，均可采用水泥砂浆重新勾缝处理。一般浆砌石坝，当石料质量较好时，渗漏多沿灰缝发生，因此认真进行勾缝处理后，渗漏途径可全部堵塞。

2. 灌浆处理

当坝体砌筑质量普遍较差，大范围内出现严重渗漏，勾缝无效时，可采用从坝顶钻孔灌浆，在坝体上游形成防渗帷幕。

3. 加厚坝体

当坝体砌筑质量普遍较差，渗漏严重，勾缝无效，又不具备灌浆处理条件时，可在上游面加厚坝体，若原坝体较单薄，可一并加厚坝体防渗体。加厚坝体前需放空水库。

4. 上游面增设防渗层或防渗面板

渗漏严重时，可在坝上游面增设防渗层或混凝土防渗面板。方法和前述混凝土坝的防渗面板做法相同。

4.4.3.3 绕坝渗漏的处理

绕过混凝土或浆砌石坝的渗漏，应根据两岸的地质情况，摸清渗漏的原因及渗漏的来源与部位，采取相应措施进行处理。处理的方法可在上游面封堵，也可进行灌浆处理。

4.4.3.4 基础渗漏的处理

对岩石基础，如出现扬压力升高或排水孔涌水量增大等情况，可能是原有帷幕失效、岩基断层裂隙扩大、混凝土与基岩接触不密实或排水系统堵塞等原因所致。对此，应首先要查清有关部位的排水孔和测压孔的工作情况，然后根据原设计要求、施工情况进行综合分析，确定处理方法，一般有以下几种方法：

（1）若为原帷幕深度不够或下部孔距不满足要求，可对原帷幕进行加深加密补灌。

（2）若是混凝土与基岩接触面产生渗漏，可进行接触灌浆处理。

（3）若为垂直或斜交于坝轴线且贯穿坝基的断层破碎带造成的渗漏，可进行帷幕加深加厚和固结灌浆综合处理。

（4）若为排水设备不畅或堵塞，可设法疏通，必要时增设排水孔以改善排水条件。

4.5 混凝土坝表面破坏处理

4.5.1 混凝土表面破坏的形式与成因

混凝土坝表层破坏往往是由于设计考虑不周、施工质量差、管理不善或其他因素造成的，表层破坏的现象、原因和发生部位如表 4.7 所示。

表 4.7 表层破坏现象、原因和发生部位

现　　象	原　　因	常见部位
拆模后混凝土表面有蜂窝、麻面、骨料架空和外露、模板走样、接缝不平	施工质量不好	各部位均可能发生
高速水流冲刷、淘刷、磨损、气蚀等，使混凝土表面变形、骨料外露、疏松脱壳等	流速大于混凝土表面允许流速；水流边界条件不好，在高速水流作用下，引起气蚀破坏；水流中挟有大量沙石等推移质或冰凌等漂浮物；消力池护坦上及其附近堆积有砂石、混凝土块或钢筋等杂物	与水流接触的表面，特别是底板表面；过水建筑物急弯部分，断面突变部位及不平整部位
冻融、风化剥蚀使混凝土表面疏松脱壳或成块脱落	严寒地区冰冻及干湿交替循环作用；有侵蚀性水的化学侵蚀作用	水位变化区及与水经常接触的部位
撞击破坏使混凝土表面成块脱落、凹凸不平	机械、船舶或其他坚硬物的撞击	各部位均可能发生

4.5.2 混凝土表面破坏的修补要求

4.5.2.1 表层损坏混凝土的清除方法

在清除表层损坏混凝土时，应根据损坏的部位与程度，分别选用下述方法处理：

（1）人工凿除。浅层或面积较小时可以采用。

（2）风镐凿除。对于损坏较深（5～50cm）、面积较大的，可以结合人工进行。

（3）小型爆破为主的爆除。对于损坏深度大于 50cm 且面积较大的，可采用爆除方法。对于某些不宜进行爆破作业的特殊部位，可钻排孔，用人工打楔凿除，或用机械切割凿除。

（4）膨胀剂静力剥除。这种方法是沿混凝土清除边缘用机械切割边缝，深度不超过清

除厚度，然后顺着清除界面钻孔并装膨胀剂。膨胀剂一般为石灰加掺合剂形成。这是一种安全、简便、高效的新型实用技术方法。在一些改造工程中使用，获得良好效果。

4.5.2.2　清除表层损坏混凝土的技术要求

在清除表层损坏混凝土时，既要保证表层以下或周围完好的混凝土、钢筋、管道与观测设备及埋设件等不受破坏，又要保证损坏区域附近的机械设备和建筑物的安全。当采用以小型爆破为主的方法清除时，对有钢筋部位的表层损坏混凝土，可参照以下技术要求制定具体措施。

（1）爆破程序。爆破作业一般应分层分区进行，以保证爆破效果。爆破程序为：切断贯穿性钢筋和钻防振孔→拆除钢筋层→混凝土松动爆破→混凝土龟裂爆破及浅孔爆破→凿除保护层。

（2）布设防振孔。设防振孔一排，布置在凿除区内，与清除边线相距约 30cm，孔深约为爆破孔的 2 倍，如图 4.6 所示。

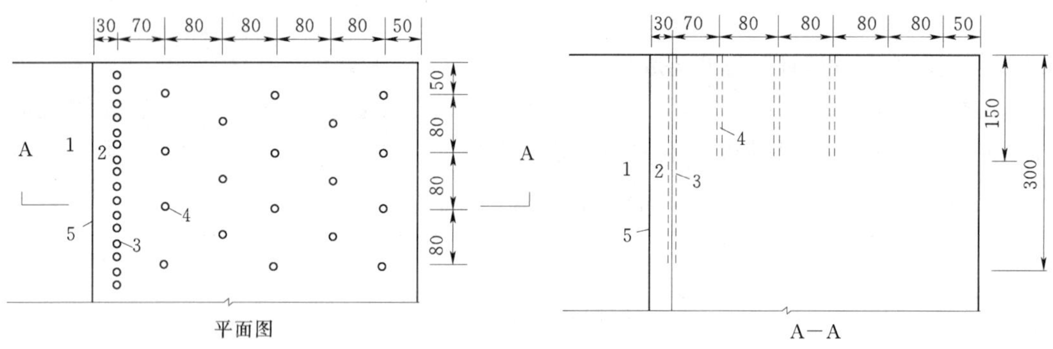

图 4.6　松动爆破布孔示意图（单位：cm）

1—保留区；2—保护区；3—防振孔；4—爆破装药孔；5—清除边线

（3）钢筋的处理。凡贯穿在凿除区和保留区之间的钢筋，必须在爆破前切断，在切断时，要注意随后焊接用的钢筋应保留有足够的搭接长度。

（4）爆破的控制。为了防止爆破时对相邻部位混凝土及建筑物的不良影响，对各爆破区的孔深、孔距、最小抵抗线、装药量和一次起爆总装药量等参数，要严加控制，并通过试验验证。

（5）爆破和凿除。如图 4.7 所示，按下列要求进行：①距清除边线 1m 以外的混凝土，采用松动爆破；②距竖直面清除边线 30～100cm 范围内的混凝土，采用龟裂爆破切割；③在底面清除边线以上 50～100cm 范围内采用浅孔松动爆破，并用火雷管起爆；④距竖直清除边线 30cm 和距底面清除边线 50cm 以内的混凝土，采用人工或风镐凿除。

4.5.3　修补方法的选择和对修补材料的要求

（1）当修补面积较大、深度大于 20cm 时，可采用普通混凝土（包括膨胀水泥混凝土和干硬性混凝土）、喷混凝土、压浆混凝土或真空作业混凝土回填；深度在 5～20cm 的，可采用喷混凝土或普通混凝土回填；深度在 5～10cm 的，可采用普通砂浆、喷浆或挂网喷浆填补；深度在 5cm 以下的，可采用预缩砂浆、环氧砂浆或喷浆填补。

（2）当修补面积较小，深度大于 10cm 时，可用普通混凝土或环氧混凝土回填，深度

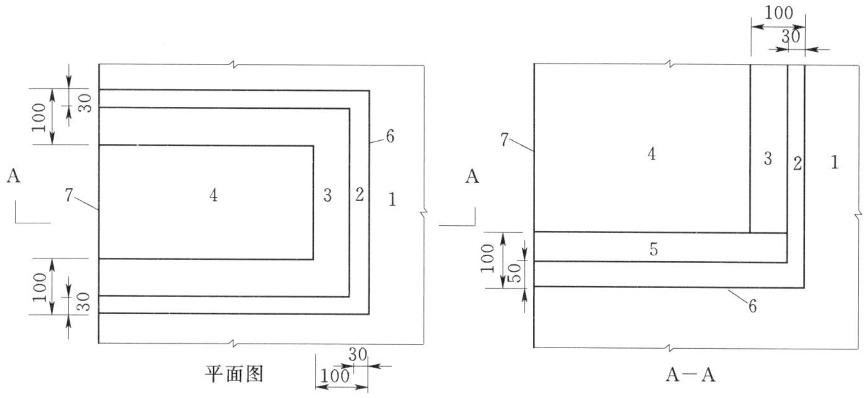

图 4.7 混凝土清除分区示意图（单位：cm）
1—保留区；2—人工或风镐凿除区；3—龟裂爆破区；4—松动爆破区；
5—浅孔爆破区；6—清除边线；7—临空面

小于 10cm 时，可用预缩砂浆或环氧砂浆填补，深度在 5mm 左右的低凹小缺陷，也可用环氧石英膏填补。

由于环氧材料比一般材料价格贵，因此只有在修补质量上要求较高的部位，或当用其他材料无法满足要求时，方可考虑使用。

（3）对修补面积不大并有特定要求的部位，可采用钢板衬护或其他材料（如铸铁、铸石等）镶护的方法，但要保证衬护或镶护材料与原混凝土联结可靠，并注意表面接合平顺。

（4）除了根据损坏的部位和原因分别提出抗冻、抗渗、抗侵蚀、抗风化等要求外，一般要求砂浆和混凝土应为高强度、耐磨和具有一定的韧性。混凝土的技术指标不得低于原混凝土，所用水泥不得低于原混凝土的水泥的强度，一般采用 C40 以上的普通硅酸盐水泥为宜；水灰比应尽量选用较小值，并通过试验确定。

（5）对由于湿度变化而引起风化剥蚀的部位进行修补时，宜在砂浆或混凝土中掺入占水泥质量万分之一左右的加气剂，以提高砂浆或混凝土的抗冻性和抗渗性，但这样会使强度稍有降低，因此应控制含气量不超过 5%。

4.5.4 混凝土表层修补的几种常用方法

对混凝土表层修补中所采用的水泥砂浆修补、预缩砂浆修补、喷浆修补、环氧砂浆修补等方法与 4.3 节中裂缝处理的方法是相同的。除此，这里再介绍以下几种方法。

1. 喷混凝土修补

喷混凝土的密度及抗渗能力比一般混凝土大，而且具有快速、高效、不用模板以及把运输、浇筑、捣固结合在一起的优点。

（1）材料与配比。根据强度、防渗、抗冻等要求进行试验确定。一般水泥∶砂子∶石子＝1∶2∶2；水灰比为 0.4～0.45。速凝剂参量为水泥量的 2%～4%。

（2）修补工艺。

1）喷混凝土前的准备工作。喷混凝土的准备工作，基本上与喷浆相同。

2）喷混凝土作业。喷混凝土的喷射方法与养护方法可参照前述喷浆修补有关内容进行。一次喷射层厚度一般以不小于最大骨料粒径的1.5倍为宜。

喷射层的间隔时间与水泥品种、施工温度和速凝剂掺量有关，一般不超过前一层终凝时间。当修补面积较大时，可考虑分区自上而下喷射。

2. 混凝土真空作业修补

真空作业，是采用真空系统将浇筑的混凝土中多余的水量提早吸出，以增加混凝土的早期强度，提高混凝土的质量，缩短拆模期限的一种修补方法。

（1）真空作业的设备装置。混凝土真空作业的装置有移动式和固定式两种。移动式装置可装在汽车上或拖车上，固定式布置如图4.8所示，其主要设备包括真空泵、真空槽、连接器等。

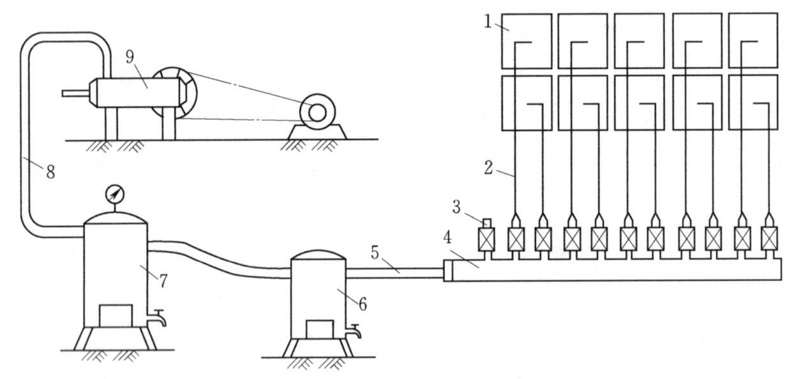

图4.8　真空系统固定式布置示意图

1—真空盘或真空模板；2—吸气压力胶管；3—连接器分嘴；4—连接器；5—吸气总管；6—集水槽；7—真空槽；8—连接管；9—真空泵

（2）真空作业的技术要求。

1）施工程序。洗刷模板→涂抹肥皂水或石灰浆→支设模板→浇筑混凝土或预填骨料混凝土→真空作业→拆模→养护。

2）真空系统各项设备应严密不漏气，并保持清洁，注意防止杂物及水被吸入真空泵内。真空盘与混凝土表面接触要严密，各真空盘应尽量靠紧。在最初抹平混凝土表面时，应比设计高度高出5～10mm（一般应经试验确定），使真空作业后混凝土表面高度与设计高度相符。真空作业后不得在混凝土表面加水泥砂浆面层。

3）真空模板必须安装牢固，防止变形、漏气。每次作业时，混凝土必须浇筑到高出该层真空腔的上缘，并填满真空腔。真空作业的吸水量，要根据所要求的真空作业层厚度及水灰比降低值确定。真空度一般为350～550mm水银柱高度，真空槽和连接器可控制在较高范围，真空腔可控制在较低范围。

4）真空作业时间随着混凝土的密度和作业层厚度按吸水量而定。当作业层厚度不超过25cm时，一般采用15～45min；当超过25cm时，可延长至50min。真空作业修补可用一次吸真空法，也可用二次吸真空法，如第一次作业后，吸水量仍未达到要求指标，可间隔10min，再第二次吸真空10～15min。

5）真空作业最好在混凝土振捣抹平后15min内开始，最迟也不应超过30min。真空模板各层吸真空作业必须在其上一层混凝土振捣完毕后才开始。真空作业中途如因故停工，间断时间应小于30min。气温低于8℃时，应做好真空系统防冻措施。

6）真空作业完毕后，先拔掉吸气嘴的气管，再停真空泵，以防灰浆水倒灌。

7）拆模时间。水平表面可在作业完毕后立即拆除模板；40°以下的斜面以2～3h为宜；40°以上或竖直面以5～24h为宜。对承重的真空模板，须通过验算确定。

8）真空盘或真空模板每次使用后，应立即冲洗过滤布；在每次作业前，可在过滤布上涂一层肥皂水、石灰浆，或其他能防止粘结的廉价材料。

9）在真空作业后，混凝土的养护与普通混凝土相同。

（3）真空作业的效果。混凝土经真空作业后，其强度提高值如表4.8所示。但当混凝土的水泥用量大于400kg/m^3、水灰比为0.4以下时，吸真空的效果就大大降低，不宜再用真空作业。

表4.8　　混凝土真空作业后的强度提高值

龄期（d）	3	7	28	1
强度提高值（%）	40～60	30～40	20～25	15～20

注　真空作业混凝土的配合比、养护条件同普通混凝土。

3. 压浆混凝土（预填粗骨料混凝土）修补

压浆混凝土是将有一定级配的洁净粗骨料预先填入模板中，并埋入灌浆管，然后通过灌浆管用泵把水泥砂浆压入粗骨料间的空隙中胶结而成为密实的混凝土。

（1）材料与配比。

1）砂。砂宜采用细砂，超过2.5mm的颗粒应预先筛除，细度模数最好在1.2～2.4范围内。

2）粗骨料。粗骨料应为洁净的卵石或碎石，宜采用间断级配，最小粒径不得小于2cm，最大粒径尽可能用的大些，使孔隙率降低。在一般情况下，孔隙率为35%～40%。

3）掺合料。掺入一定数量的掺合料可以节约水泥，改善砂浆的和易性，提高抗渗和抗蚀能力。最常用的掺合料有火山灰质混合材料和粒状高炉矿渣等，其中以粉煤灰应用最广。粉煤灰的质量应符合混凝土施工规范的规定，掺入量可通过试验确定。

4）外加剂。为了改善砂浆的性能，常掺用加气剂、塑化剂和铝粉等外加剂，最佳掺量应由试验来确定。铝粉掺入量约为水泥与掺合料总质量的十万分之四至万分之一。用铝粉时，应先将铝粉与干的掺合料拌匀。

5）配合比。压浆混凝土的配合比设计，应根据试验求得压浆混凝土强度与砂浆强度的关系，再按要求的砂浆强度确定砂浆配合比。但砂浆与胶结料的质量比不超过1.6。为了满足施工的需要，用压浆法浇筑混凝土的砂浆，应具有下列分层度和流动度指标：

a. 分层度（即砂浆的离析程度）不大于2cm。

b. 流动度（即砂浆的稠度）：当石子粒径为20mm时为17～22s；当石子粒径大于20mm时为22～25s。

选择适当的分层度和流动度，是为了砂浆在压力作用下，通过管道输送时砂粒处于悬

浮状态，以利于提高输送效率。

(2) 压浆系统的布置。压浆系统的布置，除应满足压浆作业顺利进行外，还应使其移动次数最少，且输浆管线路最短。系统布置方式如图4.9所示。

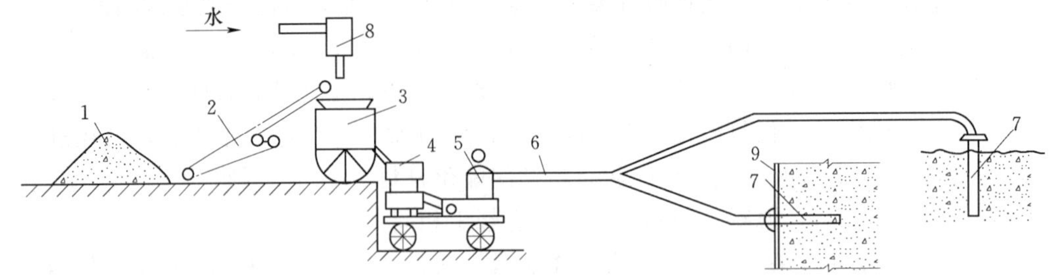

图4.9　真空系统布置示意图

1—水泥、砂材料；2—皮带输送机；3—强制式砂浆搅拌机；4—带有搅拌装置的砂浆储备器；5—砂浆泵；6—输浆泵；7—灌浆泵；8—称水装置；9—模板

(3) 压浆混凝土作业。

1) 准备工作。

a. 立好模板，筛选洗净粗骨料，分层填筑，每层厚度不宜超过20cm，并加以捣实，以降低填石的孔隙率。

b. 在预填粗骨料过程中，应按设计要求埋入灌浆管和观测管，并保证不被填石所破坏。

c. 压浆前应对管路作压水试验，检查有无漏水。

2) 压浆作业注意事项。

a. 砂浆拌和时间应不少于3min。压浆开始时，先压送水泥浆较多的砂浆，以润滑管路，然后再压送按规定配合比拌和的砂浆。

b. 初次拌好的砂浆必须测定流动度，如数值超过规定时，应加以改正。在压浆过程中，也应经常检查流动度。

c. 压浆管的布置方式，应根据修补部位的形状及大小确定。可以穿过侧面模板水平放置，也可以竖直放置。竖放时，压浆管距离模板不宜小于50cm，以免对模板产生过大压力。压浆管间距与位置，应根据浇筑范围、压浆管的作用半径及管径，砂浆流动度与灌浆压力等事先试验确定，一般间距为1.5～2.0m。

d. 当施工部位的厚度不大，而面积较大、埋设的灌浆管较多时，应对灌浆顺序进行安排。一般常采用双线循环法，即从一端向另一端推进。开始灌浆时，第1线和第2线同时进行，当第1线灌完后，第2线仍继续灌浆，而将第1线的输浆管接到第3线，同样第2线灌完后，再把输浆管装到第4线，如此连续向前推进。

e. 当结构物的标高由四周向中心逐渐增高或者是斜面，而布置的灌浆管不能同时灌浆时，应先从最下部开始，逐渐上升，不得间断。

f. 压浆过程中，必须测定砂浆的上升情况，观测结果要作详细记录。

g. 发生严重故障时，如模板破坏和设备损坏等被迫停止的工作时间较长，则应将被

埋入砂浆中的所有灌浆管提升到砂浆面以上10～15cm处，并用铁钎捅捣或通压缩空气等方法使管路通畅，将设备内的砂浆全部弃掉，且冲洗洁净。继续压浆前，应先适量地压送纯水泥浆（水灰比采用0.5）后再压送砂浆，以免砂浆由上而下灌注时在接缝处形成蜂窝、麻面。

（4）压浆混凝土的效果和应用。压浆混凝土早期强度增长较缓慢，但后期有显著增长，并有较高的抗渗能力，如90d龄期的抗渗能力可达1.5MPa以上，其强度可以达到普通混凝土的强度。它不仅适用于一般抗渗要求较高部位的修补，而且也适用于钢筋稠密、埋设件复杂、结构尺寸要求精确度较高以及水下不易浇筑捣固的部位的修补。

有抗冻要求的压浆混凝土，应通过试验合格后，才能使用。

4.6 混凝土坝及浆砌石坝的抗滑稳定处理

重力坝是用混凝土或浆砌石修筑的大体积挡水建筑物，它的主要特点是依靠自重来维持坝身的稳定。

重力坝必须保证在各种外力组合的作用下，有足够的抗滑稳定性，抗滑稳定性不足是重力坝最危险的病害。当发现坝体存在抗滑稳定性不足，或已产生初步滑动迹象时，必须详细查找和分析坝体抗滑稳定性不足的原因，提出有效措施，及时处理。

4.6.1 重力坝抗滑稳定性不足的原因

根据对重力坝病害和失事情况的调查分析，坝体抗滑稳定性不足，主要是由于重力坝在勘测、设计、施工和运用管理中存在如下问题造成的。

（1）在勘测工作中，对坝基地质缺乏全面和系统的分析研究，特别是对具有缓倾角的泥化夹层，其泡水后层间摩擦系数极小，软弱面的抗剪强度低、抗冲能力差。如在设计中采用过高的抗剪强度指标，当水库蓄满后在强大的水平推力作用下，易造成坝体抗滑稳定性不足。例如，湖南省双牌电站坝后冲刷坑原设计深度比实际冲刷深度浅，地基又为倾向下游的缓倾角夹层，结果坝基出现临空面，使电站大坝出现险情，经采取预应力钢索锚固措施才排除险情，耗资800余万元。

（2）设计的坝体断面过于单薄，自重不够，或坝基扬压力加大，在水平推力作用下，上游坝趾处出现裂缝，从而增大底部渗透压力，减轻了坝体有效质量，使坝体稳定性不够。

（3）施工质量较差，施工时坝基清理不彻底，开挖深度不够，使坝体置于强风化层上，在水库蓄水时因坝基渗流造成地基软化，形成坝与地基接触面之间的抗剪强度值减小，扬压力增大，使坝体不安全。

（4）由于管理运用不善，造成水库水位较多地超过设计最高水位，甚至形成洪水漫顶，增大了坝体所受的水平推力，或管理不善造成排水设备堵塞，帷幕断裂，增加了渗透压力，扬压力变大，使坝体的抗滑稳定性降低。

4.6.2 增加重力坝抗滑稳定性的主要措施

重力坝承受强大的上游水压力和泥沙压力等水平荷载，如果某一截面的抗剪能力不足以抵抗该截面以上坝体承受的水平荷载时，便可能产生沿此截面的滑动。由于一般情况下坝体与地基接触面的结合较差，因此滑动往往是沿坝体与地基的接触面发生的。所以，重力坝的抗滑稳定分析，主要是核算坝底面的抗滑稳定性。坝底面的抗滑稳定性与坝体的受力有关，重力坝所受的主要外力有垂直向下的坝体自重、垂直向上的坝基扬压力、水平推力和坝体沿地基接触面的摩擦力等。

当坝底为水平面时，通常用摩擦公式或剪摩公式校核其抗滑稳定性，即

$$K=\frac{F}{\sum P}=\frac{f(\sum W-U)}{\sum P} \tag{4.1}$$

$$K'=\frac{f'(\sum W-U)+c'A}{\sum P} \tag{4.2}$$

式中　$\sum W$——水库蓄水后作用在坝体（滑动面以上部分）上垂直向下的力（水重、坝体自重等）之和，kN；

$\sum P$——作用在坝体上水平推力（包括水压力、泥沙压力、浪压力等）之和，kN；

F——坝体沿地基接触面的摩擦力，也是阻止坝体滑动的阻滑力，kN；

U——垂直向上的坝基扬压力，kN；

f——坝体与坝基之间的摩擦系数；

f'、c'——坝体（混凝土或浆砌石）与坝基接触面的抗剪断摩擦系数、抗剪断黏聚力，kN/m^2；

A——坝体与坝基连接面面积，m^2；

K、K'——抗滑和抗剪断强度计算的抗滑稳定安全系数。

从稳定性分析公式中看出，要增加 K 值，可采取多种措施，如增加坝体的铅直力 $\sum W$，减小扬压力 U，提高坝体与坝基之间的摩擦系数 f 值，对具有软弱夹层的地基应设法增加尾岩抗体被动抗力。显然，依靠减小水平推力 $\sum P$ 来增加坝体稳定性是困难的。下面就上述措施分述于下。

4.6.2.1　增加坝体所受铅直向下力

目前采用增加坝体所受铅直向下力 $\sum W$ 的措施有加大坝体剖面和预应力锚索加固两种方法。

1. 加大坝体剖面

可在上游面或下游面加大剖面以增加坝体自重。从上游面加大剖面可增加坝体自重及垂直水重，并可改善坝体防渗条件，但要降低库水位、修筑围堰才能进行施工作业。加大下游剖面施工比较简单，但只能利用加大部分坝体的自重，不能利用水重，也不能改善防渗条件。通常加大坝体剖面来增加坝体自重是不经济的。坝体的加大部分应通过抗滑稳定性计算来确定，同时应考虑施工期对坝体上游坝趾处应力的影响，注意新旧坝体间的结合。

2. 预应力锚索加固

预应力锚固，是从坝顶钻孔到坝基一定深度，在孔内穿入钢锚索，锚索一端锚入基岩中，另一端锚固于坝体内，通过对锚索施加预应力，使坝体内及坝体与坝基之间压力增大。从而可以增加坝体的抗滑稳定性，如图 4.10 所示。由于用锚索加固大坝取得了成功，全世界已有 60 余座大坝采用这一方法。

预锚加固法特别适用于坝基夹层深而多的情况，当下伏坚硬完整岩石时，会取得很好的效果。国外较为典型的预锚加固工程有美国的拉卜利尔坝、密尔顿湖坝，这些坝分别运行了50余年，沉陷基本趋于稳定。对于抗倾覆预锚加固，通常在上游锚固效果较好，锚固力产生很大的抗倾覆力矩，增加坝体稳定，并改善坝体及坝基中的应力状态。

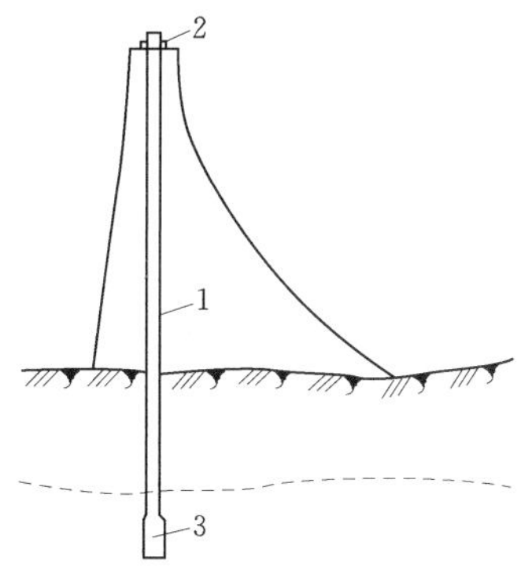

图4.10　预应力锚固示意图
1—锚索孔；2—锚头；3—扩孔段

4.6.2.2　减小扬压力

减小扬压力比依靠增加坝体质量来提高坝体抗滑稳定更有效，应予以首先考虑。通常减小扬压力的措施有补强帷幕灌浆、加强坝基排水及采用防渗阻滑板等方法。

1. 加强坝基防渗

采用补强帷幕灌浆，加强坝基防渗，对减少扬压力的效果非常显著。这种措施既能减小扬压力，又能减小坝基渗漏，保证软弱夹层的渗透稳定，一般大中型工程常采用此法。通常是在坝体中预留灌浆廊道，若无预留灌浆廊道，可在上游坝侧或深水钻孔。补强帷幕通常采用水泥砂浆作为灌浆材料，如果坝基有断裂，裂缝细微，漏水严重时，可用化学灌浆，但造价较高。

2. 加强坝基排水

在帷幕下游加强坝基排水，这是减小扬压力最经济、最有效的措施。根据国内几座大型水库工程实际观测结果，设帷幕和排水与未设帷幕和排水时的渗透压力折减系数分别为0.45～0.6和0.2～0.4。从某种意义上看，排水对减小渗透压力的作用比设置帷幕更为明显。自从法国马尔巴塞坝失事后，排水措施几乎成为混凝土坝必须采用的结构措施。我国有些工程采用"闭路式抽水减压系统"以减小扬压力，效果很显著。其布置为：在帷幕后设纵横排水，将坝基渗水汇集于低于下游水位的集水井，井内设水泵抽水至下游，排水系统不与下游连通，自成系统。

3. 上游设置防渗阻滑板

沿上游河床表面设置混凝土防渗阻滑板，利用板上水重，可增加沿基岩表层的抗滑作用，对软弱夹层可增加其正应力，提高抗剪强度。

4.6.2.3　提高软弱夹层的抗剪强度指标

我国有些工程试验表明，软弱夹层抗剪强度极低，黏结力$c'\approx 0$，f在0.2～0.25，因此，提高f值是增加坝体抗滑稳定性的重要措施。软弱夹层较浅时，通常可用换基法，清除表层软弱夹层，换填混凝土；对于中浅层软弱夹层，亦可采取浅层明挖，较深部位灌浆的综合措施；对埋藏较深的软弱夹层，换基工作量太大，可以开挖几排孔洞，中间填塞混凝土。此外，还可用坝踵深齿切断软弱夹层，使滑动面下移至完整的岩基中。

思　考　题

1. 混凝土坝及浆砌石坝常有哪些类型的病害？

2. 混凝土坝运用中应进行哪些检查？从哪些方面进行养护？

3. 混凝土坝运用时常会发生哪些裂缝？如何处理？
4. 哪些因素会引起混凝土坝发生渗漏？渗漏应如何处理？
5. 坝体混凝土表面通常发生哪些破坏？
6. 混凝土表面破坏如何清理？
7. 混凝土表面破坏的处理有哪些方法？
8. 压浆混凝土作业时应注意些什么？
9. 重力坝抗滑稳定性不足的原因有哪些？
10. 增强混凝土重力坝稳定性的途径有哪些？

第5章 水闸的养护和修理

学习要求： 掌握水闸工程的检查及养护的内容，水闸操作运用的方法，水闸病害的形式及处理方法；熟悉闸门与启闭设备的养护与修理。

5.1 概 述

水闸工程土建部分与坝一样，都是由混凝土、浆砌石、块石及土等材料构成的。因此，其土建工程的维修工作与坝有很多相同之处，与坝相同的维修内容和方法，本章不再重复。本章着重阐述与这些建筑物自身特点有关的养护维修和操作运用工作。

5.1.1 水闸的组成和工作特点

5.1.1.1 水闸的类型

水闸按其所承担的任务可以分为进水闸（取水闸）、节制闸、冲沙闸、分洪闸、排水闸、挡潮闸等。

水闸按照结构型式分开敞式和涵洞式水闸。

国内已建的其他类型的水闸还有水力自控翻板闸、橡胶水闸、灌柱桩水闸、装配式水闸。

5.1.1.2 水闸的组成

水闸一般由上游连接段、闸室段及下游连接段3部分组成，如图5.1所示。

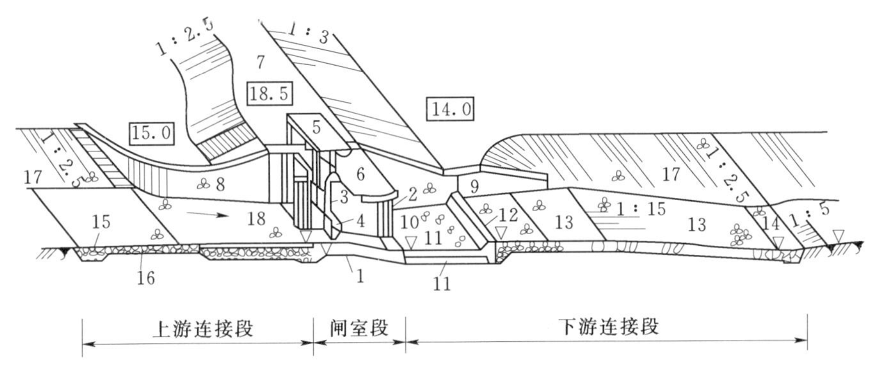

图5.1 开敞式水闸组成示意图

1—闸室底板；2—闸墩；3—胸墙；4—闸门；5—工作桥；6—交通桥；7—堤顶；8—上游翼墙；9—下游翼墙；10—护坦；11—排水孔；12—消力坎；13—海漫；14—上游防冲槽；15—上游防冲槽；16—上游护底；17—下游护岸；18—上游铺盖

(1) 上游连接段。上游连接段的主要作用是引导水流平顺、均匀地进入闸室，保护上游河床及两岸免于冲刷，并有防渗作用。一般包括上游防冲槽、上游护底、上游护坡、上游铺盖、上游翼墙等。上游防冲槽、上游护底、上游护坡主要起防冲作用。上游铺盖、上游翼墙除了防冲作用之外，还有防渗作用。

（2）闸室段。闸室段是水闸的主体，有控制水流和连接两岸的作用。包括底板、闸门、闸墩、胸墙（开敞式水闸）、交通桥、工作桥和启闭机房等。底板是闸室的基础，主要有支承上部结构的重量、满足抗滑稳定和地基应力的作用，还兼有防渗的作用。闸门主要是控制水流的作用。闸墩的目的是分隔闸孔和支承闸门、胸墙、交通桥、工作桥和启闭机房。胸墙的作用则是减小闸门和工作桥的高度，减小启门力，降低工程造价。交通桥的作用是连接水闸两侧的交通。工作桥是用于支承、安装启闭设备。启闭机房是用于安装和控制启闭设备。

（3）下游连接段。下游连接段的主要作用是将下泄水流平顺引入下游河道，有消能、防冲及防止发生渗透破坏的功能。一般有护坦、下游翼墙、海漫和防冲槽及下游护坡。护坦、下游翼墙、海漫有消能和防冲及防止发生渗透破坏的作用。防冲槽及下游护坡主要起防冲的作用。

5.1.1.3 水闸的工作特点

水闸的地基可以是岩基或土基，且多修建在土质地基上，因而它在抗滑稳定、防渗、消能防冲及沉陷等方面具有以下工作特点和设计要求。

（1）土基的沉陷问题。土基的压缩性大，承载能力低，在自重和外荷载的作用下，地基易产生较大的沉降量和沉降差，导致闸室高度不够或闸室倾斜，造成底板断裂或闸门不能正常开启等，引起水闸失事。因此，设计时必须合理选择闸型和构造，排好施工程序及采取必要的地基处理措施等，以减小地基沉陷。

（2）过闸水流具有较大动能，易于冲刷破坏下游河床及两岸。水闸泄水时，水流具有较大的能量，而土基抗冲能力较低，较易引起上下游河床及两岸的冲刷破坏，严重时会扩大到闸室地基，致使水闸失事。因此，设计水闸时必须采取有效的消能防冲措施。

（3）土基的抗滑稳定性差。当水闸挡水时，上下游水位差造成较大的水平水压力，使水闸有可能产生向下游侧滑动。同时，在上下游水位差的作用下，闸基及两岸均产生渗流。渗流将对水闸底部施加向上的渗透压力，减小了水闸的有效质量，从而降低了水闸的抗滑稳定性。因此，水闸必须具有足够的质量以维持自身的稳定。

（4）渗流易使闸下产生渗透变形。土基渗流除产生渗透压力不利闸室稳定外，还可能将地基及两岸土壤的细颗粒带走形成管涌或流土等渗透变形，严重时闸基和两岸的土壤会被淘空，危及水闸的安全。因此，应妥善设计防渗设施，并在渗流逸出处设反滤层等设施以保证不发生渗透变形。

5.1.2 水闸的失事原因

水闸的失事原因是多方面的，主要破坏形式有因地基不均匀沉陷引起的闸墩开裂、混凝土结构因温度变化和超载运行而致开裂、闸门启闭机失灵、反滤层失效及渗透变形、出闸翼墙遭冲刷、泥沙淤积等。

5.2 水闸的检查和养护

水闸是由混凝土、浆砌石及土等材料构成的，与前述混凝土及浆砌石建筑物的维修内

容和方法有很多相似之处。

5.2.1 水闸的检查

水闸检查是一项细致而重要的工作，对及时准确地掌握工程的安全运行情况和工情、水情的变化规律，防止工程缺陷或隐患，都具有重要作用。

5.2.1.1 检查周期

检查可分经常检查、定期检查、特别检查和安全鉴定4类。

(1) 经常检查。是用眼看、耳听、手摸等方法对水闸的闸门，启闭机，机电设备，通信设备，管理范围内的河道、堤防和水流形态等进行检查。经常检查应指定专人按岗位职责分工进行。经常检查的周期按规定一般为每月不少于一次，但也应根据工程的不同情况另行规定。重要部位每月可以检查多次，次要部位或不易损坏的部位每月可只检查一次；在宣泄较大流量、出现较高水位及汛期每月可检查多次，在非汛期可减少检查次数。

(2) 定期检查。一般指每年的汛前、汛后、用水期前后、冰冻期（指北方）的检查，每年的定期检查应为4～6次。根据不同地区汛期到来的时间确定检查时间，例如，华北地区可安排3月上旬、5月下旬、7月、9月底、12月底、用水期前后等6次。

(3) 特别检查。是水闸经过特殊运用之后的检查，如特大洪水超标准运用、暴风雨、风暴潮、强烈地震和发生重大工程事故之后。

(4) 安全鉴定。应每隔15～20年进行一次，可以在上级主管部门的主持下进行。

5.2.1.2 检查内容

对水闸工程的重要部位和薄弱部位及易发生问题的部位，要特别注意检查观测。检查的主要内容有：

(1) 水闸闸墙背与干堤连接段有无渗漏迹象。

(2) 砌石护坡有无坍塌、松动、隆起、底部淘空、垫层散失，砌石挡土墙有无倾斜、位移（水平或垂直）、勾缝脱落等现象。

(3) 混凝土建筑物有无裂缝、腐蚀、磨损、剥蚀露筋；伸缩缝止水有无损坏、漏水；门坎的预埋件有无损坏。

(4) 闸门有无表面涂层剥落、门体变形、锈蚀、焊缝开裂或螺栓、铆钉松动；支承行走机构是否运转灵活、止水装置是否完好等。

(5) 启闭机械是否运转灵活，制动准确，有无腐蚀和异常声响；钢丝绳有无断丝、磨损、锈蚀、接头不牢、变形；零部件有无缺损、裂纹、磨损及螺杆有无弯曲变形；油压机油路是否通畅，油量、油质是否合乎规定要求，调控装置及指示仪表是否正常，油泵、油管系统有否漏油。

(6) 机电及防雷设备、线路是否正常，接头是否牢固，安全保护装置动作是否准确可靠，指示仪表指示是否正确，备用电源是否完好可靠，照明、通信系统是否完好。

(7) 进、出闸水流是否平顺，有无折冲水流或波状水跃等不良流态。

5.2.2 水闸的养护

水闸养护包括建筑物结构部分的养护、闸门的养护以及启闭机的养护。下面主要介绍建筑物结构部分的养护。

5.2.2.1　建筑物土工部分的养护

对于土工建筑物的雨淋沟、浪窝、塌陷以及水流冲刷部分，应立即进行检修。当土工建筑物发生渗漏、管涌时，一般采用上游堵截渗漏，下游反滤导渗的方法进行及时处理。当发现土工建筑物发生裂缝、滑坡时，应立即分析原因，根据情况可采用开挖回填或灌浆方法处理，但滑坡裂缝不宜采用灌浆方法处理。对于隐患，如蚁穴兽洞、深层裂缝等，应采用灌浆或开挖回填处理。

5.2.2.2　砌石设施的养护

对干砌块石护坡、护底和挡土墙，如有塌陷、隆起、错动时，要及时整修，必要时应予以更换或灌浆处理。

对浆砌块石结构，如有塌陷、隆起，应重新翻修，无垫层或垫层失效的均应补设或整修。遇有勾缝脱落或开裂，应冲洗干净后重新勾缝。浆砌石岸墙、挡土墙有倾覆或滑动迹象时，可采取降低墙后填土高度或增加拉撑等办法予以处理。

5.2.2.3　混凝土及钢筋混凝土设施的养护

混凝土的表面应保持清洁完好，对苔藓、蚧贝等附着生物应定期清除。对混凝土表面出现的剥落或机械损坏问题，可根据缺陷情况采用相应的砂浆或混凝土进行修补。

对于混凝土裂缝，应分析原因及其对建筑物的影响，拟定修补措施，裂缝的修理方法参阅第4章有关内容。

水闸上、下游，特别是底板、闸门槽、消力池内的砂石，应定期清理打捞，以防止产生严重磨损。

伸缩缝填料如有流失，应及时填充，止水片损坏时，应凿槽修补或采取其他有效措施修复。

5.2.2.4　其他设施的养护

禁止在交通桥上和翼墙侧堆放砂石料等重物，禁止各种船只停靠在泄水孔附近，禁止在附近爆破。

5.2.3　水闸的操作运用

不同类型的水闸，有不同的特点及作用。现将水闸一般操作及运用技术要求简要叙述如下。

5.2.3.1　闸门启用前的准备工作

1. 严格执行启闭制度

(1) 管理机构对闸门的启闭，应严格按照控制运用计划及负责指挥运用的上级主管部门的指示执行。对上级主管部门的指示，管理机构应详细记录，并由技术负责人确定闸门的运用方式和启闭次序，按规定程序下达执行。

(2) 操作人员接到启闭闸门的任务后，应迅速做好各项准备工作。

(3) 当闸门的开度较大，其泄流或水位变化对上下游有危害或影响时，必须预先通知有关单位，做好准备，以免造成不必要的损失。

2. 认真进行检查工作

(1) 闸门的检查。

1) 闸门的开度是否在原定位置。

2）闸门的周围有无漂浮物卡阻，门体有无歪斜，门槽是否堵塞。

3）冰冻地区，冬季启闭闸门前还应注意检查闸门的活动部分有无冻结现象。

（2）启闭设备的检查。

1）启闭闸门的电源或动力有无故障。

2）电动机是否正常，相序是否正确。

3）机电安全保护设施、仪表是否完好。

4）机电转动设备的润滑油是否充足，特别注意高速部位（如变速箱等）的油量是否符合规定要求。

5）牵引设备是否正常。如钢丝绳有无锈蚀、断裂，螺杆等有无弯曲变形，吊点结合是否牢固。

6）液压启闭机的油泵、阀、滤油器是否正常，油箱的油量是否充足，管道、油缸是否漏油。

（3）其他方面的检查。

1）上下游有无船只、漂浮物或其他障碍物影响行水等情况。

2）观测上下游水位、流量、流态。

5.2.3.2 闸门的操作运用原则

（1）工作闸门可以在动水情况下启闭，船闸的工作闸门应在静水情况下启闭。

（2）检修闸门一般在静水情况下启闭。

5.2.3.3 闸门的操作运用

1. 工作闸门的操作

工作闸门在操作运用时，应注意以下几个问题。

（1）闸门在不同开启度情况下工作时，要注意闸门、闸身的振动和对下游冲刷程度。

（2）闸门放水时，必须与下游水位、流量相适应，水跃应发生在消力池内。应根据闸下水位与安全流量关系表和水位-闸门开度-流量关系图表，进行分次开启。

（3）不允许局部开启的工作闸门，不得在启、闭中途停留使用。

2. 多孔闸门的运行

（1）多孔闸门若能全部同时启闭，尽量全部同时启闭，若不能全部同时启闭，应由中间孔依次向两边对称开启或由两端向中间依次对称关闭。

（2）对上下双层孔口的闸门，应先开底层后开上层，关闭时顺序相反。

（3）多孔闸门下泄小流量时，只有当水跃能控制在消力池内时，才允许开启部分闸孔。开启部分闸孔时，也应尽量考虑对称。

（4）多孔闸门允许局部开启时，应先确定闸下分次允许增加的流量，然后，确定闸门分次启闭的高度。

5.2.3.4 启闭机的操作

1. 电动及手、电两用卷扬式、螺杆式启闭机的操作

（1）电动启闭机的操作程序，凡有锁定装置的，应先打开锁定装置，后合电器开关。当闸门运行到预定位置后，及时断开电器开关，装好锁定，切断电源。

（2）人工操作手、电两用启闭机时，应先切断电源，合上离合器，方能操作。

如使用电动时，应先取下摇柄，拉开离合器后，才能按电动操作程序进行。

2. 液压启闭机操作

(1) 打开有关阀门，并将换向阀扳至所需位置。

(2) 打开锁定装置，合上电器开关，启动油泵。

(3) 逐渐关闭回油控制阀升压，开始运行闸门。

(4) 在运行中若需改变闸门运行方向，应先打开回油控制阀至极限，然后扳动换向。

(5) 停机前，应先逐步打开回油阀，当闸门达到上、下极限位置，而压力再升时，应立即将回油控制阀升至极限位置。

(6) 停机后，应将换向阀扳至停止位置，关闭所有阀门，锁好锁定，切断电源。

5.2.3.5 水闸操作运用应注意的事项

(1) 在操作过程中，不论是遥控、集中控制或机旁控制，均应有专人在机旁和控制室进行监护。

(2) 启动后应注意启闭机是否按要求的方向动作，电器、油压、机械设备的运用是否良好；开度指示器及各种仪表所示的位置是否准确；用两部启闭机控制一个闸门的是否同步启闭。若发现当启闭力达到要求，而闸门仍固定不动或发生其他异常现象时，应立即停机检查处理，不得强行启闭。

(3) 闸门应避免停留在容易发生振动的开度上。如闸门或启闭机发生不正常的振动、声响等，应立即停机检查。消除不正常现象后，再行启闭。

(4) 使用卷扬式启闭机关闭闸门时，不得在无电的情况下，单独松开制动器降落闸门(设有离心装置的除外)。

(5) 当开启闸门接近最大开度或关闭闸门接近闸底时，应注意闸门指示器或标志，应停机时要及时停机，以避免启闭机械损坏。

(6) 在冰冻时期，如要开启闸门，应将闸门附近的冰破碎或融化后，再开启闸门。在解冻流冰时期泄水时，应将闸门全部提出水面，或控制小开度放水，以避免流冰撞击闸门。

(7) 闸门启闭完毕后，应校核闸门的开度。

水闸的操作是一项业务性较强的工作，要求操作人员必须熟悉业务、思想集中，操作过程中，必须坚守工作岗位，严格按操作规程办事，避免各种事故的发生。

5.3 水闸的病害处理

对水闸损坏的修理，首先应找出损坏产生的原因，采取措施改变引起损坏的条件，然后对损坏部位进行修复。

5.3.1 水闸的裂缝与修理

5.3.1.1 闸底板和胸墙的裂缝与修理

闸底板和胸墙的刚度比较小，适应地基变形的能力较差。因此，很容易由于地基不均匀沉陷引起裂缝。另外，由于混凝土强度不足、温差过大或施工质量差等也容易引起底板和胸墙裂缝。

由于地基不均匀沉陷产生的裂缝，在裂缝修补前，首先应采取稳定地基的措施。稳定地基的一种方法是卸载，如将墙后填土的边墩改为空箱结构，或拆除增设的交通桥等。此法适用于有条件进行卸载的水闸。另一种是加固地基，常用的方法是对地基进行补强灌浆，提高地基的承载能力。对于因混凝土强度不足或因施工质量而产生的裂缝，主要应对结构进行补强处理。

裂缝处理的具体方法可见第4章有关内容。

5.3.1.2 翼墙和浆砌块石护坡的裂缝与修理

地基不均匀沉陷和墙后排水设备失效是造成翼墙裂缝的两个主要原因。由于不均匀沉陷而产生的裂缝，首先应通过减荷稳定地基，然后再对裂缝进行修补处理，因墙后排水设备失效，应先修复排水设施，再修补裂缝。浆砌石护坡裂缝常常是由于填土不实造成的，严重时应进行翻修。

5.3.1.3 护坦的裂缝与修理

护坦的裂缝产生的原因有：地基不均匀沉陷、温度应力过大和底部排水失效等。因地基不均匀沉陷产生的裂缝，可待地基稳定后，在缝上设止水，将裂缝改为沉陷缝。温度裂缝可采取补强措施进行修补，底部排水失效，应先修复排水设备。

5.3.1.4 钢筋混凝土的顺筋裂缝与修理

钢筋混凝土的顺筋裂缝是沿海地区挡潮闸普遍存在的一种病害现象。裂缝的发展可使混凝土脱落、钢筋锈蚀，使结构强度过早地丧失。顺筋裂缝产生的原因是海水渗入混凝土后，降低了混凝土碱度，使钢筋表面的氧化膜遭到破坏，结果导致海水直接接触钢筋而产生电化学反应，使钢筋锈蚀。锈蚀引起的体积膨胀致使混凝土顺筋开裂。

顺筋裂缝的修补，其施工过程为：沿缝凿除保护层，再将钢筋周围的混凑土凿除2cm；对钢筋彻底除锈并清洗干净；在钢筋表面涂上一层环氧基液，在混凝土修补面上涂一层环氧胶，再填筑修补材料。

顺筋裂缝的修补材料应具有抗硫酸盐、抗碳化、抗渗、抗冲、强度高、黏聚力大等特性。目前常用的有铁铝酸盐早强水泥砂浆及混凝土、抗硫酸盐水泥砂浆及细石混凝土、聚合物水泥砂浆及混凝土和树脂砂浆及混凝土等。

5.3.1.5 闸墩及工作桥裂缝与修理

我国早期建成的许多闸墩及工作桥，发现许多细小裂缝，严重老化剥离。其主要原因是混凝土的碳化。混凝土的碳化是指空气中的二氧化碳与水泥中氢氧化钙作用生成碳酸钙和水，使混凝土的碱度降低，钢筋表面的氢氧化钙保护膜破坏面开始生锈，混凝土膨胀形成裂缝。

此种病害应对锈蚀钢筋除锈，锈蚀面积大的加设新筋，采用预缩砂浆并掺入阻锈剂进行加固。混凝土的碳化，不仅在水闸中存在，在其他类型混凝土中同样存在。碳化的原因是多方面的，提高混凝土抗碳化的能力的措施，尚待不断完善。

5.3.2 消能防冲设施的破坏及处理

5.3.2.1 护坦和海漫的冲刷破坏及处理

护坦和海漫常因单宽流量大而发生冲刷破坏。对护坦因抗冲能力差而引起的冲刷破坏，可进行局部补强处理，必要时可增设一层钢筋混凝土防护层，以提高护坦的抗冲能力。为防止因海漫破坏引起护坦基础被淘空，可在护坦末端增设一道钢筋混凝土防冲齿墙，如图5.2所示。

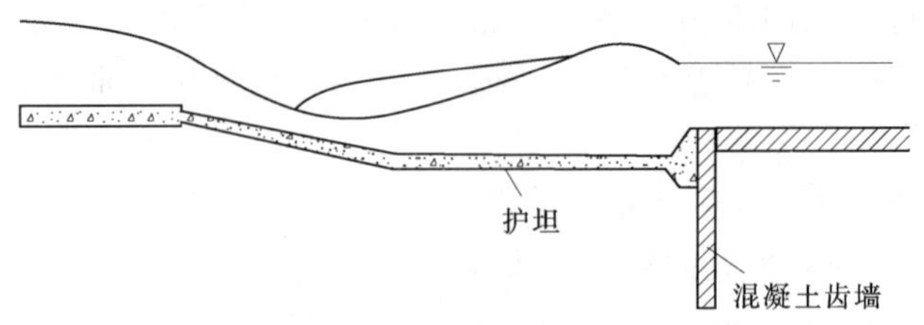

图5.2 钢筋混凝土防冲齿墙

对于岩基水闸，护坦末端设置鼻坎，将水流挑向远处河床，以保证护坦的安全。

对软基水闸，在护坦的末端设置尾槛可减小出池水流的底部流速，可减轻水流对海漫的冲刷；降低海漫出口高程，增大过水断面可保护海漫基础不被淘空及减小水流对海漫的冲刷。

近年来，土工织物作为防冲保护和排水反滤的一种新型材料，已在闸坝等水利工程中得到了越来越广泛的应用。它具有抗拉强度高，整体连续性好；质量轻、抗腐、不霉变、储运方便；质地柔软，具有排水、防冲、加筋土体等功能；施工简便、速度快、施工质量容易控制；工程抗老化、造价低等诸多优越性。土工织物是高分子材料经聚合加工而成的，目前应用较多的有涤纶、锦纶、丙纶等：由于合成类型、制造方法不同，使织物在力学和水力性质方面有很大的差异。根据制造方法，目前土工织物可分为纺织型和非纺织型两种。

在选择土工织物时，需要了解下列特性。

(1) 物理特性。主要包括聚合物的种类，材料类型及结构，单位面积的质量，不同压力下的厚度、密度、压缩性等。

(2) 力学特性。包括抗拉强度、撕裂强度、不同材料间摩擦系数等。

(3) 水力学特性。包括渗透系数、织物的孔径、平面渗透能力等。

(4) 耐久性。如抗老化、磨损、生物分解、化学侵蚀、温度变化的能力等。

江苏江都西闸，共9孔，净宽90m，设计和校核流量分别为504m^3/s、940m^3/s，闸区河床由容易被冲刷的极细砂组成。由于超载运行，过闸流量逐年加大到800～1000m^3/s，因而引起河床严重冲刷。水闸上下游分别冲深6～7m、2～3m，近闸两岸坍塌，严重威胁水闸安全。1979～1980年，他们在水下沉放了6块软体排护底护岸。排体采用丙纶丝布，以聚氯乙烯绳网加筋，总面积2.4万多m^2，用混凝土预制块及聚丙烯袋装卵石压重。此法使用10多年来，排体稳定、覆盖良好，上游已落淤30～40cm，岸坡及闸下游不再冲刷，工程效益显著。7年后曾抽样检查，性能指标基本无变化。

5.3.2.2 下游河道及岸坡的破坏及修理

水闸下游河道及岸坡的冲刷原因较多，当下游水深不够，水跃不能发生在消力池内时，会引起河床的冲刷；上游河道的流态不良使过闸水流的主流偏向一边，引起岸坡冲刷；水闸下游翼墙扩散角设计不当产生折冲水流也容易引起河道及岸坡的冲刷。

河床的冲刷破坏的处理可采用与海漫冲刷破坏大致相同的处理方法。河岸冲刷的处理

方法应根据冲刷产生的原因来确定，可在过闸水流的主流偏向的一边修导水墙或丁坝，亦可通过改善翼墙扩散角以及加强运用管理等来处理河岸冲刷问题。

近年来土工织物在护岸工程中也得到了较多应用。松花江哈尔滨老头湾河段，因修建江桥，江堤迎流顶冲，低水位以下护底柴排屡遭破坏，年年维修加固。1985 年采用 DS-450 型土工织物作排体，沉放了 1600m 长的软体排。排体下面用 $\phi 8$ 的钢筋网作支抵，将排体用尼龙绳固定在钢筋网上，排体上面用块石压重。由于排体具有一定柔软性，能适应水下地形变化而使护岸排体紧贴堤坡岸脚，因而形成了一层良好的保护层。工程完工后，经受了多次洪水考验，堤岸完好无损。

挡潮闸下游河道及出海口岸的岸坡护坡的施工受到潮汛一天两次涨落的影响，潮汛来时流速往往较大，给护坡加固施工带来很大困难。近年来，土工织物模袋（见图 5.3）混凝土作为一种新的护坡技术，在沿海地区已得到较多的应用。它具有可以直接在水下施工，无须修筑围堰及施工排水；模袋混凝土灌注结束，就能经受较大流速的冲刷。机织模袋是用透水不透浆的高强度锦纶纤维织成，织物厚度大，强度高。流动混凝土或水泥砂浆依靠压力在模袋内充胀成形，固化后形成高强度抗侵蚀的护坡。土壤和模袋之间不需另设反滤层。

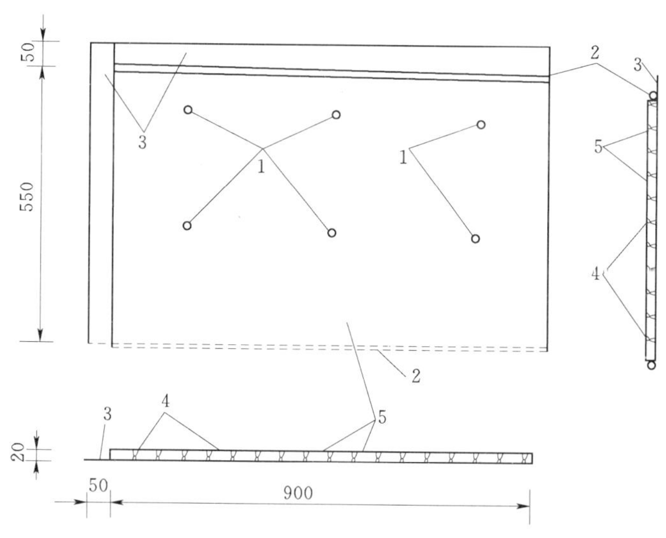

图 5.3　土工织物模袋示意图（单位：cm）

1—浇筑孔；2—穿管处；3—接缝反滤布；
4—锦纶线拉索；5—土工织物模袋

5.3.3 气蚀及磨损的处理

水闸产生气蚀的部位一般在闸门周围、消力坎、翼墙突变等部位，这些部位往往由于水流脱离边界产生过低负压区而产生气蚀。对气蚀的处理可采取改善边界轮廓、对低压区透气、修补破坏部位等措施。

多推移质河流上的水闸，磨损现象也较普遍。对因设计不周而引起的闸底板、护坦的磨损，可通过改善结构布置来减免。对难以改变磨损条件的部位，可采用抗蚀性能好的材料进行护面修补。

关于气蚀的处理和磨损的修补详见第 4 章详细介绍。

5.3.4　砂土地基管涌、流土的处理

砂土地基上的水闸，地基发生的管涌、流土会造成消能工的沉陷破坏。这种破坏产生的主要原因是渗径长度不足或下游反滤失效。因此，对沉陷破坏应先采取措施防止地基发生管涌与流土，然后再对破坏部位进行修复。防止地基发生管涌与流土的措施有：加长或加厚上游黏土铺盖、加深或增设截水墙、下游设置透水滤层等。

5.4　闸门与启闭设备的养护与修理

5.4.1　闸门的养护修理

5.4.1.1　钢闸门的防腐处理

钢闸门常在水中或干湿交替的环境中工作，极易发生腐蚀，加速其破坏，引起事故。为了延长钢闸门的使用年限，保证安全运用，必须经常地予以保护。

钢铁的腐蚀一般分为化学腐蚀和电化学腐蚀两类。钢铁与氧气或非电解质溶液作用而发生的腐蚀，称为化学腐蚀；钢铁与水或电解质溶液接触形成微小腐蚀电池而引起的腐蚀，称为电化学腐蚀。钢闸门的腐蚀多属电化学腐蚀。

钢闸门防腐蚀措施主要有两种：一种是在钢闸门表面涂上覆盖层，借以把钢材母体与氧或电解质隔离，以免产生化学腐蚀或电化学腐蚀；另一种是设法供给适当的保护电能，使钢结构表面积聚足够的电子，成为一个整体阴极而得到保护，即电化学保护。

钢闸门不管采用哪种防腐措施，在具体实施过程中，首先都必须进行表面的处理。表面处理就是清除钢闸门表面的氧化皮、铁锈、焊渣、油污、旧漆及其他污物。经过处理的钢闸门要求表面无油脂、无污物、无灰尘、无锈蚀、表面干燥、无失效的旧漆等。目前钢闸门表面处理方法有人工处理、火焰处理、化学处理和喷砂处理等。

人工处理就是靠人工铲除锈和旧漆，此法工艺简单，无须大型设备，但劳动强度大、工效低、质量较差。

火焰处理就是对旧漆和油脂有机物，借燃烧使之碳化而清除。对氧化皮是利用加热后金属母体与氧化皮及铁锈间的热膨胀系数不同而使氧化皮崩裂、铁锈脱落。处理用的燃料一般为氧-乙炔焰。此种方法，设备简单，清理费用较低，质量比人工处理好。

化学处理是利用碱液或有机溶剂与旧漆层发生反应来除漆，利用无机酸与钢铁的锈蚀产物进行化学反应清理铁锈。除旧漆可利用纯碱石灰溶液（纯碱：生石灰：水=1：1.5：1.0）或其他有机脱漆剂。除锈可用无机酸与填加料配制的除锈药膏。化学处理劳动强度低，工效较高，质量较好。

喷砂处理方法较多，常见的干喷砂除锈除漆法是用压缩空气驱动砂粒通过专用的喷嘴以较高的速度冲到金属表面，依靠砂粒的冲击和摩擦以除锈、除漆。此种方法工效高、质量好，但工艺较复杂，需专用设备。

1. 涂料保护

过去的涂料均以植物油和火然漆为基本原料制成，故称为“油漆”。目前已大部分或全部为人工合成树脂和有机溶剂所代替，故称为“涂料”较为恰当，但习惯上仍称为

油漆。

涂料可分为底漆和面漆两种，二者相辅相成。底漆主要起防锈作用，应有良好的附着力，漆膜封闭性强，使水和氧气不易渗入。面漆主要是保护底漆，并有一定的装饰作用，应具有良好的耐蚀、耐水、耐油、耐污等性能。同时还应考虑涂料与被覆材料的适应性，注意产品的配套性，包括涂料与被覆材料表面配套、涂料层间配套、涂料与施工方法配套、涂料与辅助材料（稀释剂、固化剂、催干剂等）配套。总之，必须根据实际情况，选择适宜的涂料。

提高施工质量，才能保证防腐效果，如有些钢闸门由于涂料选择不当，经防腐处理后，有效保护期仅为1～2年，就需重新处理。

涂料保护一般施工方法有刷涂和喷涂两种。刷涂是用漆刷将油漆涂到钢闸门表面。此种方法工具设备简单，适宜于构造复杂、位置狭小的工作面。喷涂是利用压缩空气将漆料通过喷嘴喷成雾状而覆盖于金属表面上，形成保护层。喷涂工艺优点是工效高、喷漆均匀、施工方便。特别适合于大面积施工。喷涂施工需具备喷枪、储漆罐、空压机、滤清器、皮管等设备。

涂料一般应涂刷3～4遍，涂料保护的时间一般为10～15年。

2. 喷镀保护

喷镀保护是在钢闸门上喷镀一层锌、铝等活泼金属，使钢铁与外界隔离从而得到保护。同时，还起到牺牲阳极（锌、铝）保护阴极（钢闸门）的作用。喷镀有电喷镀和气喷镀两种。水工上常采用气喷镀。

气喷镀所需设备主要有压缩空气系统、乙炔系统、喷射系统等。常用的金属材料有锌丝和铝丝。一般采用锌丝。

气喷镀的工作原理是：金属丝经过喷枪传动装置以适宜的速度通过喷嘴，由乙炔系统热熔后，借压缩空气的作用，把雾化成半熔融状态的微粒喷射到部件表面，形成一层金属保护层。

3. 外加电流阴极保护与涂料保护相结合

将钢闸门与另一辅助电极（如废旧钢铁等）作为电解池的两个极，以辅助电极为阳极、钢闸门为阴极，在两者之间接上一个直流电源，通过水形成回路。在电流作用下，阳极的辅助材料发生氧化反应而被消耗，阴极发生还原反应得到保护，如图5.4所示。当系统通电后，阴极表面就开始得到电源送来的电子，其中除一部分被水中还原物质吸收外，大部分将积聚在阴极表面上，使阴极表面电位越来越负。电位越负，保护效率就越高，钢闸门在水中的表面电位达到－850mV时，钢闸门基本能不锈，这个电位值被称为最小护电位。在钢闸门上采用外加电流阴极保护时，需消耗大量保护电流。为了节约用电，可采用与涂料一并使用的联合保护措施。

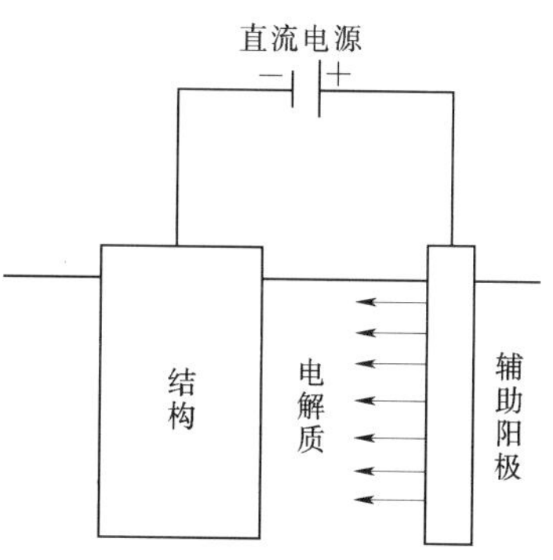

图5.4　外加电流阴极保护示意图

5.4.1.2　钢丝网水泥闸门的防腐处理

钢丝网水泥是一种新型水工结构材料，它由若干层重叠的钢丝网浇筑高强度等级水泥砂浆而成。它具有质量轻、造价低、便于预制、弹性好、强度高、抗振性能好等优点。完好无损的钢丝网水泥结构，其钢丝网与钢筋被氢氧化钙等碱性物质包围着，钢丝与钢筋在氢氧化钙碱性作用下生成氢氧化铁保护膜保护网、筋，防止了网筋的锈蚀。因此，对钢丝网水泥闸门必须使砂浆保护层完整无损。要达到这个要求，一般采用涂料保护。

钢丝网水泥闸门在涂防腐涂料前也必须进行表面处理，一般可采用酸洗处理，使砂浆表面达到洁净、干燥、轻度毛糙。

常用的防腐涂料有环氧材料、聚苯乙烯、氯丁橡胶沥青漆及生漆等。为保证涂抹质量，一般需涂2～3层。

5.4.1.3　木闸门的防腐处理

在水利工程中，一些中小型闸门常用木闸门，木闸门在阴暗潮湿或干湿交替的环境中工作，易于霉烂和虫蛀，因此也需进行防腐处理。

木闸门常用的防腐剂有氟化钠、硼铬合剂、硼酚合剂、铜铬合剂等。作用在于毒杀微生物与菌类，达到防止木材腐蚀的目的。施工方法有涂刷法、浸泡法、热浸法等。处理前应将木材烤干，使防腐剂容易吸附和渗入木材体内。

木闸门通过防腐剂处理以后，为了彻底封闭木材空隙，隔绝木材与外界的接触，常在木闸门表面涂上油性调和漆、生桐油、沥青等，以杜绝腐蚀的发生。

5.4.2　启闭设备的养护修理

5.4.2.1　启闭机类型

启闭机按传动方式分机械式与液压式两类，机械式启闭机按工作方式又分固定式和移动式两类。固定式启闭机又分卷扬式、螺杆式以及其他类3种。固定卷扬式启闭机在水闸工程中运用非常广泛，在水闸工程中也起着重要的作用，对其认真检查维护显得尤为重要。

卷扬式启闭机的基本构成主要包括动力部分、传动部分、制动部分、悬吊装置和附属设备等部分，如图5.5所示。

5.4.2.2　启闭机的检查

启闭机的检查针对检查项目和目的的不同，分为经常检查和定期检查两种方式。

1. 经常检查

经常检查主要指对驱动部分、变速部分、启吊部分等部分进行的检查。

（1）驱动部分主要是对电动机、动力线路、控制线路、制动器、主令控制器、限位开关等进行检查。是通过眼观、耳听、鼻嗅等直观的方法对设备的状况进行检查。耳听有无异常声响，鼻嗅有无电器异常焦煳味，如刹车片过紧摩擦发热。停车时制动器动作是否准确，刹车片如果过松，裹力不足闸门会下滑；限位开关与闸门停止的位置是否对应，闸门开度与主令控制器的指示是否一致。

（2）变速部分的经常检查主要是油位的检查。检查减速箱是否漏油，各轴承间润滑脂的质量与数量。

（3）启吊部分主要检查卷筒、开式齿轮、钢丝绳、绳套、吊耳、吊座、定滑轮、动滑

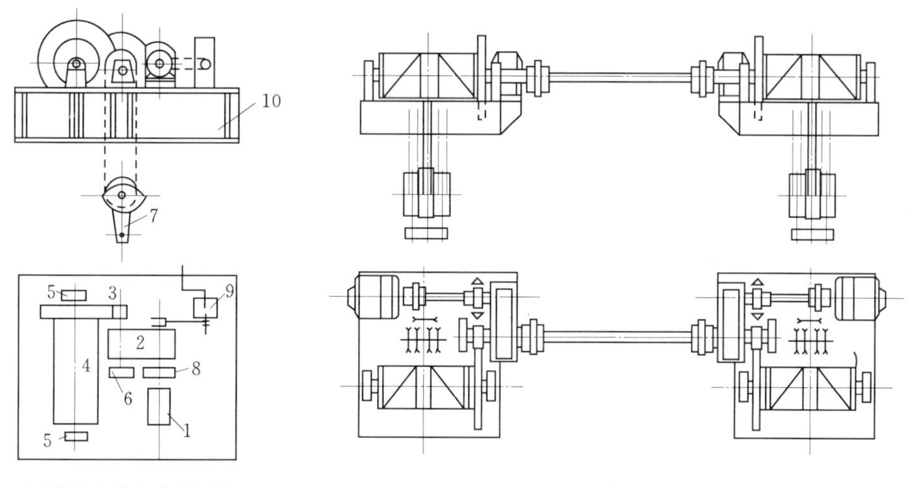

（a）单吊点卷扬式启闭机　　（b）双吊点卷扬式启闭机

图 5.5　卷扬式启闭机

1—电动机；2—减速器；3—开式齿轮；4—绳鼓；5—轴承座；6—定滑轮；7—动滑轮；8—制动器；9—手摇装置；10—机架

轮等，这部分重点检查钢丝绳两头紧固情况，油脂保养情况以及闸门启吊时动、定滑轮是否灵活等。

2. 定期检查

（1）定期对减速箱进行解体、放油沉淀、清除杂物和水分，测量各级传动轴与轴承之间的间隙，用塞尺检查齿轮侧向间隙是否符合规定，各级传动轴的油封是否完好无损。

（2）定期检查吊点连接设备，着重检查钢丝绳与启闭机以及闸门的连接是否牢固，重点是水下部分的吊耳检查。钢丝绳与启闭机绳鼓的连接一般用压板及螺栓固定，检查时应注意螺栓是否拧紧，压板下面的钢丝绳有无松动脱变迹象。

（3）钢丝绳全面检查时，主要检查钢丝绳表面有无锈蚀、磨损断丝等问题。当一个节距长度内断裂的钢丝根数超过规定的标准数值时，就应更换钢丝绳。

（4）电器设备等的检查应检查电动机对地绝缘和相间绝缘是否符合规定值，制动器闸瓦有无过度磨损，退程间隙是否符合规定值，这些可以用工器具直接测量或眼观估测。

其他操作设备如空气开关、限位开关、接触器、按钮等都应检查，其线路要紧固，触点要良好。

5.4.2.3　启闭机的养护

为使启闭机处于良好的工作状态，需对启闭机的各个工作部分采取一定的作业方式进行经常性的养护，启闭机的养护作业可以归纳为清理、紧固、调整、润滑 4 项：

（1）清理。即针对启闭机的外表、内部和周围环境的脏、乱、差所采取的最简单、最基本却很重要的保养措施，保持启闭机周围整洁。

（2）紧固。即将连接松动的部件进行紧固。

（3）调整。即对各种部件间隙、行程、松紧及工作参数等进行的调整。

（4）润滑。即对具有相对运动的零部件进行的擦油、上油。

1. 动力部分的养护

动力部分具有供电质量优良、容量足够的正常电源和备用电源。电动机保持正常工作性能，电动机要防尘、防潮，外壳要保持清洁，当环境潮湿时要经常通风干燥；每年汛期测定一次电动机相闸及对铁芯的绝缘电阻，如小于0.5Ω时，应进行烘干处理；检查定子与转子之间的间隙是否均匀，磨损严重时应更换；接线盒螺栓如有松动或烧伤，应拧紧或更换；电动机的闸刀、电磁开关、限位开关及补偿器的主要操作设备应洁净，触点良好；电动机稳压保护器的工作性能应可靠；操作设备上各种指示仪器应按规定检验，保证指示准确；电动机、操作设备、仪表的接线必须相应正确，接地应可靠。

2. 传动部分的养护

对机械传动部件的变速箱、变速齿轮、蜗轮、蜗杆、联轴器、滚动轴承及轴瓦等，应按要求加注润滑油；对液压传动装置的油泵，应经常观测其运行情况是否正常，油液质量是否良好，油液是否充足，油箱、管道和阀组有无漏油或堵塞，出现问题及时处理。

3. 制动器的养护

应保持制动轮表面光滑平整，制动瓦表面不含油污、油漆和水分，闸瓦间隙应合乎要求；主弹簧衔铁、各连接铰轴经常涂油，保证制动灵活，稳定可靠。电动液压制动器应不缺油、不锈蚀、定期过滤工作油，定期调整控制阀。

4. 悬吊装置的养护

检查若发现钢丝绳两端固定点不牢固或有扭转、打结、锈蚀和断丝现象，松紧不适，有磨碰等不正常现象，应及时处理，钢丝绳经常涂油防锈，油压机活塞杆要经常润滑，漏油时要经常上紧密封环。

5. 附属设备的养护

高度指示器要定期校验调整，保证指示位置正确；过负荷装置的主弹簧要定期校验；自动挂钩要定期润滑防锈；机房要清洁；寒冷地区冬季应保温。

5.4.2.4　启闭设备修理

1. 检修的一般技术工作内容

修理主要是指拆卸、修复、更换和安装工作。其中修复是对损坏零件通过各种工艺进行再加工，使其恢复原有的几何尺寸、形状和理化性能。启闭机应按维护制度的规定进行小修（1年）、中修（3年）、大修（5～10年）。大修是对启闭机全面的养护性维修，修复或更换零部件，从而恢复功能。修理工作一般是拆卸和装配两种工作。

进行拆卸时应注意：①要依据技术文件、图纸等尽量熟悉设备各部分结构；②场地环境应请洁；③按设备结构特点确定拆卸步骤和顺序；④合理使用合适专用工器具，避免乱敲乱打；⑤应做好记号、记录，以防装配时无法安装；⑥零件应合理存放，不能乱放。

在进行装配时应注意：①严格按事先制定的装配工艺顺序进行，避免漏装，零件特别是新加工或购置的零件必须满足技术要求，零件装配前必须进行清扫；②选择合适的工具和设备，禁止乱敲猛打；③核对零件的各种装配记号，防止错装；④过盈配合件装配时应先涂润滑油脂以利装配；⑤高速旋转的零件如皮带轮、飞轮等装配前应按技术要求进行静平衡试验，合格后方能装配；⑥每装一部件，都应仔细检查和清理，防止遗漏。

2. 螺杆式启闭机的修理

运行中由于无保护装置或保护装置失灵，操作不慎，易引起螺杆压弯、承重螺母和推力轴承磨损问题。螺杆轻微弯曲可用千斤顶、手动螺杆式矫正器或压力机在胎具上矫正，直径较大的螺杆可用热矫正；弯曲过大并产生塑性变形或矫正后发现裂纹对应更换新件；承重螺母和推力轴承磨损过大或有裂纹时应更换新件。

3. 固定卷扬式启闭机的修理

(1) 钢丝绳、卷筒、滑轮组的修理。

1) 钢丝绳刷防护油应先刮除清洗绳上的污物，用钢丝刷子刷、用柴油清洗干净后涂抹合适的油脂（将油脂加热至 80℃左右，涂抹要均匀，厚薄要适度）。每年进行一次。

2) 卷筒、卷筒绳槽磨损深度超过 2mm 时，卷筒应重新车槽，所余壁厚不应小于原壁厚的 85%。卷筒发现有裂纹，横向一处长度不超过 10mm，纵向二处总长度不大于 10 mm，且两处的距离必须在 5 个绳槽以上，可在裂纹两端钻小孔，用电焊修补，如果超过上述范围应报废。卷筒经磨损后，露出砂眼或气孔，视情况而定是否补焊。卷筒轴发现裂纹应及时报废，卷筒轴磨损超过规定极限值时应更新。

3) 对滑轮组检查若发现轮槽、轴承等有裂缝、径向变形或轮壁严重磨损时应更换。

(2) 传动齿轮的修理。

传动齿轮包括开式传动齿轮和减速器传动齿轮。

1) 齿轮的失效形式。齿轮失效形式有轮齿折断、齿面疲劳点蚀齿面磨损、齿面胶合和齿轮的塑性变形等。

2) 齿轮的检测。检查齿轮啮合是否良好，转动是否灵活，运行是否平稳，有无冲击和噪音；检查齿面有无磨损、剥蚀胶合等损伤，必要时可用放大镜或探伤仪进行检测，齿根部是否有裂缝裂纹。有条件的可检测齿侧间隙和啮合接触斑点。

3) 齿轮的安装调试。安装要保证两啮合齿轮正确的中心距和轴线平行度，并要保证合理的齿侧间隙、接触面积和正确的接触部位。

(3) 联轴器的检测。

对联轴器出现连接不牢固或同心度偏差过大等问题，应进行检修。联轴器安装时，必须测量并调整被连接两轴的偏心和倾斜，先进行粗调，调整使之平齐，而后将联轴器暂时穿上组合螺栓（不拧紧）精调。装调千分表架，测量联轴器的径向读数和轴读数。用移动轴承位置，增减轴承垫片的方法，调整轴的偏心及倾斜。

(4) 制动器检修。

1) 制动器检查及质量要求。制动器与制动轴的接触面积不应小于制动带面积的 80%，制动的磨损不许超过厚度的 1/2。制动轮表面应光洁，无凹陷、裂纹、擦伤及不均匀磨损。径向磨损超过 3mm 时，应重新车削加工并热处理，恢复其原来的粗糙度、硬度。制动轮壁厚磨损减小至原厚度的 2/3 时，必须更换。制动弹簧要完好，变形、断裂等失去弹性的须更换。制动架杠杆不得有裂纹和弯曲变形，销、轴连接必须牢固、可靠，转动灵活，不得过量磨损和卡阻。油压制动器的油液无变质和杂质。电磁铁不应有噪音，温升不超过 105℃。衔铁和铁芯的接触面必须清洁，不得锈蚀和脏污，接触面积不小于 75%。

2）制动器的调整。制动器分长行程电磁铁制动器、短行程电磁铁制动器和液压电磁铁制动器3种。制动器的调整主要是指制动轮与闸瓦的间隙或叫闸瓦退距调整、电磁铁行程调整、主弹簧工作长度和制动力矩的调整。一般制动距离应符合下列数值：行走机构约为运行速度的1/15，启升机构约为启升速度的1%。

4. 门式启闭机的修理

门式启闭机的起升机构和运行机构的修理与固定式卷扬机相同。门架为金属结构，防腐处理和连接部位的修理与前述闸门及固定卷扬机的修理方法相近。所不同的是门式启闭机有车轮和轨道。车轮踏面和轮缘如有不均匀磨损或磨损过度，应调整门架水平度，使各车轮均匀接触或对车轮作补焊修理，损坏严重时，应更换新轮；轨道表面有啃轨及过度磨损时，应调整车轮侧向间隙并进行补焊。

5. 液压启闭机修理

液压启闭机分机械系统和油压系统。

（1）机械系统。如活塞环漏油量和磨损量均大于允许值，应调整压环拉紧程度，压环发生老化、变质和磨损撕裂时应更换；金属活塞环如有断裂、失去弹性或磨损过大亦应更换；油缸内壁有轻微锈斑，划痕时可用零号砂布或细油石蘸油打磨洁净；油缸内壁和活塞杆有单向磨耗痕迹，应调整油缸中心位置；上述机械系统检修后应按规定进行耐压试验。

（2）油压系统。对高压油泵、阀组应定期清洗，其标准零件损坏时应当用同型号零件修配；泵体加工件有磨损或其他缺陷应送回厂家检修；阀组壁有裂纹、砂眼或弹簧失去弹性，应更换新件；高压管路的油箱、管路焊缝有局部裂纹而漏油时应补焊；弯头、管壁和三通有裂纹而漏油时应更换；油系统修理后应进行打压试验。

思　考　题

1. 水闸的各个组成部分有什么作用？水闸在运行中具有哪些特点？
2. 对水闸主要进行哪些检查？
3. 水闸如何控制操作？多孔水闸的操作方式是怎样的？
4. 水闸产生裂缝的原因是什么？水闸消能防冲设施破坏如何处理？
5. 钢闸门常会出现哪些问题？应如何修理？
6. 钢闸门的防腐蚀一般有哪些方法？
7. 启闭机都进行哪些方面的检查？如何进行启闭机的检查？
8. 固定卷扬式启闭机的各个部分如何修理？

第6章　渠系建筑物的养护与修理

学习要求：掌握渠道、隧洞、渡槽、倒虹吸管等渠系建筑物的检查与养护，常见病害的类型及成因；掌握病害的处理方法及措施等。

6.1　概　　述

6.1.1　渠系建筑物的类型

渠系建筑物属于渠系配套建筑物，承担灌区或城市供水的输配水任务，按照用途可分为控制建筑物、交叉建筑物、衔接建筑物、泄水建筑物、输水建筑物、量水建筑物等。

（1）控制建筑物用于调控渠道水位和流量，常见的有进水闸、分水闸、节制闸等。

（2）交叉建筑物用于跨越洼地、河沟、峡谷、道路等复杂地形，常用的建筑物有渡槽、倒虹吸管、涵管（涵洞）和桥梁。

（3）衔接建筑物用于衔接渠道水位、避免渠道冲淤和深挖高填，常用的有陡坡和跌水。

（4）泄水建筑物用于排除渠道余水、入渠洪水、渠道或渠系建筑物发生事故时的渠水，常用的有泄水闸、退水闸、溢洪堰、泄洪渠。

（5）输水建筑物是指能形成水流通道，承担输送水流的各类水工建筑物，如隧洞、倒虹吸管、涵管、渠道、渡槽等。

（6）量水建筑物用于量测渠道水位和流量，实现计量用水的目的。实际中可以借助过水建筑测量，也有专设的各种量水堰。

6.1.2　渠系建筑物的构成

1. 渠道

渠道是主要的输水建筑物，正常工作时要求渠道断面不冲不淤。灌区固定渠道一般分为干渠、支渠、斗渠、农渠4级，干、支渠主要起输水作用，称为输水渠道；斗、农渠主要起配水作用，称为配水渠道。渠道横断面的型式有梯形、矩形、抛物线形、U形和复式断面等。渠道按照结构型式分为挖方渠道、填方渠道和半挖半填渠道3种类型。

2. 隧洞

隧洞按照洞内水力条件不同分为无压隧洞和有压隧洞。无压隧洞输水时，一般有自由的水表面；有压隧洞输水时，水流完全充满洞体，没有自由的水表面。有压隧洞断面一般采用圆形；无压隧洞一般采用马蹄形或城门洞形。隧洞一般由进口段、洞身段和出口段3部分组成。进口段主要由曲线段、拦污栅、闸室段、渐变段、通气孔和平压管等组成。出口段主要由扩散段和消能设施组成。

3. 渡槽

渡槽是跨越河渠、道路、山谷、洼地的架空输水建筑物，又称过水桥。渡槽一般由槽身、支承结构、基础及进出口建筑物等部分组成。槽身断面型式有 U 形槽、矩形槽及抛物线形槽等；支承结构有梁式、拱式及桁架式等；槽身有木制槽、砖石槽、混凝土槽、钢筋混凝土槽及钢丝网水泥槽等；混凝土渡槽有现浇整体式渡槽、装配式渡槽及预应力渡槽等。

4. 倒虹吸管及涵管

倒虹吸管是指渠道穿越山谷、河流、洼地、道路或其他渠道时设置的压力输水管道。倒虹吸管一般由进口段、管身段和出口段 3 部分组成，管身断面型式有圆形、箱形和城门洞形等。倒虹吸管根据管路埋设情况和高差大小分为竖井式、斜管式、曲线式、桥式 4 种类型。涵管是指输水管道穿越高地的交叉建筑物，有路下涵管、渠下涵管、堤下涵管、坝下涵管等。根据管内水力条件分为有压和无压两种。涵管一般由进口段、管身段和出口段 3 部分组成。

6.1.3　渠系建筑物正常工作的基本标志

（1）过水能力符合设计要求，能够迅速、准确地控制运行。

（2）建筑物各个部分始终保持清洁、完整，没有变形和损坏。

（3）护底、护坡和挡土墙均填实，且无危险渗流。

（4）建筑物及其上下游没有磨损、冲刷、淤积现象。

（5）建筑物上游壅高水位不超过设计水位。

（6）闸门及启闭机工作正常，闸门与门槽无漏水现象。

6.1.4　输水建筑物的工作特点

（1）输送水流随机变化大。输水流量、水位和流速常受水源条件、用水情况和渠系建筑物的状态发生较大而频繁的变化，灌溉渠道行水与停水受季节和降雨影响显著，维护管理应与此相适应。

（2）过水断面受冲淤影响会发生变化。应经常检查维护，保证过水断面的完整。

（3）环境多变，受力条件复杂。位于深水或地下的渠系建筑物，除要承受较大的山岩压力（或土压力）、渗透压力外，还要承受巨大的水头压力及高速水流的冲击作用力。在地面的建筑物又要经受温差作用、冻融作用、冻胀作用以及各种侵蚀作用，这些作用极易使建筑物发生破坏。

（4）高速水流作用。这种作用容易使渠系建筑物产生冲磨和气蚀破坏，水流脉动还会引起振动。

（5）工作条件差异大。在一个工程中，渠系建筑物数量多，分布范围大，所处地形条件和水文地质条件复杂，受到自然破坏和人为破坏的因素较多，且交通运输不便，维修施工不便，管理难度较大。

6.2　渠道的养护与修理

6.2.1　渠道的检查与养护

6.2.1.1　渠道的检查

（1）经常性检查。包括平时检查和汛期检查。平时检查着重检查干、支渠渠堤险段。

检查渠堤上有无雨淋沟、浪窝、洞穴、裂缝、滑坡、塌岸、淤积、杂草滋生等现象；检查路口及交叉建筑物连接处是否合乎要求，同时还应检查渠道保护区有无人为乱挖滥垦等破坏现象。汛期检查主要是检查防汛的准备情况和具体措施的落实情况。

（2）临时性检查。主要包括在大雨中、台风后和地震后的检查。着重检查有无沉陷、裂缝、崩塌及渗漏等情况。

（3）定期检查。主要包括汛前、汛后、封冻前、解冻后进行的检查，当发现薄弱环节和问题，应及时采取措施，加以修复解决。对北方地区冬灌渠道，应注意冰凌冻害的影响。

（4）渠道行水期间的检查。渠道行水期间应检查观测各渠段流态，是否存在阻水、冲刷、淤积和渗漏损坏等现象，有无较大漂浮物冲击渠坡和风浪影响，渠顶超高是否足够等。

6.2.1.2 渠道的养护

渠道的日常维护工作有以下内容。

（1）严禁在渠道上拦坝壅水，任意挖堤取水，或在渠堤上铲草取土、种植庄稼和放牧等，以保证渠道正常运行。在填方渠道附近，不准取土、挖坑、打井、植树和开荒种地，以免渠堤滑坡和溃决。

（2）严禁超标准输水，以防漫溢。严禁在渠堤堆放杂物和违章修建建筑物。严禁超载车辆在渠堤上行驶，以防压坏渠堤。

（3）防止渠道淤积，有坡水入渠要求的应在入口处修建防沙、防冲设施。及时清除渠道中的杂草杂物，以免阻水。严禁向渠道内倾倒垃圾和排污。

（4）在灌溉供水期应沿渠堤认真仔细检查，发现漏水渗水以及渠道崩塌、裂缝等险情应及时采取处理措施，以防止险情进一步恶化。检查时发现隐患应做好记录，以便停水后彻底处理。

（5）做好渠道的其他辅助设施的维护与管理工作。这些辅助设施有量水设施与设备、安全监控仪器设备、排水闸、跌水及两岸交通桥等。

6.2.2 渠道常见病害及成因

渠道常见病害有裂缝、沉陷、滑坡、渗漏、冲刷、淤积、冻胀、蚁害等病害。其中裂缝、沉陷、渗漏、蚁害与土石坝的病害原因类似。以下仅就严重影响渠道输水，或危及渠道安全的常见病害加以分析。

1. 淤积与冲刷

渠道冲刷的主要原因是渠道土质较差、比降过大、水深流急、风浪冲击、施工质量差和运用管理不善等。冲刷主要发生在渠道窄深段、转弯段凹侧及陡坡段，这些渠段水流不平顺且流速大，往往造成冲刷。渠道淤积主要是由于坡水入渠挟带大量泥沙所致，此外，有些灌渠引水水源含沙量大，取水口防沙效果不好也会带来泥沙淤积。

2. 渠道滑坡

渠道产生滑坡的原因很复杂，归纳起来有：①基体抗剪强度低，如由软弱岩石及覆盖土所组成的斜坡，在雨季或浸水后，抗剪强度明显降低，引起滑坡，如图6.1所示；②岩层层面、节理、裂隙切割，当形成顺坡切割面，遇水软化后，其上部的岩土层会失去抗滑

图6.1　渠道滑坡实例

稳定性；③地下水位抬高时，将使渠道边坡渗透压力增大，边坡抗滑稳定性降低；④渠道的新老结合面、岩土结合面等处理不当，易造成漏水而导致崩塌滑坡；⑤地质条件较差，填方渠道边坡过陡，或渠道两侧为深挖方边坡，均易引起坍塌滑坡；⑥排水条件差，排水系统的排水能力不足或失效。使抗滑能力降低而产生滑坡；⑦管理不善，人为破坏。

3．渠道裂缝、孔洞和渗水

渠堤裂缝主要是由渠基发生沉陷，边坡抗滑失稳以及施工中新旧土体接触处理不当所致。孔洞除了筑渠时夹树根腐烂所致外，主要是蚁、鼠、蛇、兽等动物在渠堤中打洞造成的，当渠道未作硬化衬砌时，隐患穿堤就引起集中漏水。土渠修筑质量不好，防渗效果差，易引起散浸。

4．渠基沉陷

高填方渠道由于修筑时夯筑不实，或基础处理不好，在运行过程中逐渐下沉，造成渠顶高程不够，渠底淤积严重。有衬砌的渠道在填方与挖方处产生不均匀沉陷易引起裂缝。

5．冻害破坏

北方地区冬季寒冷，渠道衬砌在冻融作用下产生剥蚀、隆起、开裂或垮塌破坏。

6.2.3　渠道病害的修理

6.2.3.1　渠道冲刷处理

（1）修建跌水、陡坡、潜堰、砌石护坡护底等，调整渠道比降，减缓流速和提高抗冲能力，达到防冲的目的。

（2）渠道弯曲过急、水流不顺，造成凹岸冲刷时，可采取加大弯曲半径、裁弯取直的办法，使水流平顺，避免冲刷；也可以采取浆砌石或混凝土衬砌冲刷段提高其抗冲能力。

（3）渠道土质不好，施工质量差，又未采取衬砌措施，引起大范围冲刷时，可采取渠床夯实或渠道衬砌等措施，提高渠道稳定性，以防止冲刷。

（4）渠道管理不善，流量突增猛减，水流淘刷或漂浮物撞击渠坡时，应加强管理，科学调控，保持流量均匀，消除漂浮物。

6.2.3.2　渠道淤积的处理

渠道淤积的处理从防淤和清淤两方面采取措施。

（1）防淤措施：①设置防沙、排沙设施，减少进入渠道的泥沙；②调整引水时间，避开沙峰引水，在高含沙量时减少引水流量，在低含沙量时加大引水流量；③防止水挟沙入渠，防止山洪、暴雨径流进入渠道，避免渠道淤积；④衬砌渠道，减小渠道糙率，加大渠道流速，提高挟沙能力，减少淤积。

（2）清淤措施：①水力清淤。在水源比较充足的地区，可在非用水季节，利用含沙量少的清水，按设计流量引入渠道，利用现有排沙闸、泄水闸、退水闸等泄水拉沙，按先上

游后下游的顺序，有计划地逐段进行，必要时可安排受益农户参与，使用铁锹、铁耙等农具搅拌，加速排沙；②人工清淤。是目前使用最普遍的方法，在渠道停水后，组织人力，使用铁锹等工具，挖除渠道淤沙，一般一年进行1～2次；③机械清淤。主要是用挖泥船、挖土机、推土机等工程机械来清理渠道淤积泥沙，这种方法速度快、效率高，能降低劳动强度、节省大量劳力。

6.2.3.3 渠道滑坡的处理

渠道滑坡的处理可采取排水、减载、反压、支挡、换填、改暗涵，或者加支撑、倒虹吸、渡槽和渠道改线等措施。

（1）砌体支挡。渠道滑坡地段，地形受限，单纯削坡土方量较大时，可在坡脚及边坡砌筑各种形式的挡土墙支挡，用于增强边坡抗滑能力。

（2）换填好土。渠道通过软弱风化岩面等地质条件差的地带，产生滑坡的渠段，除削坡减载外，还可考虑换填好土，重新夯实，改善土的物理力学性质，达到稳定边坡的目的。一般应边挖边填，回填土多用黏土、壤土或壤土夹碎石等。

（3）明渠改暗涵或加支撑。傍山渠道由于地质条件差、山坡过陡，易产生滑坡和崩塌，造成渠道溃决。若采用削坡减压、砌筑支挡困难或工程量过大，难以维持边坡稳定，可将明渠改为暗涵。暗涵形式有圆拱直墙、箱涵或盖板涵，涵洞上面回填土石，恢复山坡自然坡度或做成路面。

（4）渠道改线。对中小型渠道，处在地质条件很差、甚至在大滑坡或崩塌体上时，渠道稳定性没有保证，应考虑改变渠道线路。

6.2.3.4 渠道的沉陷、裂缝、孔洞的修理

基修理措施处理措施一般有翻修和灌浆两种，有时也可采用上部翻修下部灌浆的综合措施。

（1）翻修。翻修是将病害处挖开，重新进行回填。这是处理病害比较彻底的方法，但对于埋藏较深的病害，由于开挖回填工作量大，且限于在停水季节进行，是否适宜采用，应根据具体条件分析比较后确定。翻修时的开挖回填，应注意下列各点：

1）根据查明的病害情况，决定开挖范围。开挖前向裂缝内灌入石灰水，以利掌握开挖边界。开挖中如发现新情况，必须跟踪开挖，直至全部挖尽为止，但不得掏挖。

2）开挖坑槽一般为梯形，其底部宽度至少0.5m，边坡应满足稳定及新旧填土接合的要求，一般根据土质、夯压工具及开挖深度等具体条件确定。较深坑槽也可挖成阶梯形，以便出土和安全施工。

3）开挖后，应保护坑口，避免日晒、雨淋或冰冻，并清除积水、树根、苇根及其他杂物等。

4）回填的土料应根据渠基土料和裂缝性质选用，对沉陷裂缝应用塑性较大的土料，控制含水量大于最优含水量的1%～2%；对滑坡、干缩和冰冻裂缝的回填土料，应控制含水量等于或低于最优含水量的1%～2%。挖出的土料，要试验鉴定合格后才能使用。

5）回填土应分层夯实，填土层厚度以10～15cm为宜，压实密度应比渠基土密度稍大些。

6）新旧土接合处，应刨毛压实，必要时应做接合槽，以保证紧密结合，并要特别注

意边角处的夯实质量。

（2）灌浆。对埋藏较深的病害处，翻修的工程量过大，可采用黏土浆或黏土水泥浆灌注处理。处理方式有重力灌浆法和压力灌浆法。重力灌浆仅靠浆液自重灌入缝隙，不加压力。压力灌浆除浆液自重外，再加机械压力，使浆液在较大压力作用下，灌入缝隙，一般可结合钻探打孔进行灌浆，在预定压力下，至不吸浆为止。关于灌浆方法及其具体要求，可参照有关规范执行。

（3）翻修与灌浆结合。对病害的上部采用翻修法，下部采用灌浆法处理。先沿裂缝开挖至一定深度，并进行回填，在回填时预埋灌浆管，然后采用重力或压力灌浆，对下部病害进行灌浆处理。这种方法适用于中等深度的病害，以及不易全部采用翻修法处理的部位或开挖有困难的部位。渠基处理好以后，就可进行原防渗层的施工，并使新旧防渗层结合良好。

6.2.3.5　防渗层破坏的修理

渠道的防渗技术方法和形式较多，且各有特点。对防渗层的修补处理，要根据防渗层的材料性能、工作特点和破坏形式选择下列修补方法。

（1）土料和水泥土防渗层的修理。对土料防渗层出现的裂缝、破碎、脱落、孔洞等，应将病害部位凿除，清扫干净，用素土、灰土等材料分别回填夯实，修打平整。

对水泥土防渗层的裂缝，可沿缝凿成倒三角形或倒梯形，并清洗干净，再用水泥土或砂浆填筑抹平，或者向缝内灌注黏土水泥浆。对破碎、脱落等病害，可将病害部位凿除，然后用水泥土或砂浆填筑抹平。

（2）砌石防渗层的修理。对砌石防渗层出现的沉陷、脱缝、掉块等，应先将病害部位拆除，冲洗干净，不得有泥沙或其他污物粘裹，再选用质量及尺寸均适合的石料，砂浆砌筑。对个别不满浆的缝隙，再由缝口填浆并捣固，务使砂浆饱满。对较大的三角缝隙，可用手锤揳入小碎石，缝口可用高一级的水泥砂浆勾缝。对一般平整的裂缝，可沿缝凿开，并冲洗干净，然后用高一级的水泥砂浆重新填筑、勾缝。如外观无明显损坏、裂缝细而多、渗漏较大的渠段，可在砌石层下进行灌浆处理。

（3）膜料防渗渠道的修理。膜料防渗层除在施工中发生损坏，应及时修补外，在运行中一般难以发现损坏。如遇意外事故而出现损坏，可用同种膜料粘补。膜料防渗层常见的病害主要是保护层的损坏，如保护层裂缝或滑坍等，可按相同材料防渗层的修补方法进行修理。

（4）沥青混凝土防渗层的修理。沥青混凝土防渗层常见的病害主要是裂缝、隆起和局部剥蚀等。对于 1mm 细小的非贯穿性裂缝，当春暖时，都能自行闭合，一般不必处理；2～4mm 的贯穿性裂缝，可用喷灯或红外线加热器加热缝面，再用铁锤沿缝面锤击，使裂缝闭合粘牢，并用沥青砂浆填实抹平。裂缝较宽时，往往易被泥沙充填，影响缝口闭合，应在缝口张开最大时（每年 1 月左右），清除泥沙，洗净缝口，加热缝面，用沥青砂浆填实抹平。对剥蚀破坏部位，经冲洗、风干后，先刷一层热沥青，然后再用沥青砂浆或沥青混凝土填补。如防渗层鼓胀隆起，可将隆起部位凿开，整平土基后，重新用沥青混凝土填筑。

（5）混凝土防渗层的修理有以下几种方法。

1）现筑混凝土防渗层的裂缝修补。当混凝土防渗层开裂后仍大致平整，无较大错位时，如缝宽小，可采用过氯乙烯胶液涂料粘贴玻璃丝布的方法进行修补；如缝宽较大，可采用填筑伸缩缝的方法修补。对缝宽较大的大型渠道，可用下列填塞与粘贴相结合的方法修补。

清除缝内、缝壁及缝口两边的泥土、杂物，使之干燥。沿缝壁涂刷冷底子油，然后将煤焦油沥青填料或焦油塑料胶泥填入缝内，填压密实，使表面平整光滑。填好缝 1～2d 后，沿缝口两边各宽 5cm 涂刷过氯乙烯涂料一层，随即沿缝口两边各宽 3～4cm 粘贴玻璃丝布一层，再涂刷涂料一层，贴第二层玻璃丝布，最后涂一层涂料即完成。涂料要涂刷均匀，玻璃丝布要粘平贴紧，不能有气泡。

伸缩缝填料和裂缝处理材料的配合比及制作方法如表 6.1 所示。

表 6.1　填料和裂缝处理材料的配合比制作方法

用途	材料名称	配合比（质量比）	制　作　方　法
填筑伸缩缝	沥青砂浆	沥青：水泥：砂＝1：1：4	按配比将沥青在锅内加热至 180℃，另一锅将水泥与砂边搅边加热至 160℃，然后将沥青徐徐加入水泥与沙锅内，边倒边搅拌，直至颜色均匀一致，即可使用
	焦油塑料胶泥（聚氯乙烯胶泥）	煤焦油：废聚氯乙烯薄膜：癸二酸二辛酯（或 T50）：粉煤灰＝100：（15～20）：2（T50 为 4）：30	按配比将脱水煤焦油加温至 110～120℃，加入废聚氯乙烯薄膜碎片、癸二酸二辛酯（或 T50），边加边搅约 30min，待材料全部溶化后，加粉煤灰继续加温搅拌，温度达到 110℃时即可使用
处理裂缝	过氯乙烯胶液涂料	过氯乙烯：轻油＝1：5	按配比将过氯乙烯加入轻油中，溶化 24h 即可使用
	煤焦油沥青填料	煤焦油：30 号沥青：石棉绒：滑石粉＝3：1：0.5：0.5 或 3：0.5：0.8：0.8	按配比将沥青加入煤焦油中，加温至 120～130℃，待全部溶化后，加入石棉绒和滑石粉，搅拌均匀后，即可使用

注　1. 煤焦油宜采用煤 3 或煤 5，优先采用煤 3。
2. 制作焦油塑料胶泥所用的废聚氯乙烯膜，应洗净、晾干、撕碎后再用。制作聚氯乙烯胶泥，仅用新鲜的聚氯乙烯粉代替废聚氯乙烯膜即可。前者价低，宜优先选用。
3. 制作中应防火，注意安全。

2）预制混凝土防渗层砌筑缝的修补。预制混凝土板的砌筑缝，多是水泥砂浆缝，容易出现开裂、掉块等病害，如不及时修补，不仅加大渗漏损失，而且将逐渐加重病害，造成更大损失。修补方法是：凿除缝内水泥砂浆块，将缝壁、缝口冲洗干净，用与混凝土板同标号的水泥砂浆填塞，捣实抹平后，保温养护不得少于 14d。

3）混凝土防渗板表层损坏的修补。混凝土防渗板表层损坏，如剥蚀、孔洞等，可采用水泥砂浆或预缩砂浆修补，必要时还可采用喷浆修补。

a. 水泥砂浆修补。首先必须全部清除已损坏的混凝土，并对修补部位进行凿毛处理，冲洗干净，然后在工作面保持湿润状态的情况下，将拌和好的砂浆用木抹子抹到修补部位，反复压平，用铁抹子压光后，保温养护不少于 14d。当修补部位深度较大时，可在水泥砂浆中掺适量砾料，以减少砂浆干缩和增强砂浆强度。

b. 预缩砂浆修补。预缩砂浆是经拌和好之后再归堆放置 30～90min 才使用的干硬性砂浆。当修补面积较小又无特殊要求时，应优先采用。

c. 喷浆修补。喷浆修补是将水泥、砂和水的混合料，经高压喷头喷射至修补部位，施工工艺参见喷浆修补相关内容。

4）混凝土防渗层的翻修。混凝土防渗层损坏严重，如破碎、错位、滑坍等，应拆除损坏部位，填筑好土基后重新砌筑。砌筑时要特别注意将新旧混凝土的接合面处理好。接合面凿毛冲洗后，需要涂一层厚2mm的水泥净浆，才能开始砌筑混凝土。然后要注意保温养护。翻修中拆除的混凝土要尽量利用。如现浇板能用的部分，可以不拆除；预制板能用的，尽量重新使用；破碎混凝土中能用的石子，也可作混凝土骨料用等。

6.3　隧洞的养护与修理

输水隧洞是以输水为目的，在岩、土体中通过开挖形成的隧洞，如渠系上的输水洞、枢纽中的发电输水隧洞、泄水隧洞以及导流洞等。在节理发育及比较破碎的岩石或土基中开凿输水隧洞，通常要用混凝土、钢筋混凝土等材料进行衬砌，以防止水流冲刷和坍塌。用隧洞输水运行可靠，维修任务小，也比较安全。

6.3.1　输水隧洞的检查与养护

输水隧洞的检查，主要看洞壁有无裂缝、变形、位移、渗漏、剥蚀、磨损、气蚀、碳化、止水填充物流失等迹象。检查洞内水流是否存在明满流交替的异常现象。对附属工程，还应检查动力、照明、交通、通信、避雷设施、安全设施和观测设备等是否完好。另外，还要检查附近地区有无山体坍塌滑坡、地表排水系统受阻、泄流状态异常或回流淘刷、漂浮物撞击或堵塞泄水口、禁止人为放牧或乱挖砂石等人为破坏现象。

输水隧洞的养护工作包括：

（1）为防止污物破坏洞口结构和堵塞取水设备，要经常清理隧洞进水口附近的漂浮物，在漂浮物较多的河流上，要在进水口设置拦污栅。

（2）寒冷地区要采取有效措施，避免洞口结构冰冻破坏；隧洞放空后，冬季在出口处应做好保温措施。

（3）运用中尽量避免隧洞内出现不稳定流态，发电输水洞每次充、泄水过程要尽量缓慢，避免猛增突减，以免洞内出现超压、负压或水锤而引起破坏。

（4）发现局部的衬砌裂缝、漏水等，要及时进行封堵以免扩大。

（5）对放空有困难的隧洞，要加强平时的观测，要观测外部，观测隧洞沿线的内水和外水压力是否正常，如发现有漏水和塌坑征兆，应研究是否放空隧洞进行检查和修理。

（6）对未衬砌的隧洞，要对因冲刷引起松动的岩块和阻水的岩石及时清除并进行修理。

（7）当发生异常水锤或六级以上地震后，要对隧洞进行全面检查和养护。

6.3.2　输水隧洞常见病害与成因

据有关资料分析统计，我国水利工程中的输水隧洞病害大致可以分为六大类，即衬砌裂缝漏水、空蚀、冲磨、混凝土溶蚀破坏、隧洞排气与补气不足以及闸门锈蚀变形与启闭设备老化。

1. 裂缝漏水

裂缝漏水为输水隧洞最常见的病害。造成这种病害的原因是多方面的，如伸缩缝、施工冷缝和分缝处理不好，止水失效；混凝土施工质量差，灌浆孔没有封堵；存在地质断层或软弱风化岩层没有处理或处理不当。由于产生原因不同，漏水方式也不同，有集中漏水、分散漏水，也有大面积渗水。产生的裂缝有环向裂缝和纵向裂缝，此外还有干缩裂缝。

2. 空蚀

在输水隧洞中，当高速水流流过体型不佳或表面不平整处，水流会与边壁分离，造成局部压强降低。当流场中局部压强下降低于水的气化压强值时，将产生空化，形成空泡水流。空泡进入高压区会突然溃灭，对边壁产生巨大的冲击力，这种连续不断的冲击力和吸力造成边壁材料疲劳损伤而引起剥蚀破坏称为空蚀。实际工程调查表明，不仅大型输水隧洞存在空蚀问题，中小型输水隧洞亦有不同程度的空蚀现象发生。在工程实践中，一般认为明流中平均流速大于15m/s，就有可能产生空化，压力隧洞进口上唇等断面处流速大，压力低，易发生空蚀，如图6.2（a）所示；闸门槽处不平整引起水流与边界分离形成漩涡，易造成空蚀，如图6.2（b）所示；闸门局部开启，门后易产生负压引起洞顶空蚀，如图6.2（a）所示。此外，在隧洞分岔处、消力墩周围、施工不平整的部位和出口闸门单孔开启时的闸墩端部，如图6.2（c）、（d）、（e）、（f）所示，以及隧洞出口挑流坎反弧末端等处均易产生空蚀破坏。

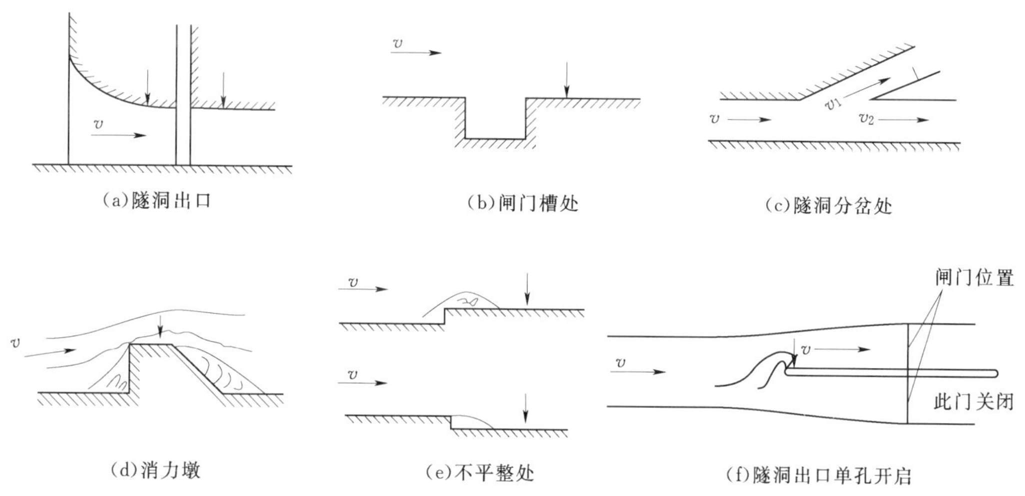

图6.2 容易产生空蚀的部位（箭头所指处为容易产生空蚀的部位）

3. 冲磨

含沙水流经过输水隧洞，将主要对隧洞底部混凝土产生不同程度的冲磨破坏。产生冲磨破坏的隧洞，其水流流速越大，泥沙（包括推移质和悬移质）含量越高，冲磨破坏越严重。此外，冲磨破坏程度还与隧洞体型好坏有一定关系，体形不佳处冲磨程度更为严重。根据山东省20世纪90年代的调查，全省大中型水库的输水隧洞发生冲磨破坏的有11座，其中米山水库的输水隧洞冲蚀面积达90%以上。湖北省黄梅县垅坪水库输水隧洞，由于进口低且太靠近山坡，没能有效地防止山洪挟带泥沙入洞，造成隧洞陡坡段底部严重冲磨，钢筋保护层被冲磨掉，且多处外露的环向螺纹钢筋被磨得光亮。

4. 混凝土溶蚀破坏

隧洞由于长期受到水流的冲刷和山岩裂隙水沿洞壁裂缝向洞内渗漏，极易产生溶蚀破坏。实际工程中隧洞的溶蚀破坏大致可分为两种：一种是输送的水流对隧洞洞壁混凝土的溶蚀。这种溶蚀主要表现在洞内壁表层混凝土中有效成分 $Ca(OH)_2$ 被溶蚀并被带走，从而大大降低了表面强度。一般情况下水流偏酸性，混凝土中易溶成分含量高，就很容易造成这种破坏。另一种溶蚀破坏主要表现在内部混凝土易溶物质被壁渗流溶解并析出，在内壁表面析出白色的沉淀物（$CaCO_3$）。这种溶蚀破坏对表面强度影响不大，但当溶解析出有效成分较多时，会严重降低隧洞整体强度，甚至导致其中钢筋锈蚀。湖北省红安县金沙河水库泄水洞，渗漏水从洞壁混凝土中带出碳酸钙，沉淀物处处皆是。由于长时间未用此洞泄水，该洞如同一个小的溶洞，石钟和石笋随处可见，最大一处石笋重约 40kg。

5. 隧洞排气与补气不足

过去由于缺乏经验，对隧洞闸门后通气认识不足，设计时未设有通气孔或给出的尺寸太小，实际工程中由此造成的隧洞损坏和事故也不少。如由于高速水流水面掺气将洞内水面以上的空气逐渐带走，造成洞内压力降低，直至空气完全被带走而形成洞顶负压，随着水流流动，又会有部分空气从进出口补充，洞顶压力又会恢复到明流时的正常状态。这样周而复始，有压、无压交替运行，洞内水流水面波动，造成周期性的振动和声响，不仅影响隧洞泄流，而且最引起隧洞衬砌的疲劳破坏，危及到隧洞或其他建筑物的安全。

因此，设计隧洞时宜在进口闸门后设置通气孔，目的是不断地向泄水洞内补充空气，防止洞内压力降低，从而有利于防止空蚀的发生和保证正常泄流。如果通气孔孔径过小或被堵塞，布置位置不当或者根本未设通气孔，泄流时补气不足，将可能造成隧洞内压力不稳定或负压，导致隧洞内流态不稳和局部空蚀，严重的将引起整个隧洞结构振动，危及隧洞安全。在压力输水隧洞中，洞内排水需要关闭事故检修闸门时，则要补气；在充水准备开门时，则要排气。所以通气孔在压力隧洞检修闸门启闭过程中起着排气和补气的作用。如补气不足，会影响洞内安全排水；如排气不足，则使洞内压力骤增，达到一定程度时会危及隧洞结构设备和周围人员的安全。

6. 闸门锈蚀变形与启闭设备老化

由于隧洞闸门工作环境恶劣，养护很不方便，因此隧洞闸门锈蚀现象十分普遍，特别是水库深式泄水隧洞闸门，由于启闭运行次数很少，锈蚀更为严重。闸门启闭设备老化损坏也比较突出，主要表现在启闭机启门力和闭门力不足，启闭设备部件损坏，闸门螺杆弯曲或断裂等。

6.3.3　输水隧洞常见病害的治理

输水隧洞的病害多种多样，且每种病害产生的原因也不一定相同，在此只就常见病害提出治理措施。

6.3.3.1　裂缝漏水的修理

（1）用水泥砂浆或环氧砂浆修补裂缝。隧洞的裂缝由于漏水，修补工作难度大，因此在进行砂浆封缝之前，应做好堵漏处理。一般先用速凝砂浆快速封堵，如果渗漏量较大，且渗漏不集中，宜先埋设排水管由一处集中排出漏水，待大面积修补完毕并有相当强度之

后，再将集中排水孔封堵。

（2）灌浆处理。施工质量较差的隧洞裂缝漏水和孔洞漏水，可以采用灌浆处理。对于内径较大的隧洞，钻孔机能在洞中作业，采用洞内灌浆更经济。一般在洞壁内按梅花形布设钻孔，灌浆时由疏到密，灌浆压力一般采用0.1～0.2MPa。由于压浆机械多放在洞外，输浆管路较长，压力损耗大，所以灌浆压力应以孔口压力为控制标准。浆液的配合比可根据需要选定，如江西省跃进水库处理混凝土涵洞时，水泥浆的水灰比由10∶1一直用到4∶10，灌浆效果都很好。

6.3.3.2 空蚀的处理

输水隧洞的空蚀，初期往往不被人们所重视，认为剥蚀程度较轻，不会影响隧洞安全。但是随着剥蚀程度的加深，水流条件更加恶化，加速了空蚀的发展进程，严重时造成整个空蚀区域衬砌的结构破坏，甚至发生坍塌事故。因此应及时分析空蚀原因，及时处理。

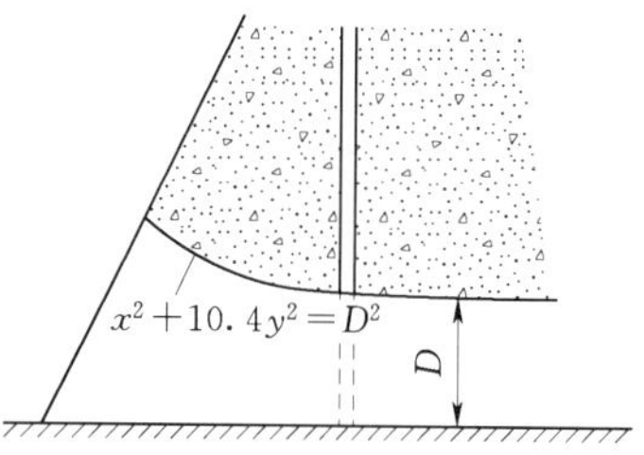

图6.3 进口段椭圆曲线示意图

（1）修改隧洞不合理体型，改善水流边界条件。隧洞体型与流线不吻合产生空蚀的部位多在进口。渐变进口形状应避免直角，单圆弧曲线最好改成椭圆曲线，如图6.3所示。

常用的矩形断面进口椭圆曲线方程为

$$\frac{x^2}{D^2}+\frac{y^2}{(0.31D)^2}=1 \tag{6.1}$$

或

$$x^2+10.4y^2=D^2 \tag{6.2}$$

式中 x、y——水平、竖向坐标；

D——输水隧洞洞径。

闸门槽与洞身之间应设渐变段。经试验和工程实践证明，对大中型输水隧洞宜改用带错距和倒角的斜坡形门槽（标准门槽），并将棱角削圆，以1∶12斜坡与下游两侧边墙相连接，使水流平顺，从而可减轻和避免空蚀发生。通常建议：标准门槽适宜宽深比为$W/D=1.5\sim2.0$，较优错距比$W/D=0.05\sim0.08$；低水头小型输水隧洞，可采用矩形门槽，其适宜宽深比$\Delta/D=1.6\sim1.8$，如图6.4所示。

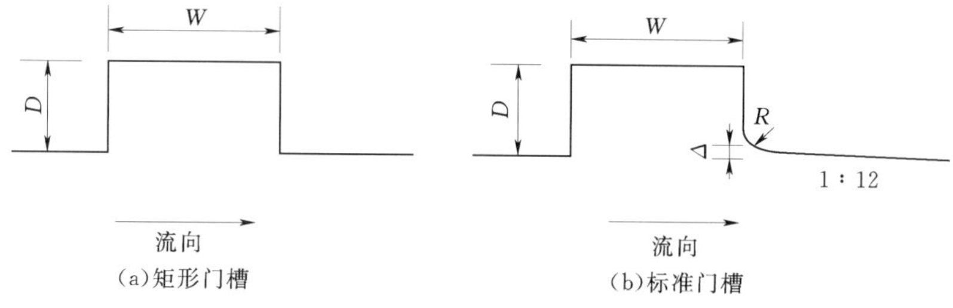

图6.4 门槽形式

（2）控制闸门开度和设置通气孔。闸门的开度在很大程度上决定了门后水流条件的好坏，尽量避免闸门在易产生振动的开度下运行。对无压洞和闸门部分开启的有压洞，以及无通气孔或通气孔孔径不足的隧洞，应在可能产生负压区的位置增设通气孔。通气孔的通气量，可用下列公式进行核算：

$$q=0.04Q\left(\frac{v}{\sqrt{gh}}-1\right)^{0.85} \tag{6.3}$$

式中　q——通气量，m/s；

Q——输水隧洞闸门开度为 80%时的流量（或允许最大流量），m^3/s；

v——收缩断面的平均流速，m/s；

h——收缩断面水深，m；

g——重力加速度，m/s^2。

求得需要的通气量后，通常采用气流速度为 30～50m/s，即可根据公式估算出通气孔的面积大小或管径。如取通气孔中气流速度为 40m/s，则式（6.3）可改写成求通气孔面积 A 的公式：

$$A=0.001Q\left(\frac{v}{\sqrt{gh}}-1\right)^{0.85} \tag{6.4}$$

由于闸门开度在 80%时需要进气量最多，所以计算通气面积时要用开度为 80%时的水深和流量，对于有些输水隧洞水头很高不允许闸门开度达 80%时，可用允许的最大流量和相应的水深。

此外，在隧洞其他易产生负压造成空蚀破坏的部位，亦可采取通气减蚀措施。通气减蚀方法在国内外高水头泄水建筑物中常采用，效果明显，也很经济。主要型式有突扩式、底坎式、槽式和坎槽结合式等，如图 6.5 所示。

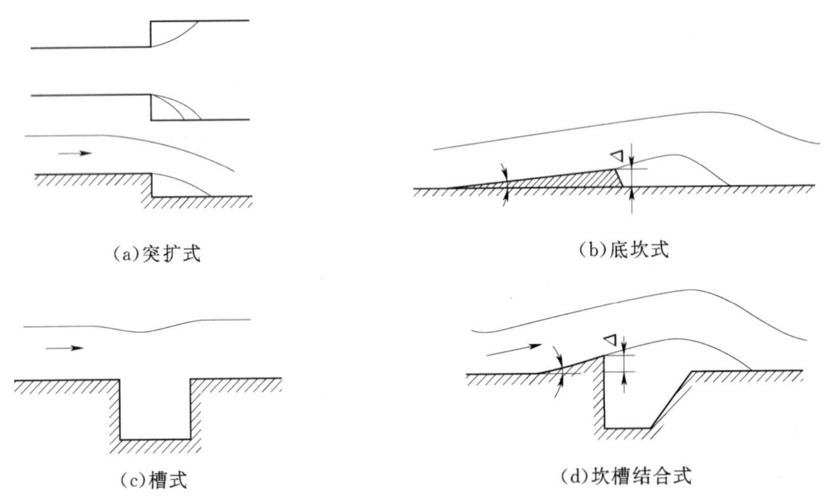

图 6.5　主要通气减蚀型式

（3）空蚀部位的修复。对隧洞中已遭空蚀破坏的部位，除了上述针对气蚀原因进行修改体型和通气减蚀外，还应及时修补已被空蚀部位。一般可用耐空蚀的高强度修补材料修补，如环氧砂浆。

6.3.3.3　冲磨破坏处理

冲磨破坏的修补效果好坏主要取决于修补材料的抗冲磨强度，抗冲磨强度高的材料比较多，选用时主要从造成冲磨破坏的水流挟沙是以悬移质为主还是以推移质为主来考虑。

(1) 悬移质冲磨破坏修补材料。

1) 高强水泥砂浆、高强水泥石英砂浆。工程实践证明，高强水泥砂浆是一种较好的抗冲磨材料，特别是用硬度较大的石英砂代替普通砂后，砂浆的抗磨强度有一定提高。水泥石英砂浆价格低、工艺简单、施工方便，是一种良好的抗泥沙磨蚀材料。水泥石英砂浆水灰比0.35，灰砂比1∶1.5，水泥用量890kg/m^3，28d抗压强度可达70MPa，其抗磨蚀强度约为C30混凝土的5倍，可经受最大流速35～50m/s的冲击。当最大流速在20m/s左右，平均含沙量为80～100kg/m^3时，平均厚度为10cm的28d抗压强度为60MPa的高强水泥石英砂浆抗磨层，可经历1万～1.5万h的泄流排沙。

2) 铸石板。铸石板具有优异的抗磨、抗空蚀性能，根据原材料和工艺方法的不同，目前主要有辉绿岩、玄武岩、硅锰渣铸石和微晶铸石等。实践证明，铸石板是最佳的抗磨、抗空蚀材料之一，但其缺点是质脆，抗冲击强度低；施工工艺要求高，粘贴不牢时，高速水流易进入板底空隙，在动水压力作用下将板掀掉冲走。例如，在刘家峡溢洪道的底板和侧墙、碧口泄洪洞的出口等处所做的抗冲耐磨试验中铸石板均被水流冲走。因此，目前已很少采用铸石板，而是将铸石粉碎成粗细骨料，利用其高抗磨蚀的优点配制高抗冲磨混凝土。

3) 环氧砂浆。它具有固化收缩小，与混凝土黏结力强，机械强度高，抗冲磨及抗空蚀性能好等优点。其抗冲磨强度约为28d抗压强度为60MPa的水泥石英砂浆的5倍，C30混凝土的20倍，合金钢和普通钢的20～25倍。固化的环氧树脂本身抗冲磨强度并不高，但由于其黏结力极强，含沙水流要剥离环氧砂浆中的耐磨砂粒相当困难，因而用耐磨骨料配制的环氧砂浆，其抗冲磨性能相当优越。

4) 高抗冲耐磨混凝土（砂浆）。高抗冲耐磨混凝土（砂浆）是选用耐磨蚀粗细骨料、高活性优质混合材、高效减水剂和水泥配制而成的，其水泥宜选用C_3S含量高的水泥（C_3S矿物含量不低于45%），细骨料宜选用细度模数为2.5～3.0的中砂。常用的磨蚀骨料品种有花岗岩、石英岩、刚玉、各种铸石和铁矿石等。高活性优质混合材有硅粉和粉煤灰。减水剂宜选用非引气高效减水剂，而水灰比宜控制在0.3左右。选择高抗冲耐磨混凝土（砂浆）配合比的原则是：尽可能提高水泥石的抗冲磨强度和黏结强度，同时尽量减少水泥石在混凝土中的含量。实际工程中已经应用的抗冲耐磨混凝土（砂浆）有硅粉抗磨蚀混凝土（砂浆）、高强耐磨粉煤混凝土（砂浆）、铸石混凝土（砂浆）和铁矿石骨料抗磨蚀混凝土（砂浆）等。

5) 聚合物水泥砂浆。聚合物水泥砂浆是在水泥砂浆中掺加聚合物乳液改性而制成的一类有机无机复合材料。这类砂浆的硬化过程是：伴随着水泥水化产物形成刚性空间结构的同时，由于水化和水分散失，使得乳液脱水，胶粒凝聚堆积并借助毛细管力成膜，填充结晶相之间的空隙，形成聚合物空间的网状结构。聚合物相的引入，既提高了水泥石的密实性、黏结性，又降低了水泥石的脆性。因此是一种比较理想的薄层修补材料，其耐磨蚀性能亦较掺聚合物乳液改性前的水泥砂浆有明显提高，因而可用于有中等抗冲磨空蚀要求的混凝土冲磨空蚀破坏的修补。最常用的聚合物砂浆有丙乳（PAE）砂浆和氯丁胶乳（CR）砂浆。

(2) 推移质冲磨破坏修补材料。高速水流挟带的推移质，除了对泄水建筑物过流表面混凝土有磨损作用以外，还有冲击砸撞作用。这就要求修补材料除具有较高的抗磨蚀性能外，还应具有较高的冲击韧性。以前在含推移质河流上修建泄水建筑物常用的抗冲磨衬护材料有钢板、铸铁板、条石、钢轨间嵌填条石或铸石板等，近十几年来研究开发的有高强抗冲磨混凝土、钢纤维硅粉混凝土、钢轨间嵌填高强抗冲磨混凝土等。

1）钢板。钢板具有很高的强度和抗冲击韧性，故抗推移质冲磨性能好。钢板厚度一般选用 12～20mm，与插入混凝土中的锚筋焊接。钢板间接缝要焊牢，在沉陷缝位置焊接增强角钢。钢板衬护施工技术要求较严，由于锚固不牢或灌浆不密实而被砸变形、冲走的现象也曾发生。例如，四川映秀湾水电站拦河闸因钢板焊缝不牢，回填灌浆不密实，钢板在推移质撞击下，沿焊缝整块破裂，有 1/3 被冲走。

2）高强抗冲耐磨混凝土。应用时要加配钢筋网增强。

3）钢纤维硅粉混凝土。试验证明，掺入钢纤维虽然对提高硅粉混凝土抗磨蚀性能的作用不明显，却能改善硅粉混凝土的脆性，提高抗冲击韧性。当钢纤维掺量为 0.5%（体积比）时，钢纤维硅粉混凝土的抗空蚀强度约为硅粉混凝土的 10 倍，受冲击断裂破坏时所吸收的冲击能量约为硅粉混凝土的 1.75 倍，因而适合用于受推移质冲砸破坏的混凝土的修补。

4）钢轨间嵌填抗冲磨混凝土。钢轨间嵌填抗冲磨混凝土，是由高强度和高抗冲击性的钢轨与抗冲磨混凝土构成的复合衬砌，专门用于抵抗挟带有大粒径推移质高速水流对泄水建筑物的强烈冲砸磨损破坏。钢轨可沿水流方向水平设置，也可垂直过流面竖立设置。

6.4　渡槽的养护与修理

6.4.1　渡槽的检查与养护

渡槽一般由输水槽身、支承结构、基础、进口建筑物出口建筑物组成。如图 6.6 所示，实际工程中，绝大部分是钢筋混凝土渡槽，有整体现浇的和预制装配的。常用的槽身断面形式有矩形和 U 形两种。支承结构常用梁式、拱式、桁架式、桁架梁及桁架拱式、斜拉式等。

图 6.6　渡槽

渡槽的日常检查与养护工作包括以下内容：

（1）槽内水流应均匀平顺，发现裂缝漏水、沉陷、变形应及时处理。

（2）渡槽原设计未考虑交通时，应禁止人、畜通行，防止意外发生。

（3）要经常清理槽内淤积和漂浮物，保证正常输水，防止上淤下冲。

（4）跨越沟溪的渡槽，基础埋深要在最大冲刷线之下，防止基础遭受淘刷。

（5）寒冷地区的渡槽，基础埋深要在最大冰冻深度下，防止基础冻胀破坏。

（6）跨越多泥沙河流的渡槽，应防止河道淤积、洪水位抬高危及渡槽安全。

6.4.2 渡槽的常见病害及成因

渡槽的常见病害有冻害、混凝土碳化及钢筋锈蚀、支承结构发生不均匀沉陷和断裂、混凝土剥蚀、裂缝和止水老化破坏、进口泥沙淤积和出口产生冲刷等。此外，近十余年来有些渡槽因设计原因，在槽中出现涌波现象，造成槽身溢水。以下仅就冻害、混凝土碳化及钢筋锈蚀作详细分析，其他病害分析不再赘述。

6.4.2.1 冻害机理分析

（1）冻胀破坏。寒冷地区的渡槽多采用图6.7中的基础形式。桩基及排架下板式基础的冻害破坏，如图6.7（a）、（b）所示，外观上表现为不均匀上抬，纵向中间基础上抬量大，越往两边抬量越小，呈“罗锅形”。

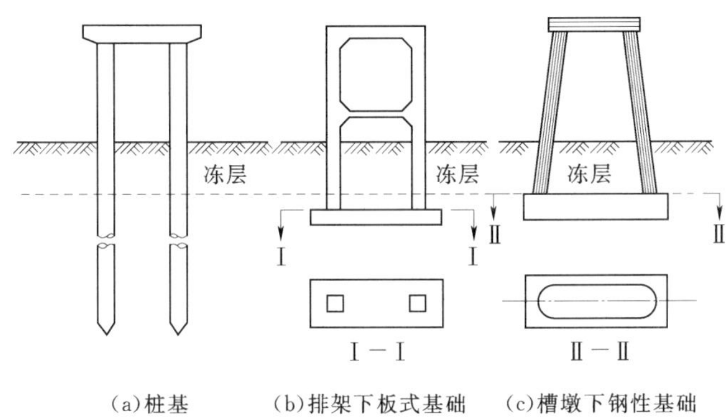

图6.7 渡槽基础形式

渡槽基础的不均匀上抬，主要是切向冻胀力作用的结果。当基础周围土中水分冻结成冰时，冰便将基础侧面与周围土颗粒胶结在一起，形成冻结力。当基础周围土冻胀时，靠近桩柱的土体冻胀变形受到约束，从而沿基础侧表面产生方向向上的切向冻胀力。由此可知，切向冻胀力的产生必须满足两个条件：其一是基础和地基土之间存在冻结力的作用；其二是地基土在冻结过程中产生冻胀。

影响切向冻胀力大小的主要因素有地基土的粒度成分、含水量、温度、基础材料性质和基础表面粗糙程度等。对于桩基来说，在切向冻胀力作用下的冻胀上抬通常由以下两种原因所致：其一是由于桩柱上部荷载、桩重力及桩柱与未冻土间的摩擦力不足以平衡总冻拔力而产生整体上抬；其二是由于在冻拔力作用下，桩柱截面尺寸或配筋不满足抗拉强度要求，造成断桩。断桩位置多发生在冻土层底部或桩柱抗拉最薄弱截面处。

（2）冻融破坏。混凝土是由水泥砂浆和粗骨粒组成的毛细复合材料。混凝土在拌和过程中加入的拌和用水总要多于水泥所需的水化水。这部分多余的水便以游离水的形式滞留于混凝土中，形成占有一定体积的连通毛细孔。这些连通毛细孔就是导致混凝土遭受冻害的主要原因。由美国学者提出的膨胀压和渗透压理论证明，吸水饱和的混凝土在冻融过程中，遭受的破坏应力主要有两方面来源：一是混凝土孔隙中充满水，当温度降低至冰点以下而使孔隙水产生物态变化，即水变成冰，其体积要膨胀9%，从而产生膨胀应力；二是与此同时，混凝土在冻结过程中还可能出现过冷水在孔隙中的迁移和重新分布，从而在混凝土的微观结构中产生渗透压。这两种应力在混凝土冻融过程中反复出现，并相互促进，最终造成混凝土的疲劳破坏。目前这一冻融破坏理论在世界上具有代表性和较高的公认程度。

如果混凝土的含水量小于饱和含水量的91.7%，那么当混凝土受冻时，毛细孔中的膨胀结冻水可被非含水孔体吸收，不会形成损伤混凝土微观结构的膨胀压力。因此，饱水状态是混凝土发生冻融剥蚀破坏的必要条件之一。另一必要条件是外界气温的正负变化，其能使混凝土孔隙中的水发生反复冻融循环。工程实践表明，冻融破坏是从混凝土表面开始的层层剥蚀破坏。

6.4.2.2　混凝土碳化及钢筋锈蚀机理分析

钢筋混凝土结构中的钢筋，在强碱性环境中（pH值为12.5～13.2），表面会生成一层致密的水化氧化物薄膜，呈钝化状态的薄膜保护钢筋免受腐蚀。通常周围混凝土对钢筋的这种碱性保护作用在很长时间内是有效的，然而一旦钝化膜遭到破坏，钢筋就处于活化状态，就有受到腐蚀的可能性。

使钢筋钝化膜破坏的主要因素如下：

（1）由于碳化作用破坏钢筋的钝化膜。当无其他有害杂质时，由于混凝土的碳化效应，即混凝土中的碱性物质［主要是$Ca(OH)_2$］与空气中的CO_2，作用生成碳酸钙，使水泥石孔结构发生了变化，混凝土碱度下降并逐渐变为中性，pH值降低，从而使钢筋失去保护作用而易于锈蚀。

（2）由于水化氧化物薄膜和其他酸性介质侵蚀作用破坏钢筋的钝化膜。混凝土中钢筋锈蚀的另一原因是氯化物的作用。氯化物是一种钢筋的活化剂，当其浓度不高时，亦能使处于碱性混凝土介质中的钢筋的钝化膜破坏。

（3）当混凝土中掺加大量活性混合材料或采用低碱度水泥时，也可导致钢筋钝化膜的破坏或根本不生成钝化膜。

当钢筋表面的钝化膜遭到破坏后，只要钢筋能接触到水和氧，就会发生电化学腐蚀，即通常所说的锈蚀。一旦处在保护层保护下的钢筋发生锈蚀，因生成的铁锈体积膨大，很容易将保护层膨胀崩落，从而使钢筋暴露在自然环境中，更加快了锈蚀进程。

实际上，对一般输水建筑物来说，上述混凝土碳化导致钢筋锈蚀是主要的，但又是难以避免的。混凝土的碳化速度快慢与混凝土的材料性质、水灰比、振捣密实度、硬化过程中的养护好坏以及周围环境等因素有关。

大量的实际工程检测表明，同一建筑物的上部结构碳化深度往往比下部结构的大。由于渡槽中的结构构件多采用小体积钢筋混凝土轻型结构，钢筋保护层厚度有限，现浇渡槽结构的施工和养护难度较其他输水建筑物大，因此，渡槽的碳化和钢筋锈蚀较其他建筑物更为突出。

6.4.3　渡槽病害的修理

6.4.3.1　渡槽冻害的防治

1. 冻胀破坏的防治措施

为了防止渡槽基础的冻害，可采用消除、削减冻因的措施或结构措施，也可将以上两种措施结合起来，而采用综合处理方法。

（1）消除、削减冻因。温度、土质和水分是产生冻胀的三个基本因素，如能消除或削弱其中某个因素，便可达到消除或削弱冻胀的目的。在实际工程中，常采用的措施有换填

法、物理化学方法、隔水排水法和加热隔热法。其中换填法是指将渡槽基础周围强冻胀性土挖除，然后用弱冻胀的砂、砾石、矿渣、炉灰渣等材料换填，如图6.8所示。换填厚度一般采用30～80cm。采用换填法虽不能完全消除切向冻胀力，但可使切向冻胀力大为减小。在采用砂砾石换填时，应控制粉黏粒的含量，一般不宜超过14%。为使换填料不被水流冲刷，对换填料表面必须进行护砌。

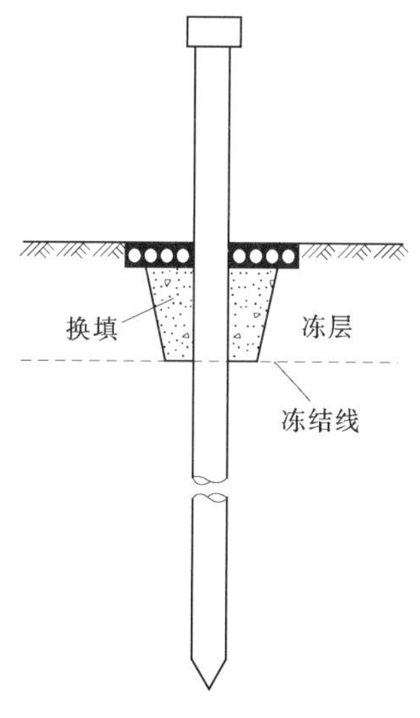

图6.8 换填措施

(2) 防治冻害的结构措施。结构措施可归纳为回避和锚固两种基本方法。

1) 回避法是在渡槽基础与周围土之间采用隔离措施，使基础侧表面与土之间不产生冻结，进而消除切向冻胀力对基础的作用。实际工程中常用油包桩和柱外加套管两种方法。油包桩是在冻层内的桩表面涂上黄油和废机油等，然后外包油毡纸，在油毡纸外再涂油类，做成二毡二油或三油。套管法是在冻土层范围内，在桩外加一套管，套管通常采用铁或钢筋混凝土制作。套管内壁与桩间应当留有2～5cm间隙，并在其中填黄油、沥青、机油、工业凡士林等。

2) 锚固法是采用深桩，利用桩周围摩擦力或在冻深以下将基础扩大，通过扩大部分的锚固作用防止冻拔。

2. 冻融剥蚀修补

(1) 修补材料。修补材料首先应该满足工程所要求的抗冻性指标，SL 191—2008《水工混凝土结构设计规范》规定，混凝土的抗冻等级在严寒地区不小于F300，寒冷地区不小于F200，温和地区不小于F100。通常用的修补材料有高抗冻性混凝土、聚合物水泥砂浆，预缩水泥砂浆等。

1) 高抗冻性混凝土。配制高抗冻性混凝土的主要途径是选择优质的混凝土原材料，掺加引气剂提高混凝土的含气量，掺用优质高效减水剂降低水灰比等。当然，良好的施工工艺和严格的施工质量控制也是非常重要的。一般情况下，当剥蚀深度大于5cm，即可采用高抗冻性混凝土进行修补。根据工程的具体情况，可以采用常规浇筑或滑模浇筑、真空模板浇筑、泵送浇筑、预填骨料压浆浇筑、喷射浇筑等多种工艺。预填骨料压浆浇筑的优点是可大幅度减少混凝土的收缩，施工模板简单。由于预填骨料已充满了整个修补空间，即使收缩发生也不至于使骨料移动。喷射混凝土近年来被广泛地应用于混凝土结构剥蚀破坏的修补加固。这是因为喷混凝土修补施工具有特殊的优点：①由于高速喷射作用，喷混凝土和老混凝土能良好粘结，粘结抗拉强度约为0.5～2.85MPa；②喷射混凝土施工作业不需要支设模板，不需要大型设备和开阔场地；③能向任意方向和部位施工作业，可灵活调整喷层厚度；④具有快凝、早强特点，能在短期内满足生产使用要求。

2) 聚合物水泥砂浆（混凝土）。聚合物水泥砂浆（混凝土）是通过向水泥砂浆（混凝土）中掺加聚合物乳液改性而制成的一类有机-无机复合材料。聚合物的引入，既提高了水泥砂浆（混凝土）的密实性、粘结性，又降低了水泥砂浆（混凝土）的脆性。近年来，在我国应用比较广泛的改性聚合物乳液有丙烯酸酯共聚乳液（PAE），氯丁胶乳（CR）。聚合物乳液的掺加量约为水泥用量的 10%～15%，水灰比一般为 0.30 左右。为防止乳液和水泥等拌和时起泡，尚需要加入适量的稳定剂和消泡剂。与普通水泥砂浆（混凝土）相比，改性后砂浆（混凝土）的抗压强度降低 0～20%，极限拉伸提高 1～2 倍，弹模降低 10%～50%，干缩变形减小 15%～40%，比老混凝土的粘结抗拉强度提高 1～3 倍，抗裂性和抗渗性大幅度提高，抗冻等级能达到 F300 以上。因此，聚合物水泥砂浆（混凝土）是一种非常理想的薄层冻融剥蚀修补材料。

当冻融剥蚀厚度为 10～20mm 且面积比较大时，可选用聚合物水泥砂浆修补；当剥蚀厚度大于 3～4cm 时，则可考虑选用聚合物水泥混凝土修补。由于聚合物乳液比较贵，因此从经济角度出发，当剥蚀深度完全能采用高抗冻性混凝土修补（大于 5cm）时，应优先选用抗冻混凝土修补。

3）预缩水泥砂浆。干性预缩水泥砂浆是一种水灰比小，拌和后放置 30～90min 再使用的水泥砂浆。其配合比一般为水灰比 0.32～0.34，灰砂比 1∶2～1∶2.5，并掺有减水剂和引气剂。砂料的细度模数一般为 1.8～2.0。预缩水泥砂浆的性能特点是强度高、收缩小、抗冻抗渗性好，与老混凝土的粘结劈裂抗拉强度能达到 1.0～2.0MPa，且施工方便，成本低，适合于小面积的薄层剥蚀修补。铺填预缩水泥砂浆以每层 4cm 左右并捣实为宜。由于水灰比低，加水量少，故需要特别注意早期养护。

（2）施工工艺。为了保证丙乳砂浆与基底粘结牢固，要求对混凝土表面进行人工凿毛处理，并用高压水冲洗干净，待表面呈潮湿状，无积水时，再涂刷一层丙乳净浆，并立即摊铺拌匀的丙乳砂浆。铺设丙乳砂浆分两层进行，第一层为整平层，第二层为面层。为增加整平层和基底的粘结强度，在抹平过程中将砂浆捣实，抹光操作 30min 后，砂浆表面成膜，立即用塑料布覆盖，24h 后洒水养护，7d 后自然干燥养护。施工水泥宜用 525 号早强普硅水泥及部分 425 号普硅水泥。水灰比为 0.25～0.312，乳液水泥用量比为 0.26～0.28。

6.4.3.2 混凝土碳化及钢筋锈蚀处理

一般情况下，不需要对混凝土的碳化进行大面积处理，因为施工质量较好的水工建筑物，在其设计使用年限内，平均碳化层深度基本上不会超过平均保护层厚度。一旦建筑物的保护层全部被碳化，说明该建筑物的剩余使用寿命已不长，对其进行全面碳化处理，投资较大，没有多大实际意义。如建筑物的使用年限不长，绝大部分碳化不严重，只是少数构件或小部分碳化严重，对其进行防碳化处理十分必要。当建筑物钢筋尚未锈蚀，宜对其作封闭防护处理。

（1）采用高压水清洗机清洗结构物表面，清洗机的最大水压力可达 6MPa，可冲掉结构物表面的沉积物和疏松混凝土，清洗效果较好。

（2）以乙烯-醋酸乙烯共聚乳液（EVA）作为防碳化涂料；其表干时间为 10～30min，粘结强度大于 0.2MPa，抗 −25～85℃ 冷热温度循环大于 20 次，气密性好，颜色为浅灰色。

（3）用无气高压喷涂机喷涂，涂料内不夹带空气，能有效地保证涂层的密封性和防护效果；分两次喷涂，两层总厚度达 150μm 即可。

钢筋锈蚀对钢筋混凝土结构危害性极大，其锈蚀发展到加速期和破坏期会明显降低结构的承载力，严重威胁结构的安全性，而且修复技术复杂，耗资大，修补效果不能完全保证。因此，一旦发现钢筋混凝土中钢筋有锈蚀迹象，应及早采取合适的防护或修补处理措施。通常的措施有以下三个方面。

（1）恢复钢筋周围的碱性环境，使锈蚀钢筋重新钝化。将锈蚀钢筋周围已碳化或遭氯盐污染的混凝土剥除，并重新浇筑新混凝土（砂浆）或聚合物水泥混凝土（砂浆）。

（2）限制混凝土中的水分含量，延缓或抑制混凝土中钢筋的锈蚀。一般采用涂刷防护涂层，限制或降低混凝土中氧和水分含量，提高混凝土的电阻，减小锈蚀电流，延缓或抑制锈蚀的发展。国外的研究资料表明：涂刷有机硅质憎水涂料，能够明显降低混凝土中锈蚀钢筋的锈蚀速度，但不能完全制止钢筋的继续锈蚀。因而，防水处理仅能当作临时的应对措施，延缓钢筋混凝土结构的老化速度，直到有可能采取更有效的修补处理对策。

（3）采用外加电流阴极保护技术。外加电流阴极保护，就是向被保护的锈蚀钢筋通入微小直流电，使锈蚀钢筋变成阴极，被保护起来免遭锈蚀，并另设耐腐蚀材料作为阳极，亦即阴极保护作用是靠长期不断地消耗电能，使被保护钢筋为阴极，外加耐蚀辅助电极作为阳极来实现。这种保护技术在海岸工程的重要结构中应用较多，在输水建筑物未见采用。

6.4.3.3 渡槽接缝漏水处理

渡槽接缝漏水，主要是止水老化失效等原因造成的，处理的方法很多，如橡皮压板式止水、套环填料式止水、机粘贴式（粘贴橡皮或玻璃丝布）止水等。

1. 聚氯乙烯胶泥止水

施工方法步骤如下：

（1）配料。胶泥配合比（质量比）为：煤焦油∶聚氯乙烯∶邻苯二甲酸二丁酯∶硬酯酸钙∶滑石粉＝100∶12.5∶10∶0.5∶25。

（2）试验。作粘结强度试验，粘结面先涂一层冷底子油（煤焦油∶甲苯∶1∶4），粘结强度可达140kPa。不涂冷底子油可达120kPa。将试件作弯曲90°和扭转180°试验未遭破坏，即可满足使用要求。

（3）做内外模。槽身接缝间隙在3～8cm的情况下，可先用水泥纸袋卷成圆柱状塞入缝内，在缝的外壁涂抹2～3cm厚的M10水泥砂浆，作为浇灌胶泥的外模，3～5d后取出纸卷，将缝内清扫干净，并在缝的内壁嵌入1cm厚的木条，用胶泥抹好缝隙作为内模。

（4）灌缝。将配制好的胶泥慢慢加温，温度高低控制在110～140℃，待胶泥充分塑化后即可浇灌。对于U形槽身的接缝，可一次浇灌完成；对尺寸较大的矩形槽身，可采用两次浇灌完成。第二次浇灌的孔口稍大，要慢慢浇灌才能排出缝隙内的空气，如图6.9所示。

2. 塑料油膏止水

费用少，效果好，如图6.10所示。

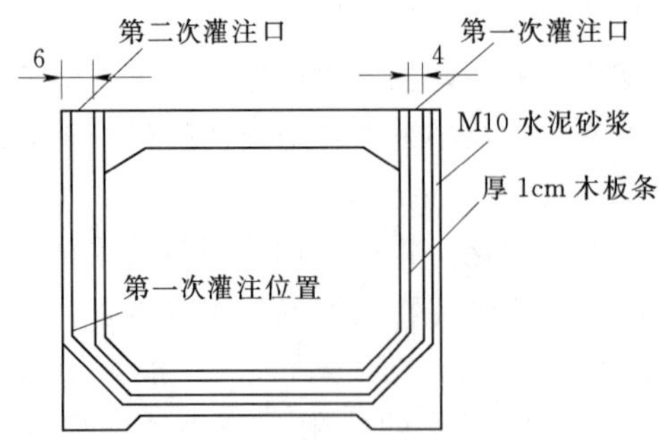

图 6.9　矩形槽身填料止水灌注示意图
（单位：cm）

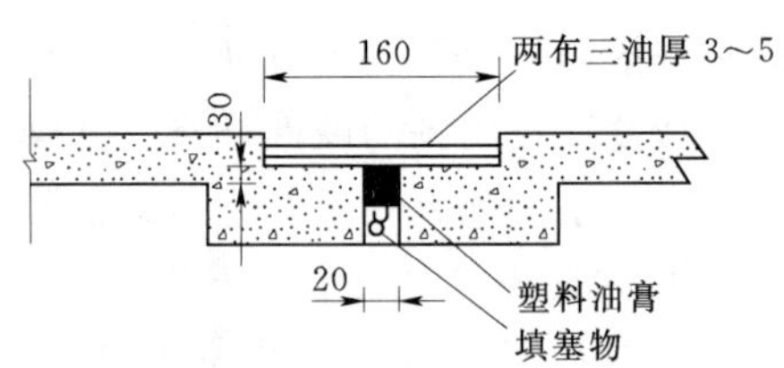

图 6.10　塑料油膏止水示意图
（单位：mm）

施工步骤如下：

（1）接缝处理。将接缝清理干净，保持干燥。

（2）油膏预热熔化。最好是间接加温，温度保持在 120℃左右。

（3）灌注方法。先用水泥纸袋塞缝并预留灌注深度约 3cm，然后灌入预热熔化的油膏，边灌边用竹片将油膏同混凝土反复揉擦，使其紧密粘贴。待油膏灌至缝口，再用皮刷刷齐。

（4）粘贴玻璃丝布。先在粘贴的混凝土表面刷一层热油膏，将预先剪好的玻璃丝布粘贴上去，再刷一层油膏并粘贴一层玻璃丝布，然后再刷一层油膏，务必粘贴牢固。

6.4.3.4　渡槽支墩的加固

1. 支墩基础的加固

（1）基础承载力不足的加固。当运行中发现渡槽支墩基底承载力不够时，可采用扩大基础的方法加固，以减少基底的单位承载力，如图 6.11（a）所示。

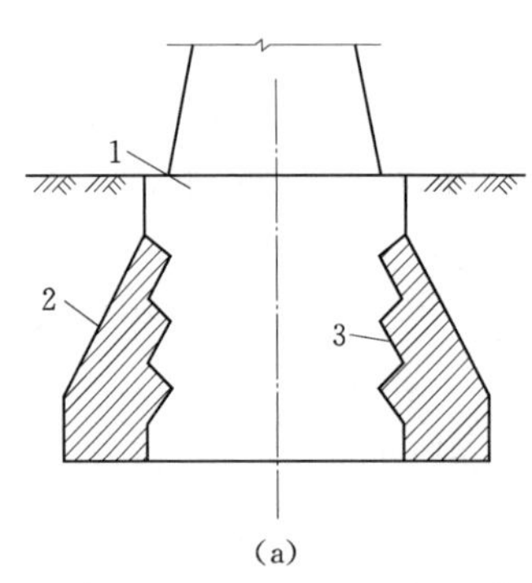

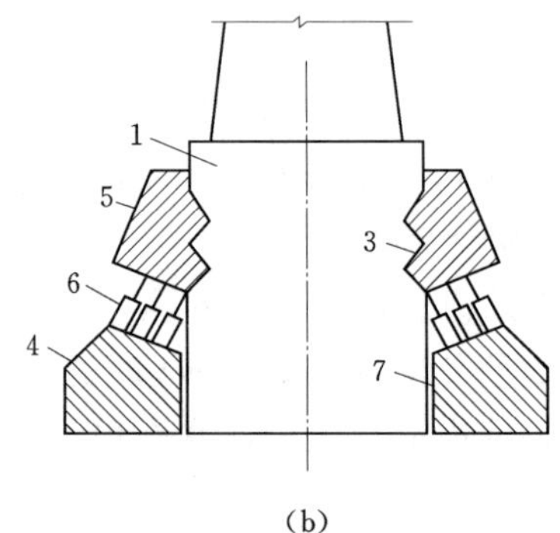

图 6.11　渡槽支墩基础加固示意图

1—原基础；2—基础加固部分；3—斜形凹槽；4—混凝土底盘；5—上部混凝土支持体；6—油压千斤顶；7—空隙

（2）基础沉陷处理。渡槽支墩由于基础沉陷过大，影响正常使用，需将基础恢复原位。在不影响结构整体稳定的前提下，可采取扩大基础、顶回原位的办法处理，如图 6.11（b）所示，先将基础周围的填土挖出，再浇筑混凝土，将沉陷的基础加宽。加宽部

分可分为上下两部分：上部为混凝土支持体，与原混凝土基础连成整体；下部为混凝土底盘，与原混凝土基础间留有空隙。施工时先浇底盘及支持体，待混凝土达到设计强度后，在二者之间布置若干个油压千斤顶，将原渡槽支墩顶起恢复到原位，再用混凝土填实千斤顶两侧的空间，待填实的混凝土达到设计强度后，取出千斤顶，并将千斤顶留下的空间用混凝土填实，最后回填灌浆填实原基底空隙。

2. 渡槽支墩墩身加固

（1）对多跨拱形结构的渡槽，为预防因其中某一跨遭到破坏，使整体失去平衡，而引起其他拱跨的连锁破坏，可根据具体情况，对每隔若干个拱跨中的一个支墩采取加固措施。其方法是在支墩两侧加斜支撑或加大支墩断面，如图 6.12 所示。

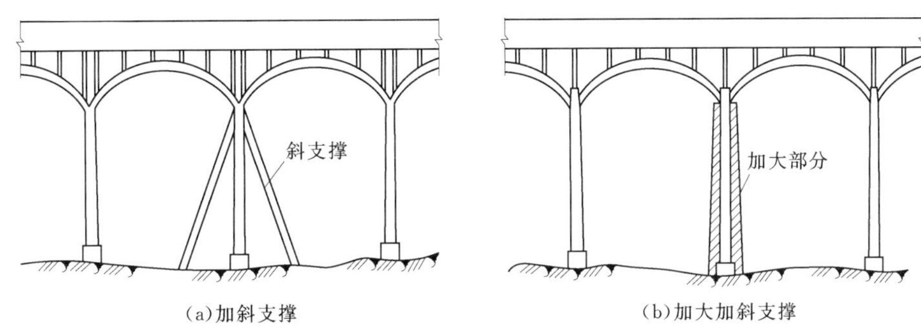

图 6.12 拱跨支墩预防破坏措施示意图

（2）多跨拱的个别拱跨有异常现象时，如拱圈发生断裂等，可在该跨内设置圬工顶或排架支顶，以增强拱跨的稳定，如图 6.13 所示。

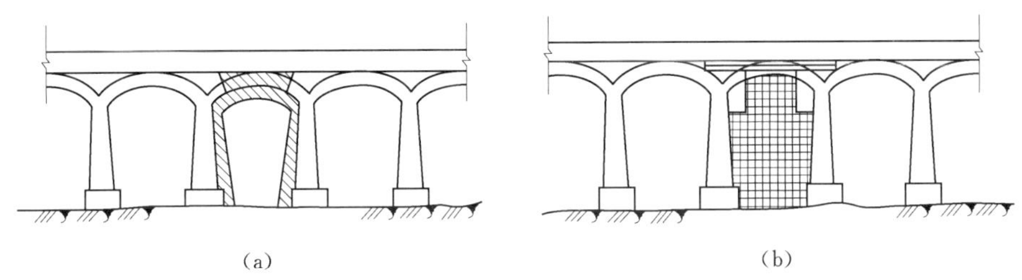

图 6.13 拱跨支墩加固示意图

（3）当渡槽支墩发生沉陷而使槽身曲折时，可先在支墩上放置油压千斤顶将渡槽槽身顶起，待其恢复原有的平整位置后，再用混凝土块填充空隙，支撑渡槽槽身。如原支墩顶面是齐平的可先凿坑，再放置千斤顶支撑渡槽槽身进行修理，对千斤顶支撑点必须进行压力核算。

6.5 倒虹吸管及涵管的养护与修理

6.5.1 倒虹吸管及涵管的检查与养护

6.5.1.1 倒虹吸管的检查与养护

倒虹吸管是渠道穿越山谷、河流、洼地，以及通过道路或其他渠道时设置的压力输水管道，是一种交叉输水建筑物，是灌区配套工程中的重要建筑物之一。倒虹吸管一般由进口、管身和出口 3 部分组成。管身断面形式常见有圆形和箱形两种。国内灌区工程中的倒虹吸管，绝大多数是钢筋混凝土管和预应力钢筋混凝土管，只有少量的钢管和素混凝土管。钢筋混凝土管和预应力钢筋混凝土管既有预制安装的，也有现浇的。

倒虹吸管的日常检查与维护工作主要包括以下内容。

(1) 在放水之前应做好防淤堵的检查和准备工作，清除管内泥沙等淤积物，以防阻水或堵塞；多沙渠道上的倒虹吸管，应检查进口处的防沙设施，确保其在运用期发挥作用；注意检查进出口渠道边坡的稳定性，对不稳定的边坡及时处理，以防止在运用期塌方。

(2) 停水后的第一次放水时，应注意控制流量，防止开始时放水过急，管中挟气，水流回涌而冲坏进出口盖板等设施。

(3) 在运行期间应经常注意清除拦污栅前的杂物，以防止压坏拦污栅和壅高渠水，造成漫堤决口。

(4) 在过水运行期间，注意观察进、出口水流是否平顺，管身是否有振动；注意检查管身段接头处有无裂缝、孔洞漏水，并做好记录，以便停水检修。

(5) 注意维护裸露斜管处镇墩基础及地面排水系统，防止雨水淘刷管、墩基础而威胁管身安全。

(6) 注意养护进口闸门、启闭设备、拦污栅、通气孔以及阀门等设施和设备，保证其灵活运行。

6.5.1.2　涵管的检查与养护

涵管（洞）是指埋设在堤、坝以及路基下，用来输水或泄水的水工建筑物，其断面形式常有矩形，圆形和城门洞形。涵管有现浇的，也有预制的，一般圆形小口径涵管大多为预制安装的。涵管（洞）外侧填筑土石料，底部有直接置于土基或岩基上的，也有放置在基座上的；主要作用荷载有自重、外侧土压力、内外水压力和温度应力。在我国，绝大多数土石坝中埋设有坝下涵管，各大河流的干支堤下埋设有大量的输水和泄水涵洞，因此涵管（洞）是一种应用较多的输水建筑物。涵管（洞）的日常检查与维护工作主要有以下内容。

(1) 保证涵管（洞）进口无泥沙淤积，发现泥沙淤积及时清理。

(2) 保证涵管（洞）出口无冲刷掏空等破坏，并注意进、出口处其他连接建筑物是否发生不均匀沉陷、裂缝等。

(3) 按明流设计的涵管（洞）严禁有压运行或明流、满流交替运行。启闭闸门要缓慢进行，以免管内产生负压、水击现象。

(4) 路基或坝下涵管（洞）顶部严禁堆放重物，禁止超载车辆通过或采取必要措施，以防止涵洞的断裂。

(5) 能够进入的涵管（洞）要定期派人入内检查，查看有无混凝土剥蚀、裂缝漏水和伸缩缝脱节等病害发生。发现病害，应及时分析原因并修补处理。

(6) 对坝下有压涵管，在运行期间要注意观察外坝坡出口附近有无管涌和逸出点抬高现象，若发现此现象应查明是否由涵管断裂引起的，并尽快采取必要处理措施。

(7) 注意保养闸门、启闭机械设备，保证运用灵活。

6.5.2 倒虹吸管及涵管的常见病害及成因

6.5.2.1 倒虹吸管常见病害与成因

(1) 管身裂缝。管身裂缝有环向、纵向和龟纹裂缝3种。环向裂缝主要是由于管身分节过长，当温度降低时引起纵向收缩变形造成管身脱节，当基础约束过大时会造成拉裂甚至断裂，在斜坡段也有因为镇墩基础沉陷、滑坡以或雨水冲刷而失稳引起管身脱节或断裂。纵向裂缝是倒虹吸管最常见的病害，而现浇混凝土管出现纵向裂缝的居多，纵向裂缝常出现在管身顶部，主要原因是现浇管顶施工质量差，同时外露的管顶受到阳光的直射，管身顶部内外温差过大，管壁内外变形不一致。严寒地区，当冬季没有排完管内积水或没有采取保温措施时，也将发生冻害而造成管身纵向裂缝。管身出现裂缝后必然发生漏水，并且结构承载力降低，管道耐久性随之变差。

(2) 接头漏水。接头止水材料老化或接头脱节将止水拉裂会引起漏水。

(3) 边墙失稳。进口处地基沉陷或顶部超载会导致进口处挡土墙或挡水墙失稳。

(4) 混凝土表面剥落。冻融作用（北方地区）或钢筋锈蚀会使混凝土表面剥落。

(5) 设备故障。管理不善、年久失修和设备老化会引起沉沙拦污设施、闸门、启闭设备等破坏失效。

(6) 淤积堵塞。未及时清污，杂物堵塞进口或山洪入渠，挟带大量推移质沉积管中。

(7) 气蚀、振动与冲刷。操作不当，在开始放水时排气阀未及时打开，或放水太急，管内产生负压引起气蚀，或通过小流量时，未及时调节阀门，进口管道内发生水跃，使管身振动或接头破坏。冲刷是因水流含沙石量大，管壁耐磨性差而引起的。

(8) 钢筋锈蚀。主要原因是管身裂缝处或缺陷处，钢筋裸露失去混凝土的碱性保护，钢筋钝化膜被破坏而锈蚀。

6.5.2.2 涵管常见病害与成因

实际工程中涵管（洞）的病害常分为以下几类，即裂缝、空蚀、混凝土溶蚀、闸门及启闭设备锈蚀老化等，其中涵管（洞）的裂缝比隧洞中的裂缝更为常见，是涵管（洞）的突出病害。以下仅就涵管（洞）的裂缝或断裂产生的原因进行分析。

(1) 沿管（洞）身长度方向荷载作用不均匀以及地基处理不良，易在沿管（洞）长方向产生过大的不均匀沉陷差。在地基产生不均匀沉陷的过程中，底部或顶部产生较大的拉应力，侧部产生较大的剪应力，特别是当拉应力超过涵管管身材料的极限抗拉强度时，则造成管身横向开裂。

(2) 由于混凝土涵管在温度发生变化时会产生伸缩变形，当涵管（洞）分缝距离过长，管壁收缩受到周围土体摩擦约束产生的拉应力超过管壁的抗拉强度时，管身就易被环向拉裂。这种裂缝实质是温度变形裂缝，其特征是裂缝管壁四周都贯穿，且部位大致在每节管的中部区域。

(3) 设计强度不够或施工质量差。实际工程中往往因设计考虑不周，或没有严格按设计尺寸施工，或超荷载运行以及浇筑质量差等，造成涵管整体强度不足。其特点是裂缝多，且环向和纵向裂缝都有，同时伴随有其他病害如蜂窝麻面、孔洞和大面积渗漏发生。

6.5.3　倒虹吸管及涵管的修理

6.5.3.1　倒虹吸管的修理

1. 裂缝的处理

裂缝处理的方案是：对于既未考虑运行期温度应力，又未采取隔热措施的管道，要采取填土等隔热措施；对于强度不足、施工质量差的管道所产生的裂缝，要采取全面加固措施；对有足够强度的管道的裂缝，主要采取防渗措施。

（1）腹裹保护。这是防止纵向裂缝发生和扩展的有效措施。对裸露在外部的倒虹吸管两侧使用预制空心混凝土砌块进行砌筑外包，上部填土夯实，既能对倒虹吸管起到明显的隔热保温作用，又能减轻风、霜、雨、雪等对管身混凝土的侵蚀。

（2）加固补强。对因沉陷引起的裂缝，首先应进行固基处理，如采取灌浆培厚等方法；对强度安全系数太低的管道，可采用内衬钢板加固措施进行处理，处理步骤是：在混凝土管内，衬砌一层厚4～6mm的钢板，钢板事先在工厂加工成卷，其外壁与钢筋混凝土内壁之间留1cm左右的间隙，钢板从进、出口送入管内就位、撑开，再焊接成型，然后在二者之间进行回填灌浆。该法的优点是能有效地提高安全系数，加固后安全、可靠、耐久，缺点是造价高，钢材用量多，施工难度大。

（3）表面涂抹、贴补或嵌补封缝。对结构整体性影响不大的裂缝一般只在表面采用涂抹、贴补或嵌补等方法进行封缝处理。有刚性处理和柔性处理两种类型。

1）刚性方案。有钢丝水泥砂浆、钢丝网环氧砂浆和环氧砂浆粘钢板等方法，这类方法不仅能够防渗抗裂，而且还分担裂缝处钢筋的一部分应力，提高建筑物的安全性。

2）柔性方案。有环氧砂浆贴橡皮、环氧基液贴玻璃丝布、环氧基液贴纱布、聚氯乙烯油膏填缝及乳化沥青掺苯溶氯丁胶刷缝等方法，柔性处理能够适应裂缝开合的微小变形，造价较低，施工方便。缝宽小于0.2mm时，采用加大增塑性比例的环氧砂浆修补效果好；缝宽大于0.2mm时，采用环氧砂浆贴橡皮效果好。

2. 渗漏处理

（1）对因裂缝引起的渗漏可按裂缝处理方法进行。

（2）管壁一般渗漏的处理。可在管内壁刷2～3层环氧基液或橡胶液，涂刷时应力求薄而匀，每日刷一遍，总厚约0.5mm。若为局部漏水孔或气蚀破坏，可涂抹环氧砂浆封堵。

（3）接头漏水的处理。对于受温度变化影响大的，仍需保持柔性接头的管道，可在接缝处充填沥青麻丝，然后在内壁表面用环氧砂浆贴橡皮。对于已做腹裹处理受温度影响显著减小的管道，可改用刚性接头，并隔一定距离设一柔性接头。刚性接头施工时可在接头内外打入石棉水泥或水泥砂浆，并在管内壁表面涂刷环氧树脂，防止钢管伸缩接头漏水，并应定期更换止水材料。

3. 淤积处理

在进口处设置拦污栅隔离漂浮物以防止堵塞；在进口上游一定距离设置沉沙池和冲沙孔防止推移质的堆积；控制过水流量和流速防止悬移质的沉积。当出现堵塞，应先排除管内积水，再用人工挖出。

4. 冲磨的处理

设置拦沙槽拦截沙石，减轻对管壁的磨损。对已发生气蚀与冲磨的管壁可进行凿除并重新涂抹耐磨材料（见隧洞的冲磨处理）。

6.5.3.2　涵管常见病害的处理

涵管断裂漏水的加固及修复措施如下。

1. 管基加固

对因基础不均匀沉陷而引起断裂的涵管，一方面进行管身结构补强，另一方面还须加固地基。

（1）对坝身不很高，断裂发生在管口附近的，可直接开挖坝身进行处理。

（2）对于软基，应先拆除被破坏部分涵管，然后挖除基础部分的软土至坚实土层，并均匀夯实，再用浆砌石或混凝土回填密实。

（3）对岩石基础软弱带可进行回填灌浆或固结灌浆处理。

（4）对直径较大的涵管，当断裂发生在中部，开挖坝体处理有困难时，可在洞内钻孔进行灌浆处理。灌浆处理常采用水泥浆，断裂部位可用环氧砂浆封堵。

2. 更换管道

当涵管直径较小、断裂严重、漏水点多、维修困难时，须更换管道。对埋深较大的管道可采用顶管法完成。顶管法是采用大吨位油压千斤顶将预制好的涵管逐节顶进土体中的施工方法。顶管施工的程序为：测量放线→工作坑布置→安装后座及铺导轨→布置及安装机械设备→下管顶进→管的接缝处理→截水环处理→管外灌水泥浆→试压。顶管法施工技术要求高，施工中定向定位困难。但它与开挖沟填埋法比较，具有节约投资、施工安全、工期短、需用劳动力少、对工程运用干扰较小等优点。

3. 表面贴补

对过水界面出现的蜂窝、麻面及细小漏洞可采取表面贴补法处理，这些方法前已叙述。

4. 结构补强

因结构强度不够，涵管产生裂缝或断裂时，可采用结构补强措施。

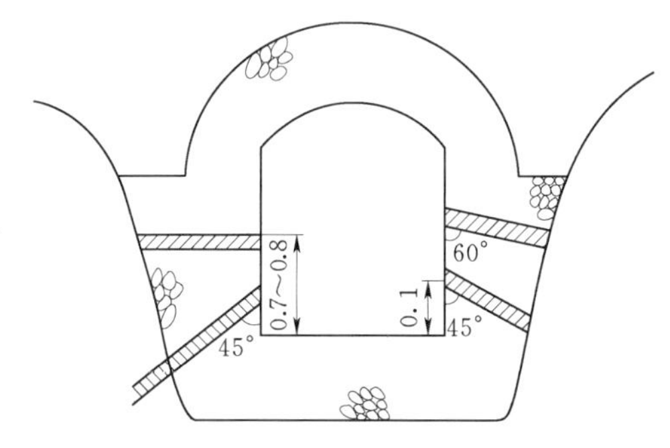

图 6.14　钓鱼台水库涵洞灌浆孔剖面图（单位：m）

（1）灌浆。灌浆是目前混凝土或砌石工程堵漏补强常用的方法。对坝下涵管存在的裂缝、漏水等均可采用灌浆处理。例如，河北省钓鱼台水库，由于运用期间产生明、满流交替的半有压流态，在 92m 长的洞壁上漏水点达 59 处，根据这种情况，进行了水泥灌浆处理。全洞共钻孔 120 个，浆孔布设在洞壁两侧，每侧两排，上下错开呈梅花形。上排离洞底 0.7～0.8m，孔深 0.7～0.9m，下排离洞底 0.1m，孔深 1～1.2m，如图 6.14 所示。经灌浆处理，基本止住了漏水，效果很好。

（2）加套管或内衬。当坝下涵管管径不容许缩小很多时，套管可采用钢管或铸铁管，内衬可采用钢板。当管径断面缩小不影响涵管运用时，套管可采用钢筋混凝土管，内衬可采用浆砌石料、混凝土预制件或现浇混凝土。例如，广东省马踏石水库土坝下埋设高1.2m、宽0.6m的浆砌石涵洞，顶拱用砖砌筑。在运用期间断裂漏水，先后有13处被漏水淘空。后来采用内套钢丝网水泥管，管壁厚3cm，在工地分段浇筑后进行安装，安装后在新老管间进行灌浆处理，效果很好。加套管或内衬时，需先对原管壁进行凿毛、清洗，并在套管或内衬与原管壁之间进行回填灌浆处理。加套管或内衬必须是人工能在管内操作的情况。

(3) 支撑或拉锚。石砌方涵的上部盖板如有断裂时，可采用洞内支撑的方式加固，对于侧墙加固，还可采用横向支撑法。有条件的也可采用洞外拉锚的办法。这样处理可以避免缩小过水断面。

思　考　题

1. 渠系建筑物常见的损坏形式及成因是什么？
2. 渠系建筑物的工作特点是什么？
3. 渠道常见病害的处理方法有哪些？
4. 渠道防渗的主要措施有哪些？
5. 分析气蚀产生原因和容易发生气蚀的部位。
6. 处理隧洞裂缝有哪些措施？
7. 隧洞的养护工作包括哪些内容？
8. 渡槽冻害的处理措施有哪些？
9. 渡槽支墩加固的主要措施有哪些？
10. 倒虹吸管常见病害有哪些？如何修复？

第7章　水电站建筑物的管理

学习要求：了解水电站建筑物的特点、类型；了解水电站建筑物维护与运行管理的工作内容及具体方法；了解水电站机电设备的运行管理及检修管理的方式方法。

7.1 概　　述

水电站是设置在河道上将水能转换为电能的一类工程设施，是由挡水、进水、引水、平水、厂房等一系列建筑物以及设备等有机结合的综合体。由于水电站在利用水能方面与防洪、灌溉、航运、供水、渔业及电力等行业和部门间存在有密切的联系和影响，相互制约并相互依存，所以在运行管理中必须要兼顾到其他水资源综合利用部门的用水需要，并受到电力系统用电供电要求的制约，这使水电站的运行管理具有一定的复杂性和综合性。

7.1.1 水电站的类型

水电站的基本类型有河床式水电站、坝式水电站、引水式水电站等三种形式。坝式水电站有坝内式、坝后式等具体布置型式；引水式水电站有无压引水式、有压引水式等具体布置型式。现将工程中常见的一些水电站的特点介绍如下。

（1）河床式水电站布置的特点是它的主要建筑物全部集中于河床内，厂房作为挡水建筑物的一部分与闸坝并肩位于河床中，如图7.1所示。

图7.1　某河床式水电站厂房

(2) 坝后式水电站布置的特点是它的厂房布置于坝体的下游，坝体与厂房用沉陷缝分开，如图 7.2 所示。

图 7.2　某坝后式水电站厂房

(3) 坝内式水电站布置的特点是厂房布置在坝体内部的空腔里，如图 7.3 所示。

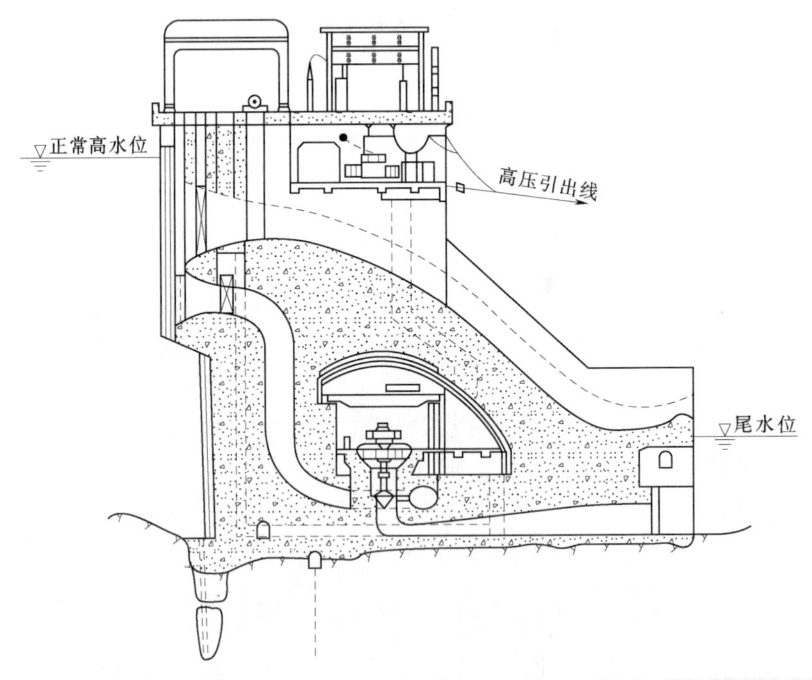

图 7.3　某坝内式水电站厂房

(4) 无压引水式水电站布置的特点是具有较长的无压引水道，一般多为引水明渠或无压隧洞，引水道与压力管道的连接处设有压力前池，如图 7.4 所示。

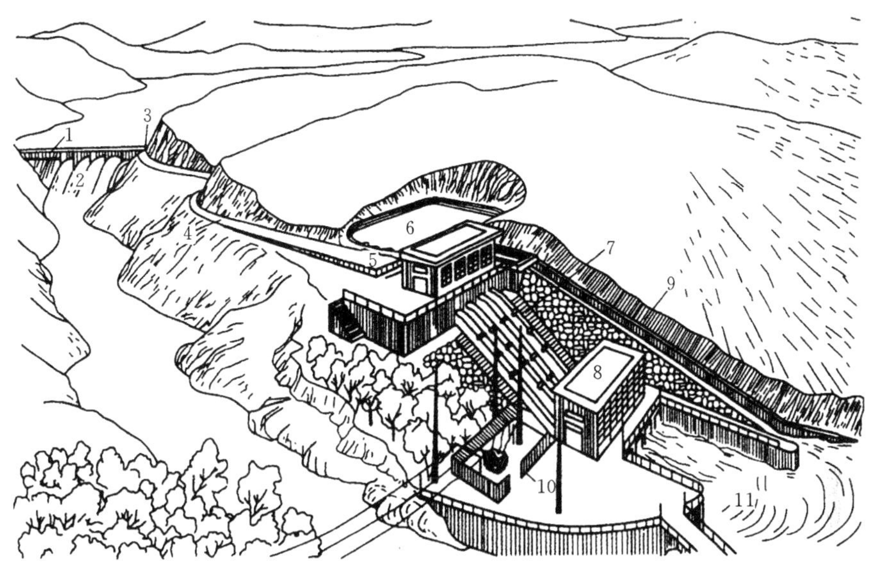

图 7.4 无压引水式水电站示意图

1—坝；2—溢流坝；3—进水闸；4—引水渠道；5—压力前池；6—调节池；7—压力水管；8—厂房；9—泄水道；10—开关站；11—尾水渠

(5) 有压引水式水电站布置的特点是具有较长的有压引水道，一般多为压力隧洞或压力钢管，引水道与压力管道的连接处设有调压室，如图 7.5 所示。

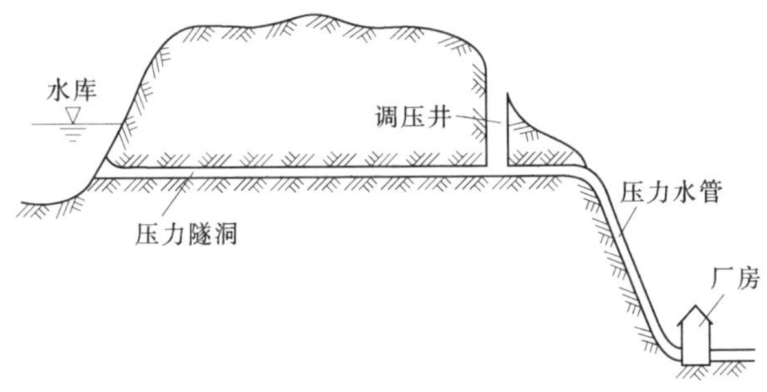

图 7.5 有压引水式水电站示意图

7.1.2 水电站建筑物的组成

为了控制水流，实现水力发电而修建的一系列水工建筑物，称为水电站建筑物。水电站枢纽一般由以下建筑物组成：

(1) 挡水建筑物。用以拦截河流集中落差，形成水库的拦河坝、闸或者河床式水电站的厂房等水工建筑物。例如，混凝土重力坝、拱坝、土石坝、堆石坝及拦河闸等。

(2) 泄水建筑物。用以宣泄洪水，供下游用水，放空水库的建筑物。例如，开敞式河岸溢洪道、溢流坝、泄洪洞及放水底孔等。

(3) 进水建筑物。用以从河道或水库按发电要求引进发电流量的引水渠首部建筑物。例如，有压、无压进水口等。

(4) 引水建筑物。用以集中水头，输送流量到水轮发电机组或将发电后的水排往下游河道的建筑物。例如，渠道、隧洞、压力管道、尾水渠等。

(5) 平水建筑物。用以平稳由于水电站负荷变化或者尾水系统中引起的流量及压力的变化，保证水电站调节稳定的建筑物。例如，调压井、压力前池等。

(6) 厂区枢纽建筑物。主要是指水电站厂房的主厂房、副厂房、主变压器场、高压开关站、交通道路及尾水渠等建筑物。这些建筑物一般集中布置在同一局部区域内形成厂区。厂区是发电、变电、配电的中心，是电能生产的中枢。

7.1.3　水电站建筑物的特点

水电站建筑物的构成特点是工程结构的多样性、作用关系的相似性和生产运行目标的一致性。

7.1.3.1　工程结构的多样性

水电站的类型有很多，随着水电站型式的不同，其构成建筑物种类就不同，但总体来说不论何种型式的水电站均由起壅水、蓄水作用的建筑物群的库坝系统建筑物和起输送流量作用的引水系统建筑物以及由发电、变电、输配电等建筑物群构成的厂房系统建筑物构成。

7.1.3.2　作用关系的相似性

水电站依靠水工建筑物来集中水头，获取流量，利用水能，由机电设备把水能转换为电能，然后再通过变电、输电、配电设备把电能输送给用户。这个转化过程需要通过库坝系统建筑物、引水系统建筑物和厂房系统建筑物来共同实现。因此无论何种水电站，构成其建筑物的作用关系都是相似的。

7.1.3.3　生产运行目标的一致性

一方面，对各种型式的水电站而言，不论其结构多么复杂，它们的共同目标都是由库坝和引水系统建筑物为发电提供水能，并通过厂房系统建筑物最终获得电能；另一方面，水电站建筑物应总是为机电设备最有利的生产提供服务。

7.2　水电站建筑物的维护和运行管理

7.2.1　水电站建筑物维护和运行管理的任务

水电站建筑物维护、运行管理的中心任务是保证指令性任务的完成，做到安全、优质、经济、可靠地生产，提高发电效益。具体包括以下几方面：

(1) 保证按照调度中心下达的电力生产计划全面完成生产任务，保证电能质量。

(2) 合理利用水力资源，充分发挥国民经济各部门的综合效益。

(3) 精心操作，严密监视，努力提高设备利用率，降低各项消耗。

(4) 正确处理各种障碍、事故，尽可能避免和减少事故造成的损失。

7.2.2　维护与运行管理的工作内容

水电站水工建筑物维护、运行管理的主要内容主要体现在制度建立、计划编制与执行

几个方面。

7.2.2.1 建立健全规章制度

(1) 应建立以厂长(经理)全面负责,各部门、各单位、各车间、各班组分别负责的生产技术责任制,并强调执行、督促、检查落实,以保证安全可靠地生产。

(2) 根据上级主管部门颁布的有关规程制度及设计资料、观测资料和其他工程的运行维护经验,结合本企业具体情况,编制水工建筑物的运行维护规程细则,包括水务管理规程、水工观测规程、水工机械运行检修规程、水工作业安全规程。

(3) 各运行管理人员要认真执行规程操作,确保各水工建筑物的稳定、坚固、耐久、安全。

7.2.2.2 编制生产运行计划

(1) 根据国家指令性计划,结合本企业的具体情况,编制发电供电计划。

(2) 制定技术经济指标,如发电量、供电量、设备利用小时和耗水率。

(3) 编制各水工建筑物的观测、维护、检修和机电设备的维护、检修计划,以及技术改造计划,不断提高和完善设备的技术水平和完好率。

7.2.2.3 安全生产管理

(1) 对水工建筑物进行维护检修及技术改造时应采用必要的安全保护措施,以确保水工建筑物及水电站厂房机械设备的安全运行。

(2) 定期进行安全和经济活动分析,检查各项计划指标完成情况。

7.2.3 水电站建筑物的维护及运行管理

水电站建筑物的维护及运行管理应根据维护运行规程明确水工建筑物与附属设备的观测项目及要求,进行观测和检查工作,并做好记录整理和分析。对检查发现的问题按照养护维修安全规程进行有计划的养护维修管理。

7.2.3.1 水电站建筑物的检查观测

1. 观测网点的设置

对库坝系统建筑物有关观测网点的设立和对观测使用仪器、设施的要求以及水工建筑物的主要检查观测项目详见第1章。此处着重介绍对水电站引水系统及厂房系统建筑物观测网点的设置。

(1) 各主要水工建筑物的中心线,例如,隧洞、渠道、压力管道等建筑物的始点、重点及压力管道的镇墩处均应设置可靠的标点。

(2) 在各主要部位,例如,坝上游适当部位、进水口附近、尾水渠、船闸上下游等处均应设置水位标尺。

2. 水电站建筑物主要的检查观测项目

水电站建筑物主要观测项目有进水口、渠道、隧洞、压力管道、尾水渠的淤积情况及冲沙设施的效能;水库水位、水温、库区漏水、塌岸及水电厂尾水位的变化情况;严寒地区的水库以及与建筑物相邻水域的冰冻现象;流冰与冻层对建筑物的影响等。

水电站建筑物主要检查项目有检查引水混凝土建筑物有无剥落、溶蚀、冲刷等现象外,还要检查护坦、海漫、衬砌等的磨损、冲刷、脱落和沉陷等现象;压力钢管、各种金属结构和操作设备有无锈蚀、变形、损坏及操作失灵情况;进水口拦污栅有无被污物阻塞等情况。

7.2.3.2　引水建筑物的养护修理

引水建筑物的作用是将集中了水头的水量送入水轮机，由水能转换为机械能，再由发电机将机械能转换为电能，有时引水建筑物本身也起到一定的集中水头的作用。搞好引水建筑物的维护和运行管理，对出现的缺陷进行及时合理的修补，是保证水电站安全可靠生产的重要组成部分。

水电站引水建筑物主要有渠道、隧洞、压力管道等，其中大部分在第 6 章进行了详述，在这里主要对压力钢管的检查养护以及缺陷的处理进行说明。

1. 压力钢管的检查

为了保证工程的正常运行和人员设施安全，压力钢管运行时应经常进行以下几个项目的检查：①明管支座的检查；②明管伸缩节人孔的检查；③通气孔的检查；④运行保护设备的检查；⑤钢管锈蚀、磨损、焊缝的检查；⑥观测设备的检查；⑦排水设施情况的检查。

对上述各项目的检查方法采取目测与仪器测试相结合，针对不同项目可以进行定期或经常性的检查。

2. 压力钢管的养护

根据钢管道的运行标准，主要做好以下几个方面的养护工作：①对各种型式的支座构件应保持清洁，有足够的润滑脂；②滚动型式摇摆型支座的防护罩保持密封，不得有水、灰尘等进入罩内；③钢管内外壁以及支承环、加劲环和其他附属设备等的防腐保护层应保持良好状态，如产生锈蚀应根据周围环境的温度、湿度和接触介质情况，按金属结构防腐蚀的有关方法进行处理；④当气温下降到 0℃以下时，要防止管内结冰；⑤发电管道需临时停机时，一般不宜将钢管泄空以免重新充水时因温差过大而产生超应力；⑥伸缩节有渗水时冬季要注意保温；⑦为预防钢管发生爆管事故而设置的各种排水设备和其他装置，应进行经常养护，保证完好。

3. 压力钢管的修理

钢管通常出现的病害缺陷有：①钢管道在受到外压和管内产生负压时，容易出现弹性稳定而发生皱曲破坏，出现鼓包和鱼脊形变形；②露天式明管由于材料和结构型式不当及受温度变化影响，其管壁、焊缝等易发生脆性破坏；③钢管裂缝变形；④受水流、泥沙作用发生空蚀及磨损；⑤支座超限位移。

钢管病害的预防和修理主要方法如下。

（1）结构补强。管壁一旦发生裂缝就应立即停止使用，进行补焊；管壁出现小鼓包和鱼脊形变形时，可采用顶压复原，并在钢管外设加劲环加强；如鼓包面积较大或整段钢管被压缩皱曲时，应割除已损坏段，重新设计的钢管应增设加劲环或更换较厚钢板。露天明管的脆性破坏发展速度很快，其管壁、焊缝及有关构件可能会出现断面呈晶粒均匀的平面并与构件表面垂直的破坏，此时应立即在钢管外壁加设钢箍，将在尖锐缺口处或外形突变的构件改变为弧形过渡形式；一些间断的焊缝应加焊为连续焊缝，质量较差的焊缝要铲除重焊。

（2）空蚀与磨蚀破坏防治。防治空蚀的措施主要是控制管壁平整度和掺气。磨蚀破坏

的防治主要是减少磨蚀介质的来源，坝前一定要消除上游导流段内的块石、围堰材料和消力池内的砂石铁件、混凝土块等残余杂物；对于无压引水式水电站，可在进水口上游渠段设置沉沙池并定期清理，在压力前池内设置拦污栅，以减少进入管内的沙石量。当管壁发生气蚀和磨蚀时，应及时进行修理，方法与闸门气蚀磨蚀的处理方法相同。

（3）预防钢管振动破坏。可采取减振措施，最简单的方法是加设钢箍，调整加劲环距离，增设小支墩，以改变钢管的自振频率，降低钢管的振幅。如振源是由于涌浪或空化产生，可适当增加补气。引水发电钢管应尽量避免水轮机在振动较大的负荷下运转，尾水管内发生涡流时要充分补气消除振动。

钢管道的附属设备有伸缩缝、支墩、排水排气阀、进人孔等。当法兰盘式伸缩节的水封盘根老化及磨损而引起漏水时，可调紧压环螺栓，当盘根失效无法再调时，应更换新件。当支墩下的基础不好引起支墩变位时，可在支墩四周做排水设备以降低地下水位。寒冷地区支墩混凝土周围应加保温层，以消除支墩四周土壤冻胀对支墩的影响。进人孔法兰盘如有漏水，可将法兰盘连接螺栓拧紧或更换垫片。排气阀内导向轴承磨损过大时应予以更换。通气孔座及阀盖漏水时，可重新研磨，使孔座及阀盖表面接触良好。

7.2.3.3 寒冷地区冬季及排冰期对有关建筑物的管理

地处寒冷地区的水电厂，在冬季流冰期间，其水工建筑物经常会受到冰冻和浮冰的威胁，所以应在水库结冰期前，对有关水工建筑物进行全面的检查，做好排水前的各项准备工作，对各种水工建筑物的防冻设备进行检修。必要时，应对拦污栅和闸门槽进行保温。如发现有结冰，应采取机械方法或通热气加以清除，对不能承受冰压力的建筑物，要采取有效措施，使其不受冰压。

如发现水库上游被浮冰堵塞，或水库内有大块浮冰，可能对建筑物产生重大冲击的危险时，应及时采取措施，加以防止。为使排水建筑物能顺利排冰，在排冰期，应注意保持其槛上有足够水深。必要时，应规定排冰期内的上游水位。

对能结成稳固冰层的河流，为防止在河流中形成浮冰，水电厂必须在担负平稳负荷的情况下运行时，使水库水位稳定在尽可能高的水位上，水库上游河道、引水渠道、日调节池中尽快形成冰层。

尽可能避免在冬季从泄水建筑物泄水，以防止水雾结冰时对附近的输电线路和变电、配电装置造成危害。如必须泄水，应采取防止危害的必要措施。要防止各种水工建筑物及其基础因表部所含水分冰冻而产生膨胀鼓凸现象，必要时，应采取措施加以处理。

排冰期过后，应对受流冰作用的有关建筑物进行全面检查。如发现有损坏，应立即进行修复。

7.2.3.4 发电厂房的缺陷及其维修

1. 厂房混凝土裂缝

厂房混凝土裂缝的产生原因有：①地基不均匀变形引起的裂缝；②温度变化引起的裂缝；③厂房受力或振动产生裂缝。

厂房混凝土裂缝的处理与一般混凝土结构的裂缝处理相同。

2. 厂房漏雨和渗水

厂房的房顶面积比较大，并受发电振动的影响，已做好的防渗层容易开裂漏雨。一些坝后式厂房或河床式厂房受库水的渗透作用，厂房的基础或边墙可能出现渗水。

发电厂房的漏雨处理多采用更换防雨层的办法彻底处理。防雨层材料除用沥青卷材外，近年还采用丁基胶片等材料，防渗效果较好。

发电厂房的边墙漏水采用水泥砂浆、环氧砂浆抹面的办法进行局部补修，对厂房漏水较严重的部位采用灌浆堵漏方法进行处理。如河床式厂房的大坝横缝、厂房伸缩缝有渗漏，有的地方甚至可能出现射流和淌流，漏水原因主要是混凝土施工质量不好，一是伸缩缝止水失效，二是混凝土密实性差，治理的措施主要用水泥灌浆堵漏。

7.2.3.5　防止厂房振动破坏

有的发电厂房因设计考虑不周，发电厂房的主要振动周期与发电机组的振动周期接近，诱发共振，严重时引起发电厂房结构的破坏。

消除和减小振动的措施除消除振源外，也可以改变振源和结构的频率，使其避免共振。可视情况考虑选用以下途径：

(1) 向转轮室和尾水管中补气，可有效降低振动。

(2) 提高机组加工和安装质量。

(3) 厂房上、下游立柱加固。厂房上游墙在发电机层以上与上游挡水结构是分开的，若采取结构措施将两者连接起来，可提高厂房上部结构自振频率，避免共振。可以增大立柱断面尺寸，提高厂房下部立柱刚度。但是对于刚性结构当自振频率接近转子频率时，容易在立柱底部出现较大动应力，反而对抗振不利。所以增大立柱断面尺寸应慎重。

(4) 更换转轮。轴流定桨式水轮机由于叶片不能调节，容易在启、停机过程中和部分负荷工况时产生水压脉动。把转轮更换为转桨式水轮机，会改善机组振动情况，但更换转轮代价太大。

(5) 增设发电机下导轴承。增加下导轴承可以提高支承刚度，缩短支点间距，从而改变轴系基频和降低大轴摆度。

7.2.3.6　水电厂汛期管理

由于厂房布置不合理，洪水设计标准偏低，运用操作等原因，我国水电厂已发生多次厂房被淹事故。所以，防汛工作是水电厂安全生产的中心环节，关系着水库上下游人民生命财产的安全，必须贯彻“安全第一，预防为主”的方针，各部门必须高度重视，加强水电厂的汛期管理工作，确保水电厂安全度汛。做到遇设计标准洪水不垮坝、不漫坝、不淹发电厂房。对于超标准洪水须有应急抢险措施，使损失减轻到最低程度。

做好水电厂防汛管理工作应着重抓好以下几个方面的工作。

(1) 建立健全水电厂房汛期工作制度和责任制。主要包括防汛岗位责任制，汛期和汛前、汛后现场检查制，报汛制，年度防汛总结制。使防汛工作制度化、规范化，避免由于随意性而带来的疏漏。

(2) 编制周密可行的防汛计划，做好防汛准备工作，保证防汛工作秩序化。为此应从防汛责任指挥、通信联络、组织协调、物资供应、交通运输、电力能源、照明设施抢险抢修等方面做出全面规划安排。

(3) 落实汛前汛后检修评级工作。在汛前一定时期，应对挡水坝、泄洪设施等水工建筑物按《水电厂水工建筑物评级标准》进行一次详细检查和评级，对建筑物存在的抗洪度

汛缺陷应及时维修处理，并要进行泄洪试运行。在坝上游和下游显著醒目位置标志出水库特征水位。对库区坍岸、滑坡，下游河道设置阻水情况应进行记载，并提出处理方案措施，报请上级批准。

（4）加强汛期巡视检查和观测。汛前应对观测设施进行全面检查和调试，确保汛期观测的可靠性、稳定性和准确性。在汛期，特别在遇到大洪水、高蓄水位、库水位暴涨暴落、大暴雨、地震等情况应按照防汛工作制度和岗位责任制，加强防汛值班和巡视检查，对重要部位、安全薄弱环节进行全时空检视，对发现的异常问题应及时上报情况。

（5）严格执行安全泄洪调度方案。防汛方案，是水电厂安全度汛的前提条件和重要保证。调度泄洪工作应由厂长负责指挥，总工程师亲自安排，由闸门操作定岗人员按操作规程操控，掌握泄洪设施的开启程序和开启度的变化过程，防止严重冲刷危及大坝及其他水工建筑物的安全，泄洪时应尽量避免水库对附近电气设备绝缘的影响。

（6）加强水文预报工作。

7.3 水电站机电设备的维护管理

机电设备是水电站的核心，分机械设备和电气设备两大类。机电设备运行的稳定性、安全性和可靠性是直接保证生产正常进行、正常发挥生产效益的最为重要的物质和技术基础，对设备的管理应给予足够的重视。

水电站机电设备包括水轮机、水轮发电机、主变压器、高压断路器、水轮机调速器、发电励磁装置、机组自动控制系统和水力辅助机械系统。

7.3.1 设备运行管理

运行管理是指根据电力系统及其自身安全和发．供电及生产的要求，对所辖的机电设备的启停操作、工艺调整、巡视检查、清扫维护、事故处理和运行记录等各项工作。运行管理是设备管理、保证设备正常运行的重要内容。

7.3.1.1 机电设备的运行管理方式

机电设备的运行管理方式有两种：

（1）有人值班的设备管理，就是24h厂内均有值班人员负责机电等设备的运行操作及维护管理，运行人员定时对设备运行状况进行监测、对运行设备进行操作、对运行设备进行巡回检查、对设备进行预防性试验，进行设备的日常维护小修。

（2）无人（或少人）值班的设备管理，指24h厂内不设值班人员，机组开停机操作、工艺转换、有功和无功功率调整以及运行监测等工作，均由上级调度所或厂外集中控制的人员及自动监控装置完成，但厂内仍有少数值班人员需24h值守处理临时特殊操作。

7.3.1.2 运行管理的基本要求

运行管理要以安全运行为中心，严格执行运行操作规程，建立操作责任制度，贯彻“两票三制”（即工作票、操作票；交接班制、巡回检查制、设备定期维护试验切换制），采用先进可靠的自动装置提高自动控制水平，加强维护，保证设备安全运行。

7.3.1.3 运行管理的工作内容

（1）定期监测。一般每班2次，监测机组运行的主要性能和各部位温度，包含发电机定子绕组、铁芯及各部轴承的温度，空气冷却器进、出口的温度和水压、主变压器、厂用变压器、励磁变压器等的温度，同时对机组各部轴承沿轴线 x、y 方向的摆度和振动进行监测。

（2）定时巡查。一般每班 1 次，主要巡视检查机组的振度、噪音、异味、各部轴承的油温、油面、水温、水压、导叶开度、发电机断路器油面等有无异常。

（3）定期预防性试验。根据规定，水电站电气设备必须定期进行预防性试验，目的是早期发现设备缺陷，确保安全运行。主要试验项目是发电机定子绝缘电阻、漏泄电流、主变压器绝缘介损、变压器油耐压、色谱分析、断路器介损以及避雷器、绝缘电阻、漏泄电流等。

（4）定期维护小修。主要是对运行中发现的设备缺陷及时进行处理，防止事故发生。

7.3.2　机电设备的检修管理

检修是保证机电设备正常运行的重要手段，也应加强管理。

7.3.2.1　机电设备检修工作的一般要求

（1）以“预防为主，计划检修”为原则，根据设备运行状况做到预防为主的计划检修。以检修规程规定的检修周期为依据，按设备实际状况来调整计划期和安排检修项目，并结合设备在结构、性能方面的问题，有计划地进行设备改进。

（2）按统筹安排，坚持长规划、短计划相结合的原则搞好设备轮修。每台机电设备的运转年限、制造质量、运行状况、存在缺陷等有所不同，因而安排检修计划时，合理统筹规划，科学安排，长短结合，使设备及时得到检修，又不出现同时停机影响生产的问题。

（3）做好设备检修准备工作。设备检修前，根据设备运行状况和解体后检查结果，最后核定检修项目和内容；编制非标准检修项目和设备改进的方案、图纸，并经过审批；做好施工组织；准备好检修材料、工具、专用机械和检修施工场地，并将检修设备和运行设备妥善隔离。

（4）加强施工管理，保证检修质量。在施工中，重点抓好质量标准、工艺措施的贯彻，严格质量验收。重大项目实行自检、互检、终检相结合的方式，实行严格的验收，做到不合格的坚决返工。

7.3.2.2　机电设备检修的一般规定

水电厂所有的水轮发电机组都必须定期轮流运行和轮流进行有计划的检修。新安装水轮发电机组及其附属设备，投入运行 1 年左右必须进行一次大修，以后大修周期一般为 3～5 年，小修周期一般为每年 1～2 次，对于泥沙磨损和气蚀严重的水轮机，应加强监测、检查，发现问题及时检修。

根据水轮发电机组的工作状况和设备的完好水平，经上级主管部门同意，可延长或缩短机组的大修间隔时间。

思　考　题

1. 水电站建筑物的构成特点有哪些？
2. 水电站建筑物维护和管理的任务有哪些？
3. 对水电站建筑物主要进行哪些检查和观测？

4. 水电站主要进行哪些方面的维护？

5. 压力钢管的检查与养护内容有哪些？

6. 压力钢管病害的预防和修理主要涉及哪些方面？

7. 水电站厂房常遇到哪些缺陷？如何处理？

8. 水电厂防汛应着重抓好哪几方面的工作？

参 考 文 献

[1] 石自堂．水利工程管理．北京：中国水利水电出版社，2009.
[2] 梅孝威．水利工程管理．北京：中国水利水电出版社，2005.
[3] 卜贵贤．水利工程管理．郑州：黄河水利出版社，2007.
[4] 田明武．水利水电工程建筑物．北京：中国水利水电出版社，2012.
[5] 宋东辉，吴伟民．水利水电工程建筑物．郑州：黄河水利出版社，2009.
[6] 索丽生，刘宁．水工设计手册．2 版．北京：中国水利水电出版社，2011.
[7] 顾慰慈．水利水电工程管理．北京：中国水利水电出版社，1994.
[8] 温随群．水利工程管理．北京：中央广播电视大学出版社，2002.
[9] 李海东．水利工程运行维护与病险检测处理技术及标准规范应用实务全书．长春：吉林摄影出版社，2009.
[10] 林益才．水工建筑物．北京：中国水利水电出版社，1996.
[11] 郑万勇，杨振华．水工建筑物．郑州：黄河水利出版社，2003.
[12] 陈浩．水利工程管理．北京：中国水利水电出版社，1996.
[13] 陈良堤．水利工程管理．北京：中国水利水电出版社，2006.
[14] SL 210—1998 土石坝养护修理规程．北京：中国水利水电出版社，1999.
[15] SL 265—2001 水闸设计规范．北京：中国水利水电出版社，2001.
[16] SL 274—2001 碾压式土石坝设计规范．北京：中国水利水电出版社，2001.